专业技术人员创新能力培养与提高

陈　劲　王黎萤　编著

国家行政学院出版社

图书在版编目（CIP）数据

专业技术人员创新能力培养与提高/陈劲，王黎萤
编著. —北京：国家行政学院出版社，2008.4
ISBN 978-7-80140-671-2

Ⅰ. 专⋯　Ⅱ.①陈⋯ ②王⋯　Ⅲ. 技术干部—创造力—能
力培养　Ⅳ. G316

中国版本图书馆 CIP 数据核字（2008）第 040367 号

书　　名	专业技术人员创新能力培养与提高	
作　　者	陈　劲　王黎萤	
责任编辑	姚敏华	
出版发行	国家行政学院出版社	
	（北京市海淀区长春桥路 6 号　100089）	
	（010）68920640　68929037	
	http://cbs.nsa.gov.cn	
经　　销	新华书店	
印　　刷	河北育新印刷有限公司	
版　　次	2008 年 4 月北京第 1 版	
印　　次	2014 年 5 月第 5 次印刷	
开　　本	880 毫米×1230 毫米　32 开	
印　　张	10.5	
字　　数	290 千字	
书　　号	ISBN 978-7-80140-671-2	
定　　价	22.00 元	

前　言

　　这是一个创新驱动的时代，是蒸汽机使人类进入了工业文明，是DNA重组实验开始了人类控制遗传和生命的过程，是计算机开创了信息革命的新纪元，是互联网技术推进着经济全球化的快速变革，是创新使人类文明的进程不断加快。在"大科学"特征日益凸现的时代，科技创新已经成为提升国家综合竞争力的重要手段。党的十七大报告指出：进一步显著提高创新主体的自主创新能力，促使科技进步对经济增长的贡献率大幅上升，使中国进入创新型国家行列。建设创新型国家，核心就是把增强自主创新能力作为发展科学技术的战略重点，贯穿到经济发展和现代化建设各个方面，激发全民族创新精神，培养高水平的创新人才，形成有利于自主创新的体制机制。创新的关键在于人，充足的善于创新的专业技术人员是实现组织"创新—效益—再创新"良性循环的根本。因此，具有创新能力的高素质的专业技术人员，是创新型国家建设的第一战略资源，是实现人才强国战略的关键支撑。

　　能否造就一支知识结构、专业素质和创新能力俱佳，具有国际视野、远大抱负和创新精神的人员队伍，尤其是能否培养出具有高素质创新型人才潜质的专业技术人才，是创新型国家建设成败的关键，也是当前我国专业技术人员队伍建设的重点。专业技术人才知识更新工程（"653工程"）已作为重大人才培养工程列入了国民经济和社会发展第十一个五年规划，国家将在现代农林业、现代制造、信息技术、能源技术、现代管理5个领域，重点培训300万名紧跟科技发展前沿、创新能力强的中高级专业技术人才。结合国家实施"653"工程的契机，本书在明确专业技术人员创新需求的基础上，汇聚创新理论和实践的前沿，结合专业技术人员创新能力的构成，有针对性和深入浅出地为专业技术人员创新能力的培养和开发提供指导，希望本书能成为广大专业技术人员永续创新的良师益友。

本书编写具有以下 3 个主要特点：

第一，突出创新能力培养的系统性。全书在明确新时代专业技术人员创新能力培养目标的基础上，从创新素质、创新技能、创新氛围和创新成果等方面较为完整地构筑了创新能力培养的基本框架，并将国内外著名学者的创新研究成果和专业技术人员创新实践充分结合，有利于专业技术人员对创新能力培养的全面把握。

第二，聚焦于创新能力培养的关键点。在本书中我们所强调的创新能力并不是仅仅指创新主体个人的创造能力，而是从审视创新过程的角度，分析推进创新的关键过程所需要的关键技能，作为创新能力培养的主旨。全书将创新能力培养划分为基础篇、素质篇和技能篇，重点突出战略思维、市场意识、创造心智在创新素质培养中的关键作用；突出创新技法、技术学习、知识管理和创新成果保护对创新技能的提升；分析组织和团队创新氛围对创新能力培养的激励和促进。通过聚焦关键能力培养，便于专业技术人员更好地理解各创新能力培养要素之间的联系，循序渐进地培养和开发创新能力。

第三，丰富生动的各种案例。全书在关注国内外先进的创新能力培养理论和方法的同时，着重从中国的大文化背景下阐述具有中国专业技术人员创新能力培养特色的理论和实践。全书按照专业技术人员创新能力培养的核心理念和理论逻辑，根据案例教学的规律，在各章节配有"导读案例"和"案例分析"，正文中还穿插有"知识链接"和"操作实务"，用以开阔专业技术人员视野，启发思考，使学习过程深入浅出、循序渐进。全书不仅收录了索尼、3M、三星、通用、海尔、华为等国内外知名企业对人员创新能力培养的生动实例，还将国内外优秀的专业技术人员的创新事例的生动写照呈现给大家，启迪专业技术人员的创新心智，为专业技术人员创新能力的提升提供标杆。

在本书写作过程受到许多专家学者的智慧启迪，也被许多优秀的专业技术人员的创新事例所感动，更为许多优秀组织在专业技术人员创新能力培养过程中努力推进而振奋。在此谨向为本书提供优秀素材的专家学者、组织机构和个人表示最诚挚的敬意和谢意。本书部分研究成果也受到浙江省社会科学联合会基金课题（07B55）和浙江省科技厅《创新型人才激励体系》课题的资助，在此表示由衷的感谢。我们相信在致力于创新能力培养的有识之士的精诚协作和不断进取中，创新型国家的建设会更加宏伟壮丽。

本书由浙江大学陈劲教授和中国计量学院王黎萤副教授共同编著，并完成全书的统稿、定稿工作。

由于我们的学识水平所限，本书中缺点、错误在所难免，恳请使用本书的读者朋友们批评指正！

作者

2008 年 1 月于杭州

目　录

第三部分　创新能力培养与提高的技能篇

第一部分 创新能力培养与
提高的基础篇

导 读

这是一个创新驱动的时代。创新是民族进步的灵魂，是经济发展的驱动力，更是财富积累的途径。回眸近代人类文明史，无论是用蒸气机撞开工业革命大门的先驱，还是以互联网技术电击数字化时代的弄潮儿，他们的创新伟力都曾剧烈而深刻地改变着人类的生产方式、生活方式乃至于生存方式。爱迪生为了让电灯照亮全人类的可能变为现实，在经历难以计数的失败后，终于让世界第一盏碳丝电灯长明了45小时，开创了人类照明的崭新时代；索尼公司的井深大以其独到的市场嗅觉和卓越的战略视野，发现了电子管的市场价值，将尖端电子技术广泛运用到民用产品，成为晶体管时代的灵魂和领军人物；海尔公司的专业技术人员从用户需求出发，研制的海尔防电墙热水器成功解决了地线带电的世界性难题，为企业带来广阔的市场前景和持续的竞争优势。在一个个扑面而来的创新身影中，我们深切感受到坚韧的人格力量，聪慧的思维品质，以客户为中心的卓越的创新理念，这些优秀的特质正是创新能力的核心。因此，创新是一个组织的生命力所在，创新能力是驱动创新的不竭动力，创新的关键在于人，充足的善于创新的专业技术人员是实现组织"创新—效益—再创新"的良性循环的根本。对专业技术人员的创新能力的培养和开发是组织获得永续创新的制胜之略。创新能力的培养是一个由量变到质变的渐次发展过程，创新思维的形成、创新方法的运用，特别是创新个性品质的培养，都不是一蹴而就的，必须通过一定的学习、内化、外显的积累过程。在本书中我们所强调的创新能力并不是仅仅指创新主体个人的创造能力，而是从审视创新过程的角度，分析推进创新的关键过程所需要的关键技能，作为创新能力培养的主旨。专业技术人员创新能力的培养是一个系统工程，需要在明确专业技术人员胜任力要求的基础上，结合创新能力构成，建立专业技术人员创新能力的评价指标体系，构建基于创新能力培养的专业技术人员管理和开发的制度体系，有针对性地进行创新能力的培养和开发。

第一章　创新能力是驱动创新的关键

本章要点

- 时代需要自主创新能力
- 创新对获取竞争优势的贡献
- 创新的概念、模式和过程
- 创新能力的概念和构成
- 创新能力培养的意义

导读案例1——索尼成功的秘诀——"索尼基因"

索尼公司是世界上民用/专业视听产品、游戏产品、通讯产品和信息技术等领域的先导之一。它在音乐、影视、计算机娱乐以及在线业务方面的成就也使其成为全球领先的个人宽带娱乐公司。公司一直致力于构筑一个完善的硬件、内容服务及网络环境，使消费者可以随时随地享受独具魅力的娱乐内容及服务。为了实现这一梦想索尼，索尼围绕其核心竞争力——小型化电子产品的创新，成功地实现了游戏娱乐的内容与形式一体化的创新，将电子、游戏和娱乐定位为公司三大核心业务领域，进一步推进经营资源的集中。索尼公司拥有专利44 000项，专利收入超过580亿日元，2004年索尼的专利数为1305项。在《商业周刊》杂志评出的2005年度全球创新企业20强中，索尼列第5位，在非美国企业中，索尼排名最高。企业研发新产品，并不是索尼一家才这样做，大家都在推陈出新。但是索尼的求新创异之所以被称为"索尼基因"，是因为从上到下所有索尼人都被培养出求新创异的第二本能。刚开始时是被迫的——企业领导被竞争环境所迫，员工被上级所迫，后来所有人都养成习惯了。每 3 个月到半年不推出与众不同的产品，索尼人上上下下就会产生不良的生理反应。索尼公司是全球效率最高的发明者，它每日推出 4 种新产品，每年出 1000 种新产品，其中 800 种是原产品改进型，其余全是新创造。（改编自陈劲著. 最佳创新公司 [M]. 北京：清华大学出版社，2002.5.）

第一节　创新驱动的时代

一、时代需要自主创新能力

随着科技的迅猛发展和知识经济时代的到来，世界各国及组织机构之间的竞争愈演愈烈，各组织机构为了获取竞争优势，都在致力于打造和培育自身的核心竞争能力。创新是培育核心竞争力、获取竞争优势的重要源泉。据有关资料分析，进入 20 世纪 90 年代以来，发达国家技术进步对经济增长的贡献率已达到 70%～80%，而我国的技术进步对经济增长的贡献率目前只达到 31% 左右，这不仅远远低于发达国家的水平，也低于发展中国家 35% 左右的水平。在对国外的技术依赖方面，美国只有 1.6%，日本为 6.6%，而我国则在 50% 以上①。因此，推进经济结构调整和转变经济增长方式刻不容缓，只有高度重视科技进步对经济社会发展的深刻影响，大力提高自主创新的能力，才能加快结构调整的步伐，逐步实现经济增长方式的转变，实现全面建设小康社会的宏伟目标。党的十七大报告指出：进一步显著提高创新主体的自主创新能力，促使科技进步对经济增长的贡献率大幅上升，使中国进入创新型国家行列。建设创新型国家，核心就是把增强自主创新能力作为发展科学技术的战略重点，贯穿到经济发展和现代化建设各个方面，激发全民族创新精神，培养高水平的创新人才，形成有利于自主创新的体制和机制。

---

① 陈劲. 企业技术创新透析 [M]. 北京：科学出版社，2001.

知识链接1－1 在创新中崛起的国家——韩国

韩国是亚洲新兴工业化国家之一，1999年韩国经济增长速度为6.9%，高于亚洲地区6.1%的平均增长速度，2000年韩国GDP增长率达到8.9%，2002年被国际权威机构评为亚洲最具经济发展潜力国家第二名，仅次于新加坡。如此斐然的成就与韩国创新政策的不断出台和完善密切相关。韩国走的是"引进——消化吸收——创新"的技术创新发展道路，通过增强中小企业的产业技术创新能力，在关键技术领域赶超发达国家水平，全面促进韩国国际竞争能力的提高。韩国企业的研发投入在国家研发投入总额中所占比率高达75%左右，是国家创新体系中不可或缺的重要力量。国家从政策上重点支持企业提高创新能力，计划到2008年把制造业创新企业所占比率由目前的40%提高到50%；到2012年建立10所具有世界水平的以研究为主的大学，使其成为基础和未来新技术的研发基地；国家科研院所朝专业化、大型化方向迈进，重点满足国家原创技术、大型集成技术等战略储备技术开发。各创新主体间建立网络化合作、协调关系，相互学习，共促发展。

韩国政府还大力支持产学研合作研发，通过修订《合作研究开发促进法》和《科学技术革新特别法》，进一步把发展产学研合作纳入法制化轨道。同时，多方采取措施支持产学研合作，主要措施包括：国家科研课题实施对象的选定推行产学研优先政策；国家科研院所的研发设施对产学研优先开放，不断扩大对产学研的信息、人才交流和人才培养的支持；建立以大学为中心的产学研合作园区和地区合作开发支援团等。目的在于有效整合研发资源，形成研发合力，最大限度提高研发效率。此外，由科学财团出资在全国理工大学建立的数十家"科学研究中心"和"工程研究中心"，对推动跨部门、跨学科的基础和应用技术开发，起到积极的促进作用[1]。

自主创新能力的提升是更好更快发展经济与提升人民生活水平的客

---

[1] 李晶雨. 中韩产业技术政策及其社会文化背景比较研究 [D]. 东北大学，2002.

观要求。当今世界，国家之间和地区之间的竞争，实质上是科技的竞争，科技竞争的核心是自主创新能力的竞争。只有增强自主创新能力，集中力量主攻核心技术，在关键领域掌握更多的自主知识产权，才能在国际间的科技竞争、产业分工和全球经济格局中占据战略制高点，才能形成持久的竞争力，牢牢把握经济发展主动权。而技术创新离不开制度创新、管理创新和市场创新的支撑。只有在制度体制的引导和规范下，科技创新才能把握正确的方向；只有在卓越的管理实践中，科技创新才能获得有效的成果；只有通过不断的市场创新，科技创新的成果才能转化为现实的生产力，推动经济发展和社会进步。因此，自主创新能力的提升需要各创新主体有效地协同技术创新、管理创新、市场创新和制度创新的发展，不断提升产业结构层次，提高资源利用效率，推动经济的持续健康快速发展。专业技术人员是推动理论创新、科技创新、管理创新和市场创新的生力军，充足的善于创新的专业技术人员是实现组织"创新—效益—再创新"的良性循环的根本。因此说，自主创新能力的培养是新时代专业技术人员职业素养提升的主旋律，是获取持续竞争优势的不竭动力。

二、创新对获取竞争优势的贡献

全球的竞争越来越体现在经济和科技实力的竞争，创新日益成为促进经济增长和提高科技竞争力的关键。创新对获取竞争优势的贡献主要体现在以下几个方面。

1. 创新可以提升新产品开发能力，获取市场竞争优势

科学发展的综合化、产业化带来了创新成果的高速化。比尔·盖茨在他的未来学力作《未来时速——数字神经系统与商务思维》中提出：如果说 20 世纪 80 年代是注重质量的年代，90 年代是注重设计的年代，那么 21 世纪的头 10 年是注重速度的年代。在今天的市场中，产品的生命周期在不断地缩短，例如电视机与计算机的型号更迭通常都是以月为单位，更为复杂的汽车新产品开发也可以在 3 年内完成，在这种形势

下，产品更迭能力对组织的生存和发展至关重要。新的产品能够帮助组织占领与保持市场份额，产品的附加价值和卓越质量可以帮助组织实现高于市场平均收益的回报，而一系列的非价格因素如产品设计和产品定制化也可以使成熟产品在竞争市场上重获优势。

知识链接1-2　3M公司的创新产品

3M公司是世界著名的产品多元化跨国企业，著名的《财富》杂志每年都出版一份美国企业排行榜，其中有10年3M公司均名列前10名。但3M公司为世人瞩目并不仅仅因为它的规模，和GE、IBM等美国大公司相比，其不足200亿美元的销售额不会给人留下多深的印象，3M公司最吸引人之处是它在创新方面的非凡成就。3M公司以其为员工提供创新的环境而著称，视革新为其成长的方式，视新产品为生命。在过去的100多年间，3M为至少30多个技术平台开发出6万多种各类高品质产品，涉及工业、化工、电子、医疗、文教办公等十几个领域。目前，3M公司每年都有数以千计的新产品问世。据测算，在现代社会中，世界上有50%的人每天直接或间接地接触3M产品。公司的目标是：每年销售量的30%从前4年研制的产品中取得。它那传奇般的注重创新的精神已使3M公司连续多年成为最受人羡慕的企业之一。

2. 创新可以提升工艺能力，打造先进的制造优势

在新的市场竞争中，组织面临着不断提高效率、质量和灵活性的要求，如果组织能够以一种更为经济有效的方式提高运作效率，那么同样能够建立竞争优势。研究表明，组织利用外部技术和快速进入新产品市场的巨大优势来源于注重对新产品和新服务进行生产和传输的能力，即进行工艺创新的能力。创新型组织就是在其所涉及的领域内持续不断地寻求新的突破，从而降低成本、提高质量、增强灵活性，最终将价格、质量和性能各方面都很突出的产品提供给市场。例如，日本汽车、摩托车、造船和家用电器等领域的成功很大程度上应归功于其先进的制造能力，而先进的制造能力的来源是持续不断的工艺创新。

知识链接 1－3　丰田公司的强大生产系统

丰田的强大在于其生产系统的强大。丰田倡导"精细生产方式"，其基本的思想就是彻底消除无用功，这种思想外化成为两大支柱体系："即时到位系统"、"智能自动化"。所谓"即时到位系统"就是指在以流水作业方式进行的汽车组装过程中让所有需要安装的部件在必要时自动达到流水线上的结构。"智能自动化"则是让生产机械具有人的某些智慧，丰田非常重视智能自动化并采用了具有智能的自动机械，也就是带有自动停止装置的机械，在人工生产线上一旦发现异常情况，操作者也可按停止按钮来停止生产线。这个生产系统在使用近 40 年后又被丰田与通用合资的新联合汽车制造公司（NUMMI）引进美国，并且创造了让人惊讶的结果，丰田的生产系统使这个本来是利用继承原有工厂设备和人员的基础上建立的工厂比原来的工厂效率提高了 2 倍以上。

3. 创新可以提升服务能力，赢得持续竞争优势

市场竞争的日益激烈使服务的重要性越来越突出，在产品日益同质化的今天，谁拥有客户满意度，谁就拥有向竞争对手叫板的资本。组织的竞争优势从根本上说，来自产品和服务的品质；从长远来说，则来自组织的管理整合能力。质优价廉的产品和优良的服务是吸引并留住客户的不二法门，而优秀的管理则是组织在更高层次上展开竞争的最重要基础。因此，要保持并进一步提高组织的市场竞争优势，就必须深入贯彻"产品差异化"和"成本领先策略"。要实现"产品差异化"，我们必须坚持不断地开展产品、技术、市场和服务创新；要实现"成本领先策略"，我们就必须深入开展管理创新，加强组织内部管理整合，通过引进内部竞争机制等多种途径，在保证产品质量不断提高的同时，努力降低组织运作成本和产品生产成本，提高效益。组织的市场和服务创新的本质就是以顾客需求为中心，长期重视创新能力的积聚，在关键技术领域建立核心能力，向顾客提供高质量的、精心设计的产品。例如花旗银行通过技术创新，为顾客提供自动提款机（ATM）之类的服务，从而在市场中成为技术主导，提高银行的可持续竞争力。

知识链接1－4 美国西南航空的服务创新

西南航空公司是全美唯一年年获利近30年的大型航空公司，公司的运行成本比同业平均成本低了20％，这得益于公司成功的服务创新。西南航空公司主要提供短程飞行服务，为了简化作业，公司在飞行中不提供餐点服务，只供应饮料和花生，较长的旅程提供一些饼干之类的点心；西南航空不划位，采用先到先上制，登机前一个小时开始报到，报到手续完成后，每位旅客会拿到一张可以重复使用的塑胶登机证，上面只有1至137的序号，然后乘客每30人一组，号码较小的旅客先登机；西南航空还通过调整业务流程，加强团队合作，缩短乘客在机场的转机时间。

4. 创新可以提升组织适应环境变化的动态能力，构筑战略发展优势

社会经济领域的新变化通常会带来新的机会以及新的挑战，同时也开辟了新的创业途径，从而衍生出创新的产品和服务。如对环保型产品的日益重视、对生物技术的广泛运用等。目前很多产业在过去5年内开发出来的产品的销售额或利润占企业总体销售额或利润的1/3以上，例如医疗器械设备行业中的领先企业百特(Baxter)公司2002年的销售收入中过去5年内开发的新产品占了37％，而3M公司近年来这个比例则高达45％。全球著名咨询公司波士顿咨询（BCG）最新发布的《创新2006》的报告指出，对全球企业而言，创新仍然是组织发展最重要的战略重点之一。在2005年，把创新视为第一战略要务的组织还只有19％，而2006年，这一比例已经提升为40％，有70％以上的组织认为创新是排在前三位的战略大事，有90％以上的企业高管认为：通过创新实现有机增长是组织通向成功的必经之路。

知识链接1－5 索尼的创新战略

出井伸之是索尼公司优秀的掌舵人之一。出井伸之一生都效力于索尼，在日本本土，出井伸之被公认为"不像日本人"，他的行为和观念都很西化。他挑战传统的日本企业文化的终身雇佣制，裁员、关闭工厂、对管理层简化，提高公司的运作效率。出井伸之，把索尼从一个"电子产品"索尼变成一个"电子"索尼，成为宽带网络社会的领头羊。出井伸之深知索尼的核心就是不断地创新。他接班后曾说："井深先生是晶体管小孩，盛田是随身听小孩，大贺先生是 CD 小孩，而我们必须是数字梦想小孩。"因此，出井提出了"Digital Dream Kids"的索尼新远景，让索尼再次从娱乐版块跨入数字时代的各项网络应用。

从全球经济的发展趋势看，创新是经济增长和创造财富的关键，是获得持续竞争优势的主要源泉。面对知识经济条件下的创新出现的趋势与特点，我们必须准确地把握创新的实质，在掌握创新规律的基础上，经过准备、酝酿、顿悟和验证的渐进历程来历练和提升创新能力，去探索创新中蕴藏的无限发展生机。

第二节 创新的内涵

一、创新的概念

推动创新发展的基础是必须正确地理解与把握其概念及本质，这是有效提升创新能力的前提和关键。一般说来，可以从经济学和管理学两个角度解释创新的含义。

1. 创新概念的经济学解释

创新这一概念是美籍奥地利经济学家熊彼特首先系统地定义的，在其著作《经济发展理论》中提出，创新是指企业家对于生产要素"进行新的组合"，从而获得超额利润的过程。熊彼特将其所指的创新组合概括为以下 5 种形式[①]：（1）引入新的产品或提高产品的质量；（2）采用新的生产方法、新的工艺过程；（3）开辟新的市场；（4）开拓并利用新的原材料或半成品，以及新的供给来源；（5）采用新的组织方法。

---

① 陈劲. 企业技术创新透析［M］. 北京：科学出版社，2001.

熊彼特创立创新理论的主要目的在于对经济增长和经济周期的内在机理提供一种全新的解释，利用创新理论分析资本主义经济运行呈现"繁荣—衰退—萧条—复苏"4 阶段循环的原因，说明了不同程度的创新，会导引长短不等的 3 种经济周期，并确认创新能够引发经济增长。熊彼特等人对创新的定义，突出之处是强调了经济要素的有效组合，即创新应是信息、人才、物质材料与企业家才能等经济要素的有机配合，形成独特的协同效用。

熊彼特所描绘的 5 种创新组合，大致可归纳为 3 大类：一是技术创新，包括新产品的开发、老产品的改造、新生产方式的采用、新供给来源的获得以及新原材料的利用；二是市场创新，包括扩大原有市场的份额及开拓新的市场；三是组织创新，包括变革原有组织形式及建立新的经营组织。熊彼特谢世之后，他的主要追随者从不同的角度与层次，对创新理论进行了分解研究，并发展出两个独立的分支：一是技术创新理论，主要以技术创新和市场创新为研究对象；二是组织创新理论，主要以组织变革和组织形成为研究对象。

2. 创新概念的管理学解释

从管理的角度，组织创新作为技术创新的平台，推动技术创新成为企业永续发展的根基，因此技术创新能力的提升是组织核心竞争力提升的关键。创新的管理学解释强调了"过程"与"产出"（将设想做到市场），是指从新思想产生，到研究、发展、试制、生产制造直至首次商业化的全过程，是发明、发展和商业化的聚合，在这一复杂过程中，任何一个环节的短缺，都不能形成最终的市场价值（见图1-1），任何一个环节的低效连接，都会导致创新的滞后。

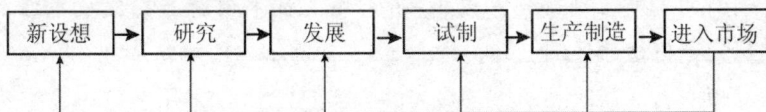

图 1-1　创新的管理学解释

3. 创新与创造的区别

创新与创造密切相关，在某些情况下，互相包容，互相替用，二者又有区别。美国创造学家帕内斯指出："创造行为就是产生具有独特性和价值性成果的行为，这种成果对小群体，一个组织，整个社会乃至一个人都具有独特性，价值性。"据此可以推断，创造的本质内涵是：主体为了达到一定的目的，遵循人的创造活动的规律，发挥创造的能力和人格特质，创造出新颖独特，具有社会或个人价值的产品的活动。"新颖独特"则是创造的本质性内涵，表明了创造的"首创性"和"独特性"。人人都有创造力，创造力是一种潜能，人的创造潜能表现在某一个领域方面，要求具备领域内或相关领域的知识和自身在这个领域的"先天"潜能得到开发、启动、激活，这需要主体在创新实践过程中把这种创造潜能开发出来，在某一个领域方面没有这个方面的"先天"条件，只要经过创新实践去培养、开发主体的创新思维，也同样能够创造出某个领域内的新成果。

而创新的基本特征也是具有"独创性"和"革新性"，是创新的本质内涵，这一点创新和创造是相似的。但是创新的标志是技术进步，而创造的标志是专利和首创权。创新还具有价值性，即创新符合社会意义和社会价值。同时还具有实践性，创新是一个实践过程，在实践基础上，实现主体客体化和客体主体化的统一；此外创新强调商业化的首次运用，创新过程是主体创新个性因素和创新社会因素的内外整合过程，创新成果是创新主体对创新能力各个构成要素实现有机整合的结果。

知识链接 1-6　技术创新与其他概念的区别

由于我们已熟知了其他诸如研究、发明、技术改造等概念，它们与技术创新的本质区别如何？表 1-1 总结了技术创新与其他技术经济、科学研究等概念的区别。

表1-1　技术创新与其他概念的区别

概念名称	简要定义	与技术创新的显著区别
发明	第一次提出新概念、新思想、新原理	缺少大量生产与市场化的活动
基础研究	认识世界，为推动科技进步而进行的探索性活动，没有特定的商业目的	缺乏深入的试制、生产与市场化活动
应用研究	为增加科技知识并为某一特定实际目标而进行的系统性创造活动	与生产和市场化联系不足
发展	运用基础研究与应用研究的知识来开发新材料、新产品、新装置	仍未考虑市场化的工作
技术引进	引进新设备、人才提高生产与市场能力	能否进入市场不能保证
技术改造	主要是对生产设备进行系统或部分地更新	可以完善生产能力，但能否市场化尚不得知
技术变革	严格意义上是从发明到技术创新、技术扩散的全过程	比技术创新的过程更长，属于经济学概念，现实中操作较难
技术进步	若干年内技术创新的累积与综合性过程	对技术创新的后期总结

资料来源：陈劲.《企业技术创新透析》.科学出版社，2001.

　　从上述的比较分析中，可以看出，技术变革、技术进步等概念往往是综合性的经济学概念，在实际中操作性不强。而发明、技术引进、技术改造等概念与技术创新的最大区别就在于市场化工作，因此，这些概念不能很好地解决先进的思想（如科学理论）如何获得商业利润这一重大问题，以技术创新概念来逐步取代原有的技术经济概念，强调了科技与经济、科技与市场的紧密结合，这是解决科技与经济脱离的重要理论突破。

需要指出的是，上述这些概念在技术创新过程中也有重要的作用，如：

● 基础研究与应用研究是产生高质量设想与产品、工艺设计的主要源泉之一，特别是开展重大的、突破型的创新，科学研究的作用是不可或缺的。

●技术引进可以带来新的设想，针对我国企业现阶段发展特点，它又可以显著地提高设备能力以及相应的生产制造能力。

●技术改造主要作用是提高生产能力，为技术创新提供大生产手段。

二、创新的类型

从本质上说，创新是一种变革，在创新过程中聚焦于技术方面的变革是永恒的主题，因此有必要了解创新的多种类型和相关特点。按照创新的不同范畴，可以分为技术创新、市场创新、管理创新和制度创新。

1. 技术创新

技术创新是指一种新的生产方式的引入。所谓新的生产方式，具体地是指企业中的从投入品到产出品的整个物质生产过程中所发生的"革命性"的变化或"突变"，它既包括原材料、能源、设备、产品等硬件创新，也包括工艺程序设计、操作方法改进等软件创新。

（1）产品创新和工艺创新

技术创新按变革的对象可分为：产品创新、工艺创新、原材料创新等，其中产品创新和工艺创新是实际运作的主要表现形式。产品创新是指企业提供某种新产品或新服务，是面向用户的创新，例如一款新型的洗衣机、一种针对癌症的新品药物以及一套新的银行数据信息处理系统等。产品创新的目的是提高产品设计与性能的独特性。而工艺创新则是指企业采取某种方式对新产品及新服务进行生产、传输，是对产品的加工过程、工艺路线以及设备所进行的创新，例如新型洗衣机和抗癌新药的生产过程中生产工艺及生产设备的调整，银行数据信息处理系统的相关使用程序及处理程序等。工艺创新的目的是提高产品质量、降低生产成本、降低消耗与改善工作环境。当然，上述两种区分并不是绝对的，有时两者之间的边界不甚清晰，例如，一台新型的太阳能动力轿车既是产品创新，也是工艺创新。尤其值得注意的是，在服务领域，产品创新和工艺创新通常交织在一起。

（2）突破型创新和渐进型创新

技术创新按变革的新颖性可分为：突破型创新和渐进型创新。突破型创新需要全新的概念与重大的技术突破，往往需要优秀的科学家或工程师花费大量的资金来实现，历时 8～10 年或更长的时间，例如尼龙、半导体、计算机网络等。这些创新常伴有一系列的产品创新与工艺创新以及企业组织创新，甚至导致产业结构的变革。"渐进型"创新，国外有人称之为"螺钉螺母式创新"。这类小创新的作用虽不能和重大技术创新相比，但却起着前面两类创新无法代替的作用，其内容遍及发展品种、提高质量、节约原材料、节约能源、降低成本、加速资金周转、改善生产组织与改进管理等各个方面，有时可以产生良好的经济效益。

（3）原始性创新、集成创新和引进消化吸收再创新

提高自主创新能力是增强国家核心竞争力的迫切要求，自主创新的内涵包括原始性创新、集成创新和引进消化吸收再创新 3 个方面，这些创新模式各自具有以下特征：引进消化吸收再创新，是指要想通过技术引进培育本国的技术能力，就必须实现对引进技术消化吸收的基础上进行再次创新，使引进技术在适应本国条件的情况下快速商业化，形成具有本国特色的自主创新能力，引进消化吸收再创新的竞争战略的核心在于赢得"后发优势"。集成创新指出创新需要同时关注 3 个方面的管理领域：其一，将用户培养成协作开发者；其二，创造一个支持系统，包括一个支持者网络以及充分适用的用户配送系统；其三，构建适合新技术集成的组织模型；集成

创新的实现模式可以大致分为一体化集成模式、市场型集成模式以及一体化组织形式与市场组织形式之间的各种网络①。原始创新意味着在研究开发方面，特别是在基础研究和高技术研究领域做出前人所没有的发现或发明，推出创新成果，与一般的创新机制相比，原始性创新的创新源广泛，创新过程漫长且需要持续的激励②。原始创新具有 4 个方面的特征：其一，是不连续事件和小概率事件；其二，在基本观念、研究思路、研究方法和研究方向上有根本的转变，其结果是或者实现"范式"的变革，导致科学革命，或者开辟新的研究方向和研究领域，创建新的学科；其三，往往在一段时间内，导致与之相关的创新簇群，或知识生产的"连锁反应"；其四，其效果通常不是短时段内能够准确估量的。中国现有的技术创新绝大多数是基于技术引进或模仿创新，原始性创新极少，这对我国的持续竞争力提出了极大的挑战。知识经济的核心是创新，只有创新才能使企业的产品和服务获得高附加值，只有创新才能使企业赢得竞争优势，只有创新才能为企业带来可持续的增长。

2. 市场创新

市场创新是指伴随着新产品的开发而形成的对市场的开拓和占领，它扩展了企业的生存空间，为企业注入了新的活力。实现市场创新的方式多种多样，包括创造新的需求、开拓新的市场、突破传统的营销观念、建立新的营销方式等。例如进入 20 世纪 80 年代中期至今，众多新的营销概念如雨后春笋般不断涌现出来，包括社会营销、绿色营销、生态营销、关系营销、资料库营销、网络营销、理念营销、文化营销等，其主要强调的内容是：增强营销的顾客意识，将高科技信息文化融入现代营销，加强营销的环境保护和社会发展职能等。许多大公司的成功不仅来源其技术的领先，市场和商业模式的创新也是重要的法宝，例如苹果公司的成功关键在于 iPod 产品开创了基于"虚实合一"的针对消费

---

① 张华胜，薛澜. 技术创新管理新范式：集成创新 [J]. 中国软科学，2002. 12. P6~20.

② 陈劲，谢靓红. 原始创新研究综述 [J]. 科学学与科学技术管理，2004. 2. P23~26.

者设计与量身订做的市场创新模式；世界著名护肤品直销商玫琳凯的成功得益于"美容顾问"这种以小组展示方式推销产品的模式。

3. 管理创新

管理创新是指创造一种新的更有效的资源整合范式，包括管理模式的创新、组织形式的创新、管理方法的创新和管理手段的创新等，其最明显的表现形式莫过于管理理论的发展及其在组织经营管理中的应用。纵观组织管理在西方发达国家的发展历史，从以英国的泰罗、法约尔等为代表的"古典管理理论"开始，主要探讨在工厂如何提高劳动生产率的问题；发展到以"霍桑工厂的试验"为转折的"行为科学理论"，倡导"社会人"原理，将管理问题集中于有关人的需求、动机和激励问题，以及企业中的正式组织以及人与人之间的关系问题和企业中的领导方式问题；直到第一次世界大战以后，适应战后科学技术的发展和生产社会化程度提高的新形势，出现了一些新的管理学派，主要有决策理论学派、权变理论学派等。伴随着管理理论的发展，出现了大量的管理创新，管理的内涵进一步得到拓展，管理方法和手段亦日渐科学化、自动化。进入20世纪90年代，现代管理又涌现出新的思潮，其中的亮点莫过于学习型组织和公司再造这两个新理论，有人甚至认为这是管理的革命，将导致传统管理理论与实践出现全面革新，迎来全新的管理时代。

4. 制度创新

制度创新是指引入新的制度安排，包括经济制度创新、经济体制创新和发展模式创新等。20世纪70年代，戴维斯和诺思等人把熊比特的创新理论和制度经济学派的研究成果综合起来，研究现存制度的变革在促使企业获得追加利益中的作用及其作用机制，掀开了对制度创新进行研究的帷幕。戴维斯和诺思不同凡响的论点是：与技术创新相比，制度创新对经济增长的作用更具决定性。诺思认为："创新的起源可以追溯到传统年代，正是较充分界定的产权改善了我们的要素和产品市场，其结果是市场规模的扩大导致了更高的专业化和劳动分工，从而增加了交易费用。组织的变迁正在降低这些交易费用……正是这一系列变化为联结科学与技术的真正技术革命——第一次经济革命——铺平了道路。"① 与"技术创新决定论"相比,重视制度因素的"制度创新决定论"是分析视野上的一次具有重要意义的扩展。有资料显示,在过去的 200 年左右的时间里,西方的平均生产增长率一般为 3% 左右——略高于人口的增长率,使产出和社会财富成倍增加。西方的历史表明,实现持续经济增长的首要前提是,为技术和组织管理方面的创新试验提供一个合适的环境②。

三、创新的模式

1. 线性模型

二战后,英国经济学家提出了线性模型。由于该模型简单明了,因此被运用于科技和工业政策达 40 年之久。直到 20 世纪 80 年代,这种线性式模型才开始受到新型创新理论的挑战。随着对创新理论的理解不断深化,人们现在认识到各种创新模型的基础与前提是科学和技术基础、技术开发与市场需求的相互作用,如图 1-2 所示。

科学和技术基础　技术开发　市场需求

图 1-2　创新的概念框架

对于图 1-2,目前仍有许多争议,其中最重要的一点就是在此概念框架中未提及企业的内部活动。但不管怎么说,现在人们在这一点上已达到成了共识:上述关键要素的有效链接将促成创新的产生。同时,上述框架与一国或一个地区的传统亦有密切关系,如美国的大学与工业组织建立了紧密的联系,而欧洲的大学与工业组织间则缺乏这种联系。

根据线性模型,创新过程被看作一系列相互继起而又相互隔离的步骤。这个模型又有两种不同形式:技术驱动型和市场拉动型,如图 1-3所示。在技术驱动模式下,科学家得到科学发现,技术专家将其进一步

① 道·诺思. 经济史中的结构与变迁(中译本). 上海三联书店,1991.
② 内森·罗森爆,小伯泽尔. 西方致富之路(绪论). 上海三联书店,1988.

发展为新产品概念，然后由工程设计人员生产原型并进行测试，制造人员进行工艺设计并生产出批量产品，最后由营销人员将产品推向潜在消费者。这种模式在二战后曾风行一时，然而并不是所有的行业都能适用这种创新模式，研究表明这种模式仅对制药等行业比较有效。20世纪70年代后，研究者逐渐认识到市场对于创新过程的影响，并由此产生了市场拉动模式，在该模式下，市场代替技术成为创新的驱动者。

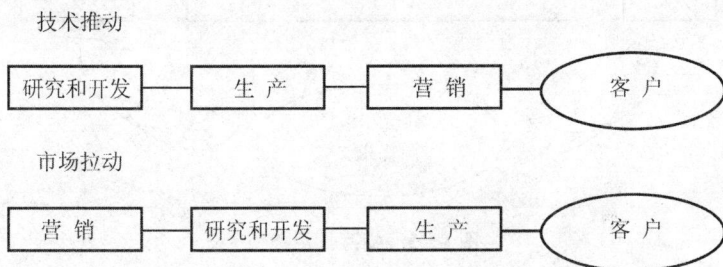

技术推动

研究和开发 — 生产 — 营销 — 客户

市场拉动

营销 — 研究和开发 — 生产 — 客户

图1-3　创新的线性模型

2. 同步耦合模型

上述的线性型模型仅仅解释了创新的最初驱动力，而对于创新过程中各功能的相互作用并没有提及。图1-4提供的同步耦合模型表明企业内部三大基本职能的相互耦合作用促进了创新的产生，同时创新的起点并不能预知（如图1-4所示）。

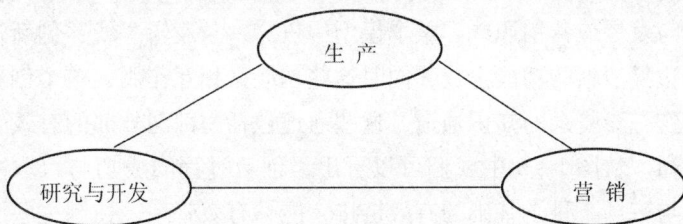

生产

研究与开发　　营销

图1-4　同步耦合模型

3. 相互作用模型

相互作用模型是同步耦合模型的进一步发展，同时它将线性模型融合进来（如图1-5所示）。

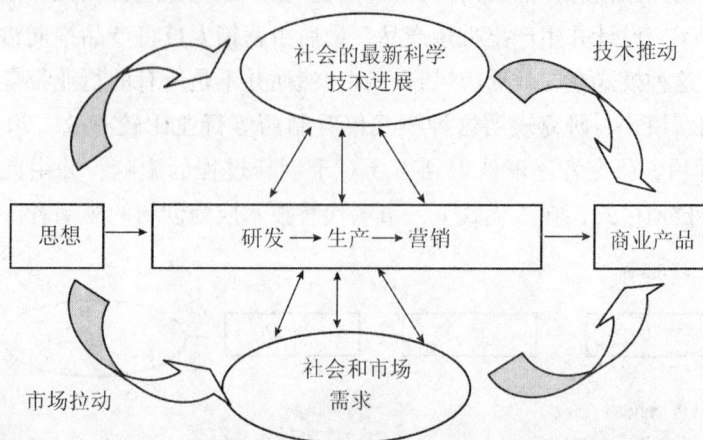

图 1-5 相互作用模型

相互作用模型认为创新来源于市场、科学基础与组织能力之间的相互作用。与耦合模型相似的是，该模型也不能提供创新的最初起点，同时，该模型引入信息流的概念，对创新的形成与沟通作出了合理的解释。该模型是一个综合性更强的关于创新过程的描述，模型的中心是组织的4大职能：研究与发展、制造准备和设计、生产制造以及市场营销。与线性模型相似，这4大职能相互继起，但同时它们之间通过信息流进行有效反馈，科学基础、市场与每一职能相联结，而不再仅仅局限于研究与发展或营销职能。整个模型中贯穿一条逻辑主线：创新过程由一系列边界清晰的功能组成，同时这些功能又相互作用，整个创新过程可以看作一套复杂的知识通道，这些通道包括内部与外部的有效知识链接与沟通。从图1-5中我们可以看出，创新过程的成功与否取决于组织能力与市场、科学基础的有效链接，能够有效管理、控制这些联结过程的组织在创新中获胜机会更大。

四、创新过程

将创新过程进行阶段划分，一般分为3个阶段（见图1-6）：发明阶段，也即获得设想；实施阶段，也即将设想在公司内进行转化；市场渗透阶段，也即将新产品、新设想、新材料等首次商业化运作的过程。成功的创新包含大量反馈过程：一方面，要获取技术、占领市场和顾客，并形成企业的专长；另一方面，还需良好的财务基础。一个公司具有良好的创新能力意味着对反馈过程的准确把握。

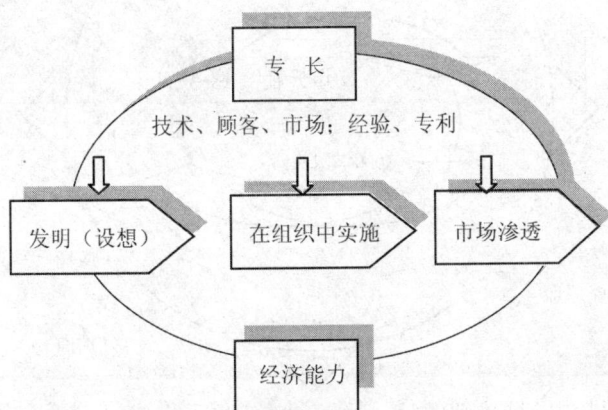

图 1-6　创新的三个阶段

在创新的三个阶段中，知识和信息是创新的基本投入要素，是保持生产力增长的中心所在，而创新人才作为知识和信息要素传递的有效载体，在创新过程中承担重要的角色，因此，创新过程的核心是获得知识基础和对创新人才创新能力的培养（见图 1-7）。

创新的 4 大主要职能是战略定位、营销、研究与发展、生产与组织计划。历史数据表明，尽管不同组织内部有不同职能设置结构，但上述 4 大职能对创新过程影响最大；组织外部创新环境包括科技发展、社会需求、竞争者、供应商、顾客、分销商、大学、战略联盟等的作用。组织应积极鼓励、支持上述职能与外部环境之间交换信息流，以获取新的知识。在创新过程中，组织的创新人员应和大学、其他机构中的科学家保持密切接触，以跟踪科学和技术发展的最新动向。同样，营销职能部门应与供应商、分销商、顾客和竞争者保持密切接触，以及时获取市场信息，组织高层管理人员同样也应与其他外部组织保持联系，如政府部

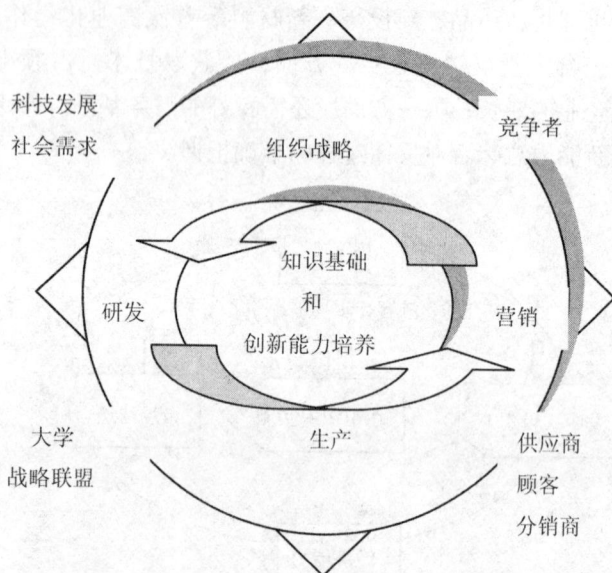

图 1-7 创新过程的管理框架

门、供应商和客户等。所有这些信息流汇集成了组织的知识基础，产生创新。从创新的过程可以看出，只有具有综合创新能力的创新人员才能全面地审视创新的过程，驾驭创新时才会游刃有余。

第三节 创新能力的内涵

一、创新能力的概念

创新能力是指创新主体在创造性的变革活动中表现出来的能力整合，即从产生新思想到产生新事物再到将新事物推向社会使社会受益的系列变革活动中，创新主体所具备的本领或技能。创新能力是创新主体的创造能力和将创新成果商业化运作能力的综合，它与创新素质、创造能力和创新技能密切相关但又有不同之处，具体关系见表 1-2。

表 1 – 2　创新能力与相关概念的关系

概念名称	简要定义	与创新能力的关系
创新素质	创新素质是指主体在先天的基础上，把从外在获得的创新知识、创新技术、创新精神等，通过内化而形成的稳定的品质。如"好奇心"、"求知欲"、"独立性"、"自由思考"、"质疑态度"等	创新素质是创新能力得以产生和发展的源初性的个性品质，是创新能力的基础
创造能力	创造能力是指主体独创性和首创性的能力，具有潜能的性质，是一系列系统能力的综合体现，包括创造思维、创造人格和创造技法等	创新能力包含着创造能力，是首创能力和革新能力的统一
创新技能	是反映创新主体行为技巧的动作能力，主要包括创新的信息加工能力、一般的工作能力、动手能力、操作能力、熟练掌握和运用创新技法的能力、创新成果的表达能力和表现能力以及物化能力等	创新技能是一种智力特征的能力，而创新能力不仅是一种智力化的特征的能力，更是一种人格化特征的能力

二、创新能力的构成

在企业创新发展过程中，创新能力具有组织和个体两个层面的不同内涵。从组织层面，创新能力更多指向为技术能力，按照发展的层次与难度分为技术监测能力、技术引进能力、技术吸收能力、技术创新能力和核心能力等。从个体层面研究创新能力，仍需要从创新的过程中审视个体创新的作用。对创新三阶段过程：发明阶段、实施阶段和市场渗透阶段再进行细分，又可分为确认机会、思想形成、解决问题、试制生产、技术应用与扩散 5 个阶段，创新能力在创新的动态过程中具有多方面的表现形式，其实质是个体创造思维、知识结构、创造技能、工程化能力与组织创新平台提供的战略、市场、创新文化等多个因素动态集成的外化形态（图 1 - 8）。

组织创新平台：战略管理、知识 创新文化管理、知识产权 反馈

创新能力的集成	战略视野	知识结构	合作能力	采用或更改现有技术能力	
	创造思维	技术学习 创造技法	知识产权意识	工程化能力	技术应用与扩散
	市场意识	知识管理	信息获取能力	解决生产问题能力	

组织创新平台：市场驱动 社会资本和网络 国际化竞争 反馈

| 阶段 | 1 确认机会 | 2 思想形成 | 3 解决问题 | 4 试制生产 | 5 技术应用与扩散 |

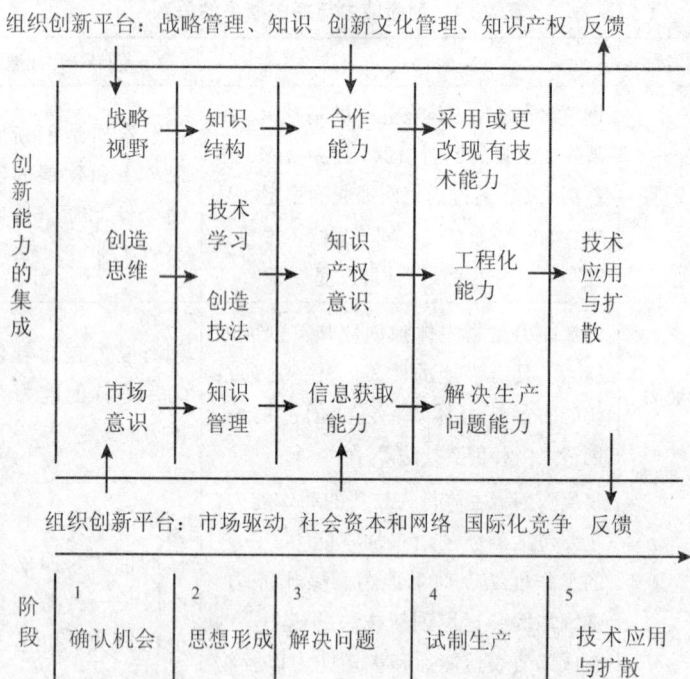

图1－8 个体创新能力的集成

在确认机会阶段，创造思维只有在特定的创新战略环境和市场驱动背景下才能捕捉住创新的机会。研究者指出，在技术上获得成功而商业上招致失败的创新项目，75%是源于战略管理的不当，而其中对市场的错误估计是致命误区。著名的铱星计划之所以黯然退出市场，主要是因为这一先进的技术缺乏市场空间，高昂的运行成本和不成比例的使用频率导致用户的忍痛割爱。所以，如果说创造思维是创新的基础，那么创新人员的战略意识和市场意识则是创新获得成功的左膀右臂。创新强调的是创新成果的商业化运作及为组织带来的价值扩张，为此创新人员需要更多思考的问题是：为什么创新？为谁创新？用什么创新？对这些问题的回答实质上是对创新战略、市场需求和创造思维的综合思考。因此只有在了解创新的战略视野，关注市场需要和客户需求的基础上，对创

造思维的特性和培养方式的深入探讨才具有现实的意义。

思想形成阶段，是创新人员知识结构和创造技能综合作用的阶段。在获取创新思想并初步形成构想方案的艰难孕育过程中，复合的知识结构和完善的知识体系是重要的基础。例如著名的建筑大师米克·皮尔斯通过对自然生态系统的研究，从白蚁利用气孔来调节蚁冢温度使其恒温中得到启示，在炎热的津巴布韦建立了一座外貌迷人、功能一应俱全但不使用空调设备的写字楼，开创了建筑设计的一个新领域——"自然拟态工程"①。由此可见，创新者知识结构的复合性和交叉性有利于创新者思维的扩展和丰富。同时创新团队之间以及组织内部职能间技术学习的效率和知识管理的程度直接影响创新能力的培养和开发。此外创造技能的开发利用也是创新人员为提高创新能力的基础。

在解决问题阶段，需要创新人员积极地将创新思想逐步向工程化程度完善，这就要求创新人员具有高效的信息获取能力，并善于整合各种信息源，促进创新的效率的提高；同时创新者还必须要具有以界面管理为重点的团队组织与协调能力。竞争是工业社会的价值观，而知识经济时代的价值观是合作，因此创新人员需要组成团队，形成梯队，善于合作，增强全球意识。此外，培养知识产权意识也是创新人员创新能力开发的重要内容。海尔集团总裁张瑞敏曾说过，技术创新使海尔插上了腾飞的翅膀，而知识产权保护使海尔的产品如虎添翼。知识产权管理在有效配置科技资源，提高研究开发起点和水平，避免人力、财力、物力的浪费中具有重要的作用。世界知识产权组织的研究结果表明，全世界最新的发明创造信息，90%以上首先都是通过专利文献反映出来的。在研究开发工作的各个环节中注意运用专利文献，发挥专利制度的作用，不仅能提高研究开发的起点，而且能节约40%的科研开发经费和60%的研究开发时间。同时创新过程具有投资高、产出高、风险大等特点，技术开发呈现明显的阶段性，各个阶段需要多方面的协作和规划，因此迫切需

---

① http://www.fourhorizons.com.au.

要知识产权与创新协同发展，从而通过知识产权的创造、管理、保护、运营一体化的知识产权管理工作的实施来提高创新能力。

从试制生产到技术应用扩散过程，是从创意产生直至成功商业化的重要阶段，创新人员也需要具有相应的工程化技能，在突破产品创新的同时，还需要加强工艺创新。在研究开发阶段，创新人员必须具备较高的研究开发和应用新技术的能力，具有一定的创造力倾向；创新的本质是"新"和"商品化"，因此在创新扩散的过程中，技术推动和市场拉动同样重要，创新人员树立市场意识，重视顾客需求是非常重要的；创新的不确定性要求创新人员在创新开拓、创新设计时还要有风险意识，具备敢于承担风险的心理准备，更要具备善于化解风险的创新能力。

人们从事创新活动，需要各种能力，绝不是单凭一种能力或某几种能力就能达到创新的预期目标。要使主体能创造出符合社会意义和个人价值的具有独特性和革新性的产品，就必须使创新能力构成要素联成一个整合体，发挥主体创新综合效应。因此，在本书中我们所强调的创新能力并不是仅仅指创新主体个人的创造能力，而是从审视创新过程的角度，分析推进创新的关键过程所需要的关键技能，作为创新能力培养的主旨。

第四节　创新能力培养的意义

一、创新在全球经济变革中的新趋势

在创新驱动下，经济全球化的快速急行，带来了越来越激烈的市场竞争，以信息技术为主要标志的科技进步日新月异，高科技成果向现代生产力的转化愈来愈快，初见端倪的知识经济预示着人类的经济社会生活将发生新的巨大变化，全球化的经济变革将左右创新发展的新趋势。

1. 创新的基础是智力资本

随着世界市场竞争日益激烈，先进制造技术和信息技术高速发展，技术创新与知识创新的关联度越来越高，从知识创新、技术创新到创新扩散的周期越来越短。知识经济在很大程度上要通过高知识含量的产品来实现，随着市场需求的多样化、个性化的发展，消费者或客户对产品的要求越来越挑剔，消费者或客户会很快地把自己的喜好转向更新、更先进和更适合自己的产品上，因此产品的生命周期大大缩短，更新换代的速度也大大加快，一个企业提供创新型产品的速度如果慢于其他企业，就会在竞争中陷入被动。为了在动荡的技术与市场变化环境中获取竞争优势，企业唯有通过创新，更深入地洞察和获取那些具有潜在价值和企业特性的资源，从而在企业内部生成一些难以被竞争对手所模仿的异质能力。因此，创新从依赖于数据、信息，转而更借助于知识和智慧，同时需要各类知识的动态转换与流动，创新需要较强的智力资本，而非简单依靠物质的累积。

2. 创新的平台是管理实践

创新具有高投入性、高风险性和高收益性。创新的成功在于获取技术垄断的市场优势，谁抢占了创新制高点，领先一步，就领先一路，否则，将被淘汰出局。技术垄断程度和市场占有份额是市场竞争优势的体现，也是最大限度获取经济利益的保证。为了保持市场竞争优势，企业均采取了种种措施加大创新的力度，创新的成本也随之增加，在创新收益倍增的同时，创新风险也越来越大。创新活动本身具有实验性质，存在着许多不确定的因素，成功的概率（1/3）小于失败的概率（2/3），其风险表现为技术开发和市场开发双重风险。大量的研究表明，从新颖的思想到成功的产品这一系列的过程中，产品创新的失败比率范围为30%到95%，平均失败比率为38%。但对大多数企业而言，创新是一项冒险性的事业，创新的结果通常是成功与失败并存，创新的过程牵涉到许多相关因素：技术因素、市场因素、社会因素、政治因素及其他因素。因此，创新的成功需要周密的管理过程，对创新过程进行精心设计及控制，可以最大限度地减少失败可能，而驾驭市场风险和把握创新战略的能力是创新成功的关键。

3. 创新的主体是创新人员

知识经济与传统经济最本质的区别在于经济长期增长所依赖的资源要

素发生了变化，人的智力资源、知识资源取代了土地和其他物质要素的地位，成为经济发展的第一战略性要素。任何成功的技术创新，总是从创造性的思维开始，逐步形成一个创新方案。不论是发展一个新品种或是改进一个老产品，不论是采用新技术、新工艺或改进原有的工艺过程，都需要有新的创造性思想。为了适应经营环境的变化，不断提高经济效益，也需要有创造性的思想和创新精神，对生产组织和管理组织进行适时的调整与改革。因此，创造性是科学技术进步和推进各项工作不可缺少的源泉。而这些"创意"就来自于企业的创新人员——即把创新看作工作本质的知识工作者。他们从事的工作具有开创性，即使已经有一些成熟的方法存在，但创新人员的任务并不是去采用和模仿以往的方法和方式，而是寻求如何突破，以带来方法和技术上的革命，带动生产率的提高。正因为创新的进步首先来自于创意的驱动，因此创新人员是技术创新的首要需求。

4. 创新的关键是创新能力

虽然许多组织都在应用识别、模仿或高标定位等战略来获取创新的优势，但培养"创新能力"是大多数企业获取创新优势的根本途径。组织的创新更借助于知识和智慧，而不仅仅是数据和信息，各类知识的创造、动态转换与扩散成为持续创新的不二法门，因此未来的创新要减少对"急功近利"式的、浅层的数据和信息的依靠，更需要创造性的东西和深思熟虑，对人员创新能力的培养尤为关键。如美国的 ESCA 公司首先强调对创新人员创新能力的考核，以便进行职业升迁和发展，以及不断提升组织的智力资本。在该公司的视野中，人员创新能力包括公司价值、战略性组织管理技能、人际技能、思考与解决问题能力、沟通能力、执行能力、自我管理能力、关键的技能等。此外，创新还依赖于人类的学习能力的不断提升和动态调整。由于当代创新需要各类知识，其中包括了诀窍（know-how）、知奥（know-why）和识才（know-who）。这些知识的掌握需要新的学习机制和新的学习方式才能实现，这些学习包括了阅读中学（learning by reading）、干中学（learning by doing）、用中学（learning by using）和研究发展中学（learning by researching and developing)。掌握这些新的学习机制和学习技能，并进行由浅至深的动态转换，将成为获得创新能力的有效途径。

二、创新能力培养的意义

创新能力要求诸要素之间的相互平衡协调，并且是一种动态的平衡协调，它要求组织根据竞争环境变化，特别是市场变化趋势和用户潜在需要，不失时机地转换组织的创新能力，使其成为组织的核心能力，能够带来长期的竞争优势。对组织成长的理解不妨来个求本溯源，组织现有的市场就像树上丰厚的果实，组织的人力、物力和财力的资源就好比粗壮的树干，而组织可持续发展的动力是在泥土中盘桓交错的根节。正如图1-9所示，对组织未来的关注并不是对现有资源和市场的把握，而是更多地关注帮助组织获取持续竞争优势的创新能力。

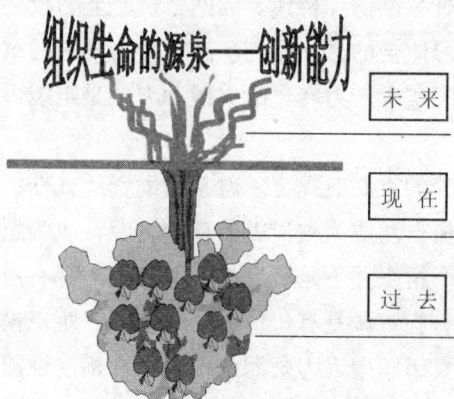

图1-9 创新能力是企业的核心能力

创新能力作为组织和人员的关键资源，具有战略性、持久性、难以模仿性，因此创新能力是组织核心能力的重要组成部分。组织的核心能力宛如一幅织锦，它是由不同的技术、技能和知识织成的。譬如，摩托罗拉快速生产方面的核心能力是建立在许多基础技能之上的，例如，同一产品线零件规格尽量雷同的设计原则、柔性制造、高明的订单系统、存货管理及供应商管理等。联邦快递公司在路线规划及运送方面的核心能力则结合了条码技术、无线通讯网络管理和线性规划。再比如，传动系统方面的核心能力要求将内燃机、工程电子发动机管理系统和先进材料等方面综合在一起。核心能力具有与众不同的独到之处，因此不易被人轻易占有、转移或模仿。任何一个组织都不能简单模仿其他组织而建立自己的核心竞争力，建立和强化独特的核心能力应靠自身不断学习、创造乃至在市场竞争中磨练。一个对手可能获得核心能力的某项技术，但对手会发现综合性的内部协调技术、整体配合技术多半只能形式上照抄，却难以把握。例如，传动系统是本田公司的核心能力，竞争对手可以通过模仿，掌握其中的材料技术、电子技术，但他们并不能够模仿掌握本田传动系统的核心能力。这是因为核心能力大都建立在组织创新能力的基础上，创新能力强调新颖性和独特性，许多隐性知识的转移具有黏滞性，因而很难被模仿和替代。因此，核心能力代表个别技能组合及个别组织单位学习体会的总和，创新能力作为其中的重要组成部分，是将知识和技能向现实生产力转化的关键动力，是组织可持续发展需要的核心技能。

创新能力培养的重要前提之一就是借助资源杠杆，作为重要人力资源的专业技术人员自然成为被借助的杠杆资源，成为组织创新能力的主要载体之一。一个组织并不是所有的资源和能力都有潜力成为持久竞争优势的基础，只有当资源是有价值的、稀缺的、难以模仿时，这种潜力才可能变成现实。组织中人力资源的价值性和稀缺性能够在短期内为组织提供竞争优势，但如果其竞争对手能够模仿这些特性，那么，一段时间后其竞争优势将难以保持。因此，组织只有加强对专业技术人员创新能力的培养，开发和培养难以被竞争对手所模仿的人力资源特性，才能使组织的专业技术人员真正成为组织的核心资源，推动组织创新的持续发展。

但是，创新能力的培养是一个由量变到质变的渐次发展过程，创新思维的形成、创新方法的运用，特别是创新个性品质的培养，都不是一蹴而就的，必须通过一定的学习、内化、外显的积累过程。因此，专业技术人员创新能力的培养是一个系统工程，需要在明确专业技术人员创新需求的基础上，结合专业技术人员创新能力的构成有针对性地进行培养和开发。

思考题

1. 如何理解创新的概念？它与发明、创造等概念的本质区别是什么？

2. 如何理解自主创新的 3 种模式？你从事的创新活动更接近哪种创新模式？

3. 影响创新推进的要素有哪些？如何看待创新能力在这一系统中的作用？

4. 请结合实际工作，理解创新能力在创新过程中的构成。

5. 请结合实际工作，探讨专业技术人员需要具备哪些创新能力。

案例分析 1——最佳创新公司 3M 公司

创新型企业的一个典型例子就是 3M 公司。3M 公司创建于 1902 年，全称 3M Company，源于明尼苏达矿业制造有限公司，总部设在美国明尼苏达州的圣保罗市，是世界著名的产品多元化跨国企业。3M 素以勇于创新、产品繁多著称于世，而且最为重要的是 3M 公司本身就是一个在不断创新变革的企业，因此 3M 不愧为最具创新潜力和实力的创新型企业。

1. 以创新为目标

创造力是 3M 最根本的竞争能力，公司的使命就是：成为美国产品研发能力最强、最具创新意识的公司。为此，3M 公司的掌门人麦克纳尼借鉴了通用电气的做法，通过收购新产品来刺激公司的发展速度。2002 年底，3M 公司斥资 8.5 亿美元收购了康宁精密镜头公司（Corning Precision Lens Inc.）。此举使 3M 迅速成为背投电视机市场上的一支生力军，并且使公司下属的其他电视机零部件部门得到了完善。不过，麦克纳尼真正关注的却是公司究竟能做些什么。为了获得更多的利润，他让公司的专业技术人员在开始研究之前，先与市场营销部门以及生产部门的员工进行交流。比如，销售代表在电视机厂商中进行调查，以了解它们对下一代平面电视机型号的看法，并且拿出改进方案。然而，这种新方法也存在一定的风险。过去，3M 公司的专业技术人员会将15% 的机动时间用于自己喜爱的项目，例如该公司久负盛名的报事贴，就是该公司的专业技术人员们置生产和营销部门的全面否定于不顾，坚持试验，才有的王牌产品。事实上，这种被禁止的第二职业反而使 3M 步入了世界一流公司的行列。如今，这些专业技术人员的行为均受到了限制。但 3M 公司显示与图形部门执行副总裁詹姆斯·斯塔克认为这种限制对专业技术人员的影响并不大，在某种程度上具有一定的好处。他认为，如今的改革计划将使研发成功的几率大为提高，"公司中钻牛角尖的人将越来越少"。

2. 集中所有的创造力

美国制造业遭受的严重衰退也帮了麦克纳尼的忙。2001 年第一季度，突然爆发的经济衰退使 3M 公司的发展脱离了原先的轨道，这促使麦克纳尼加快了行动的步伐。他说，突然间，"我们所有人都被凝聚在了一起"。没多久，麦克纳尼便下令裁员 5000 人，占到公司员工总数的 6.6%，但是公司里几乎没人对此提出异议。与此同时，其他一些重要变化也接踵而来。在麦克纳尼就任之前，3M 公司一直实行平均主义，无论成绩如何，各个业务部门每年获得的预算完全一样。这种情况不会再有了。麦克纳尼与他的高层管理团队，开始按照各业务部门的发展潜力，重新划拨研发资金和市场营销资金。这就意味着，医疗保健部门以及显示和图形部门都将得到更多的预算支持。如今的医疗保健部门已经成为 3M 规模最大的业务部门，其销售额为 40 亿美元，营业收入达到了 10 亿美元。由于显示和图形设备部门研制出了供平板电视机和移动电话使用的超薄塑料薄膜，该部门 2003 年的营业利润增长了 66%。当然，这同时也意味着，某些部门的财务预算将相应缩减，尤其是 3M 公司传统的工业部门和运输部门。

3. 培训

现在，麦克纳尼把绝大部分时间花在了人员培训上。每隔一周，他就会在公司总部向大批职员发表演讲。在两个小时的会议上，他首先介绍 3M 公司最近取得的成绩，公司使用 6 个西格玛的进展状况以及其他改革措施的最新情况。在接下来的一个半小时里，他将回答员工的各种问题。麦克纳尼巡视 3M 公司遍布全球各地的分支机构时，也采取同样的做法。此外，他还是 3M 公司领导人培养研究院的正式导师，这也是他从通用电气公司借鉴来的经验。在培训的间隙，他会监督下属的经营委员会中各个成员的工作情况。这个委员会由 3M 公司的 15 位高层管理人员组成，通常他会去他们的办公室与之交谈。不过，尽管麦克纳尼已经把管理层的培训当作了一项首要任务，而且还建立了 3M 公司自己的领导人培训学院，但是，如果麦克纳尼现在就离开 3M 公司的话，公司还缺少可以即刻接替他的人选。正如麦克纳尼在谈论培养后备领导人面临的挑战时所言："我深知我们所做的远远不够。"（改编自陈劲著.最佳创新公司［M］. 北京：清华大学出版社，2002.5）

讨论题

1. 3M 公司作为最佳创新公司具有哪些特点？
2. 在 3M 公司中，人员的创新能力是如何得以培养和提升的？

第二章　专业技术人员的创新能力评价

本章要点

> ● 时代需要自主创新能力
> ● 专业技术人员的新特点
> ● 专业技术人员的胜任力
> ● 专业技术人员创新能力的综合要求
> ● 专业技术人员创新能力的评价指标体系

导读案例 2——创新成就了国家科技二等奖的获得者

在不少人眼里，一谈自主创新，就觉得那是尖端技术，只有科学家、设计师、工程师才能干，与普通人无缘。这是一种误解。创新当然有高新技术，但普通技术领域也存在创新。创新也不仅仅是技术领域，自然科学、社会科学领域内都有创新。创新并非那么高深，很多时候它就在你我身边的大事小情中，一个点子，一个想法，一个创意，面貌就可能从此改变。2006 年度国家科技二等奖由河南农民李官奇、一汽大众汽车公司工人技师王洪军、宝钢炼铁厂工人技师韩明明摘走。他们工作岗位平凡，却为何能得此荣耀？原因很简单，是创新成就了他们。仅以王洪军为例。1991 年，王洪军来到成立不久的一汽大众公司，在捷达调整线做了一名"白车身"钣金维修调整工。"白车身"维修调整是一道重要工序，王洪军把生产实践作为提高技能、增长才干的课堂，整天抱着十几斤重的高频打磨机，在废车身上练习，经过反复的实践，逐渐摸索出压痕、划伤、波浪、坑包等表面缺陷的处理方法，得出了手掌放平，着力点集中，匀速运行，出手慢，回手快的结论。王洪军把自己掌握的维修技能和研制的一些先进方法和技巧进行总结和归纳，创造出了50多项100多种简捷的轿车钣金快速修复法。当他用自己创造的轿车钣金快速修复法修复了被德国专家认定不能修复的车身时，德国专家亲自动手将修复处解剖、分解，反复检查，完全符合要求！王洪军创新实践表明，创新不是无根之木，无源之水，它源于实践，也扎根于实践。创新这事，科学家要做，普通人也应该做！（改编自 http://news. cctv. com）

第一节 专业技术人员的新特点

一、新时代需要创新型的专业技术人员

如今在企业界有这样一种说法：得人才者得市场，这句话十分明确地概括了人才对现代企业的重要性，而作为人才中最重要的一种类型，专业技术人员对于企业来说更具有举足轻重的影响力。

首先，随着知识经济时代的到来，知识和技术已逐渐成为形成企业竞争优势的决定性因素，智力资本已经成为企业创造价值的第一经济要素，因此对知识和技术的"承载者"——专业技术人员的需求就显得十分迫切，对专业技术人员的寻找、拥有、培养、保持和发展已成为企业人力资源管理的工作重心。其次，知识经济的核心是创新，只有创新才能使企业的产品和服务获得高附加值，只有创新才能使企业赢得竞争优势，只有创新才能为企业带来可持续的增长。企业核心能力表现为创新机制和创新能力，为市场所青睐的将是创新的成果，而创新的关键在于人，充足的创新型专业技术人员是实现企业"创新—效益—再创新"的良性循环的根本。由此可见，专业技术人员对企业具有十分重要的作用，专业技术人员现已成为企业实力的象征，成为企业富有挑战力和竞争力的资本。随着科技进步和知识经济的崛起，创新成为时代的永恒主题，新时代对专业技术人员也提出了新的要求，拥有创新能力的专业技

术人员群体，将是当今企业获得成功的必要条件和保障。如何有效地培养和提升专业技术人员的创新能力已成为企业管理的重心，也成为现代企业可持续发展的核心命题。具有创新能力的高素质的专业技术人员，既是创新型国家建设的第一战略资源，也是实现人才强国战略的关键支撑（如图2－1所示）。

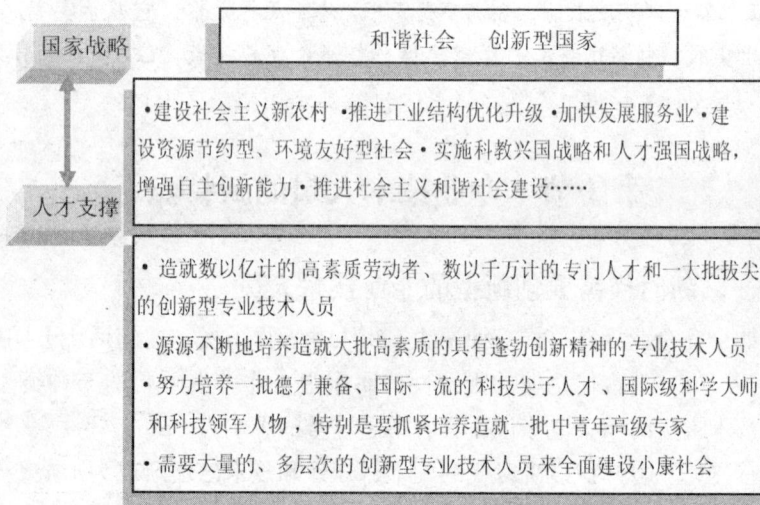

国家战略

和谐社会　创新型国家

•建设社会主义新农村　•推进工业结构优化升级　•加快发展服务业　•建设资源节约型、环境友好型社会　•实施科教兴国战略和人才强国战略，增强自主创新能力　•推进社会主义和谐社会建设……

人才支撑

• 造就数以亿计的高素质劳动者、数以千万计的专门人才和一大批拔尖的创新型专业技术人员

• 源源不断地培养造就大批高素质的具有蓬勃创新精神的专业技术人员

• 努力培养一批德才兼备、国际一流的科技尖子人才、国际级科学大师和科技领军人物，特别是要抓紧培养造就一批中青年高级专家

• 需要大量的、多层次的创新型专业技术人员来全面建设小康社会

图2－1　国家战略与创新型专业技术人才支撑

能否造就一支知识结构、专业素质和创新能力俱佳，具有国际视野、远大抱负和创新精神的科技队伍，尤其是能否培养出具有未来高素质创新型人才潜质的专业技术人才，是创新型国家建设成败的关键。因此，只有加强专业技术人员创新能力的培养，才能为国家未来技术和经济的发展提供坚实的保障。新时代的专业技术人员不是未来的空想家，而是预言的实践家；不是盲目浮躁的叛逆者，而是破旧立新的建设者；不是屈指可数的天才，而是有志于创新并不断提升创新能力的时代骄子。

二、创新型专业技术人员的界定

我国中组部和人事部对专业技术人员的定义是："从事专业技术工

作和专业技术管理工作的人员，以及未聘任专业技术职务，现在专业技术岗位上工作的人员。包括工程技术人员、农业技术人员、科学研究人员、卫生技术人员、教育人员、经济人员、会计人员、统计人员、翻译人员、图书资料、档案、文博人员、新闻出版人员、律师、公证人员、广播电视人员、工艺美术人员、体育人员、艺术人员及企业政治思想工作人员，共 17 个专业技术职务类别。"该定义基本上与国际劳工组织《1988 年国际标准职业分类》（ISCO－1988）的专业技术人员的定义相一致，但缺了社会服务、行政管理人员等几项内容。本书所涉及的专业技术人员是指具有一定的科学文化知识、品德修养和创新能力，并在社会实践中，以创造性劳动为科学技术的进步和人类社会的发展做出一定贡献的人，包括科学研究人员、工程技术人员、农业技术人员、社会服务人员、经营管理人员、技术应用和生产人员等各类专业专有技术人员。

　　新时代的创新型专业技术人员需要突出广泛的社会基础和创造性劳动价值。Chris Harri 认为："创新型人才是独立的思想家和不墨守成规的人，他们可能难以置信地聪明和具有创造性。他们在自己的领域中掌握了广博艰深的知识，并且时常在特定的学科拓展出一片天地，他们经常为了解决几乎是独一无二的难题所需要的技术、方法和过程，提出原创性的概念。"约翰 M·伊万塞维奇博士借用"爱因斯坦"的名字来定义那些在理解并运用科技方面作为先锋的人，他认为"爱因斯坦是一种现代企业的新型员工，他们拥有深厚的技术知识，被一种无法满足的好奇心所驱使，不被传统的规范所束缚，对新奇之事与新出现的技术趋之若鹜①"。

　　我国著名的科学家袁隆平院士正是创新型专业技术人员的典范。杂交水稻是世界级科技难题，虽然发达国家较早涉足并投入巨大，但最终这个科技难题是在中国取得了突破，这首先要得益于袁隆平院士勇于创

---

　　① M·伊万塞维奇. 管理爱因斯坦［M］. 百家出版社. 2003. 4.

新的精神。他尊重以往的结论但不拘泥于以往的结论，面对"水稻杂种无优势"这一经典结论，袁隆平凭着一股大无畏的科研勇气和深厚的遗传理论功底，毅然冲破传统理论的束缚，勇敢地选择了杂交水稻研究，从异形稻到杂交稻再到超级稻，从三系法育种到两系法再到一系法，袁隆平一直在思考，一直在创新，一直在突破，永不止步的科学探索，终于使杂交水稻研究一步步走向成功。袁隆平曾说："我是一个从小喜爱跳高运动的人，现在搞科研，也是像跳高一样，跳过一个高度，又有新的高度在等着你。如果不跳，早晚要落在后头；即使跳不过，也可为后人积累经验。"

大前研一在他的《专业主义》一书中提出了"专业"的概念，指出公司和社会的发展需要"专业"人士，仅仅专家是不够的。"专业"人士是指那些拥有比以往更高超的专业知识、技能和道德观念；秉承顾客第一的信念；好奇心和向上心永不匮乏；具有严格的纪律；而且面对环境的变化也能同样发挥同等实力的人，也就是具有先见力、构思力、议论力和矛盾适应力的人①。借用此概念，本书认为，创新型专业技术人员具有知识型工作者的特点，通过从事生产、创造、扩展和应用知识的能力，为企业带来知识资本增值。作为拥有知识、能力和创新意识、追求自主性、个性化和多样化的员工群体，他们的创新能力培养具有系统性，创新的激励更多来自工作的内在报酬，只有准确地把握创新型专业技术人员的特点，才能使专业技术人员发挥出最佳的创新绩效。

三、创新型专业技术人员的功能定位

在一个创新组织里，应该具有各种类型的专业技术人才，互相补充。例如，一个善于产生新思想的人，可以同一个善于汇集与传播信息的桥梁人物和一个具有企业家精神的科技人员组合在一个课题组里，在统一的项目内各自明确地发挥其独特的作用，各展所长，互补其短，就能使集体效应得到充分的发挥，保证科研任务有效地进行。图2-2表

---

① 大前研一. 专业主义 [M]. 中信出版社. 2006. 6.

明，为了使创新有效地进行，必须在一个创新组织中配备具有各种不同独特功能的专业技术人员。在组织创新的过程中，这些专业技术人员有时一人可担任多个角色，但也可能分由不同的人担任不同的角色。

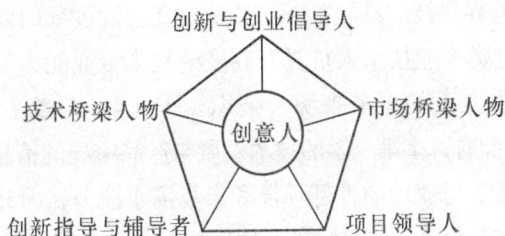

图2-2 专业技术人员的功能定位

1. 创意人

在创新的过程中，创意的产生是首要的驱动步骤。企业组织中需要有一些具有创造性、擅长于产生新思想的科学技术人员。这种人对于科学与技术的发展趋势有深入的观察，经常能发挥先见之明，提出大量超乎寻常业务活动之外的新构想与创意。从3M公司的自粘性贴纸的世界风靡，到SUN公司开发JAVA语言成为由ISO认可的国际标准，我们可以感受到这些专业技术人员发挥的巨大效用。

2. 创新与创业倡导人

作为技术上的支持者，具有创业精神的企业家，也是一种特殊人才，他们有创造性，但是更善于推进创造性，适合于传播和推广新思想、新产品。他们比具有创造性的科技人员更富于推广和创业的热情，是驱动组织内创新活动的关键人物，并对创新团队的激励与资源支持起关键性的作用。微软的比尔·盖茨、索尼的盛田昭夫是这类创新人物的榜样。

3. 项目领导人

他们是创新项目的经理人与创新团队的负责人，具备良好的组织、企划、协调、激励、控制等领导与管理能力，也扮演创新过程中问题与难题解决者的角色。这类专业技术人员需要具有组织才能，善于把不同类型的人协调起来，提供有关的信息与取得必要的资源，并对于组织内外部环境的变化具有敏锐的观察与控制能力。在思科公司的各类研发项目组中我们可以看到这类活跃异常的专业技术人员。

4. 技术桥梁人物

既是引入外界科技信息的纽带，又是研究与发展部门内部的科技信息传输的纽带。这类专业技术人员具有高度的技术专业能力与通融的外部人际关系，通过多方面的渠道来源（杂志、研讨会、学会社团、人际网络……），经常能拥有许多第一手的技术发展与产品市场的信息，能够促使产品创新活动不至于与变动的外部环境和市场需求脱节，因此也是创新过程中不可或缺的重要角色。技术桥梁人物最显著的3个特征是：（1）技术成就大，水平高，是完成组织技术目标最重要、最直接的贡献者；（2）大部分技术桥梁人物（约50%）是第一线主管人员；（3）管理人员不用多想就可以告诉你谁是技术桥梁人物。

5. 市场桥梁人物

研究与发展部门不仅需要有科技方面的信息，同样也需要市场方面的信息，因而，除了技术方面桥梁人物以外，在研究与发展部门内还需要有市场信息方面的桥梁人物，可以称之"市场桥梁人物"。担负这种功能的人可以是工程师、科学工作者，也可以是具有技术基础训练的营销人员。他们的精力主要集中在同市场信息的来源进行联系和接触，然后再将它传输给本部门内从事研发的相关人员。市场桥梁人物主要特征是与顾客、用户接触较多，而且对于竞争方面的情况非常敏感。没有这种人物，会使很多应用研究与开发研究项目因不了解用户需求与市场趋势而陷于盲目性。

6. 创新指导与辅导者

一般说来，他们是较有经验的老的项目领导人或是以前进行过开创性工作的人。他们比较平易近人。作为一个高级人员和前辈，他们能指导与辅导组织内的一般成员，而且他们又可以同高层领导进行对话。这些活动为新思想和新项目的有效进展，创造了重要条件。当研究单位领导人与这些学术上的前辈能协调一致时，这个单位就容易取得成功。

对不同功能的承担者具有不同的特征和适合的组织工作类型（见表2-1），应予以各种不同的支持、激励与督促。

表2-1 创新过程中的重要功能及其承担者的特征

重要功能	人员特征	适合的组织工作
产生新设想	●某一、两个领域中的专家 ●善于作概念、理论和抽象思维工作 ●喜爱创造性工作 ●往往独自作出贡献 ●喜欢一人单独工作	●产生新设想与分析其可行性 ●解决问题 ●接触新东西和用不同途径解决问题 ●寻求突破
创业或企业家精神	●强烈关心应用方面 ●具有广泛的兴趣 ●不喜欢在基本知识方面作项献 ●有能量和果断	●向其他人或组织传播新思想 ●争取资源 ●支持别人 ●担负有风险的工作
项目领导	●善于利用信息进行决策和解决问题 ●对他人的需要很敏感 ●知道如何运用组织结构去解决问题 ●了解与熟悉多种学科，并知道如何进行配合（如市场和财务等）	●领导和鼓动小组成员 ●项目的组织与计划 ●组织实现上级部门下达的任务 ●协调组内各成员的工作 ●使项目有效地进行 ●使项目的目标与组织的需要相一致
桥梁人物	●具有较高的水平 ●平易近人 ●乐于面对面地帮助他人	●通过杂志、会议、同事或其他公司获得外界发生的各种有关信息 ●把信息传给他人，善于接近同事 ●在组织中成为他人的信息来源 ●在科技人员间进行非正式协调
指导或辅导	●具备开发新设想的经验 ●是一个良友益师 ●能指出目标 ●往往是一个高级人员，了解组织的内情	●作为项目领导人的支持者，进行宣传鼓动、引导和指导 ●作为一个有年资的高级科技人员，提供接近领导的渠道 ●缓解项目组所受的约束 ●协助项目组得到组织内其他部门的帮助 ●为项目取得合法性和组织的信任

实践表明，很多企业不能有效地开展创新，其重要原因之一是在组织内缺乏具有上述重要功能的人才。有些专业技术人员具有多方面的才能、专业和经历，他们往往兼有一个以上的多种功能，这种多功能的专业技术人员，一般可以兼作桥梁人物和新思想的产生者。因为作为桥梁人物，他与多方面的外部信息源频繁接触，而且在研究所内部也广泛沟通信息，因而可以很自然地把各种渠道所获得的信息加以综合而产生种种新思想、新构思。另一种多功能结合方式，是新思想产生与具有创业精神两种功能结合于一身，当他具有了有价值的新思想后，便努力以企业家所固有的创业精神不屈不挠地去推动这个新思想的实现。再有一种结合方式是项目领导功能与创业者功能的结合。最后一种结合方式是具有指导或辅导功能的技术前辈兼负其他功能。这种兼有多种功能的优点是可以精简人员，符合现代化高度技术发展规模趋向于精悍灵活的要求。

第二节　专业技术人员的胜任力

一、创新型专业技术人员的胜任力内涵

胜任力（Competence & Competency）就是"具备或完全具备某种资质的状态或者品质"。在1995年约翰内斯堡举行的关于胜任能力会议上明确提出胜任力的定义即："影响一个人大部分工作（角色或职责）的一些相关知识、技能和态度，它们与工作的绩效紧密相连，并可用一些被广泛接受的标准对它们进行测量，而且可以通过培训与发展加以改善和提高。"胜任力可以根据显现程度的不同分为外显胜任力和内隐胜任力，常用冰山模型来描述（如图2-3所示）。其中外显胜任力包括知识、技能，内隐胜任力包括社会角色、价值观、态度、个性、动机。创新型专业技术人员胜任力是指专业技术人员个体所具备的，与成功实施创新和管理有关的一种专业知识、专业技能、专业价值观和动机。

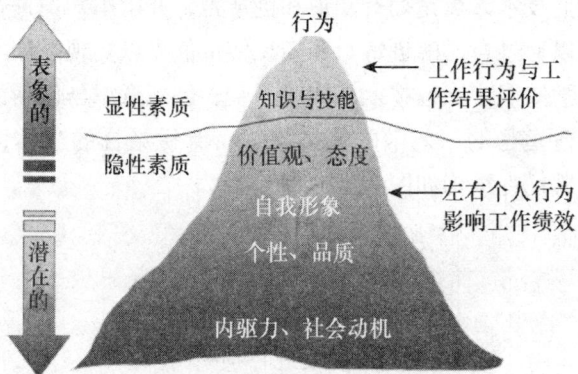

图 2 - 3　胜任能力的冰山模型

知识链接 2 - 1　胜任能力层级定义

根据冰山模型，胜任能力可以概括为以下 6 个层级（见表 2 - 2）。

表 2 - 2　胜任能力层级定义表

胜任能力层级	定义	内容
技能	指一个人能完成某项工作或任务所具备的能力	如：表达能力、组织能力、决策能力、学习能力等
知识	指一个人对某特定领域的了解	如：管理知识、财务知识、文学知识等
价值观	指一个人对事务是非、重要性、必要性等的价值取向	如：合作精神、献身精神
自我认知	指一个人对自己的认识和看法	如：自信心、乐观精神
品质	指一个人持续而稳定的行为特性	如：正直、诚实、责任心
动机	指一个人内在的自然而持续的想法和偏好，驱动、引导和决定个人行动	如：成就需求、人际交往需求

二、创新型专业技术人员的胜任力结构

在以信息技术和网络为基础、以全球化为支撑的知识型经济时代，经济的变革对人才培养提出了新的、更高的要求。在创新管理中，我们

所需要的专业技术人员是拥有知识和创造力，并运用知识进行创新性工作，他们可以通过自己的创造力和知识使价值得以实现。创新型专业技术人员是科学知识、工程技术、实践经验、创新意识与创新能力以及其他要素（伦理道德的、艺术的、文化的）有机结合的载体，新时代专业技术人员胜任力结构如图2-4所示。

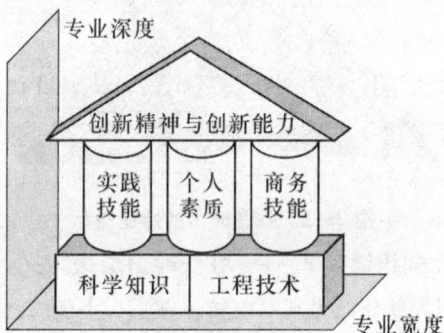

图2-4　专业技术人员的胜任力结构

1. 高度的创新精神和创新能力

一个国家如果缺少雄厚的科学和技术储备，缺乏创新能力，必将失去在国际市场的竞争力，因此，创新型人才的状况，实际上是决定国家竞争力的关键。所谓创新型人才不仅需要较高的智力因素，也需要较高的非智力因素，甚至非智力因素比智力因素更为重要。国外学者将创新能力与智力作了比较，认为二者最大的差别是创新能力包含了态度和性格的要素，有创新思维而没有勇气胆识、献身精神和坚强意志，是不可能完成创新过程的，自然也不会有创新带来的辉煌。中国社会科学院研究生院邹东涛副院长用"十"字型人才的概念，说明了创新型人才与其他人才的不同之处："一"字型人才的知识面比较宽，但缺乏深入的研究和创新；"｜"字型人才在某一专业知识方面研究比较深，但是知识面太窄，很难将各种知识融会贯通进行创造性研究；"T"字型人才不仅知识面比较宽，而且在某一点上还有较深入的研究，但是他们不能冒尖，没有创新；"十"字型人才除了具有"T"字型人才的优点外还能冒尖、创新。

2. 汇聚科学知识和工程技术的知识基础

人的创新能力的形成，也是以掌握丰富的科技知识为基础的，只有及时掌握最先进的知识和技能，才能始终站在创新的最前沿。扎实的文化基础、宽阔的知识面、独到的专业知识和技能，是创新能力的基本功底。因此，新时代的专业技术人员不仅要适应，还要主动开拓新的知识领域，主动从事科学技术的创新。现代科学技术日新月异飞速发展，自然科学与社会科学相互渗透，知识日趋综合化，这就要求现代化的人才不仅要重视知识的掌握，而且还要有完善而合理的知识结构。有人曾经用"人才 = 知识×知识结构×能力"这个公式来描述知识结构的重要作用。知识结构不同，其功能和作用就各异，人所表现出来的能力大小也不同。在知识比较丰富的情况下，知识结构越合理，人的能力就越强，知识结构越独特，人在某些方面就更具优势。同时，知识结构还应该是一个不断适应、不断创新的动态平衡系统，它能适时地将不同的知识经过系统化、网络化后重新组合，从而使知识结构始终保持高效的状态。所以，新时代的专业技术人员不仅要精通本门学科的专业知识，还必须熟悉其他相关学科知识，既掌握自然科学，又涉猎社会科学，将科学知识和工程技术相互融合，各种知识广泛交叉渗透，建立全方位、综合的、立体的、动态的知识结构。

3. 多元复合的实践技能

创新是从创意产生直至成功商业化的系统过程，专业技术人员在推进创新成功的过程中也需要具有相应的多元复合的实践技能。在研究开发阶段，作为企业创新重要力量的专业技术人员必须具备较高的研究开发和应用新技术的能力，具有一定的创造力倾向；创新的本质是"新"和"商品化"，因此，在创新扩散的过程中，技术推动和市场拉动同样重要，专业技术人员树立市场意识，重视顾客需求是非常重要的；创新的不确定性要求专业技术人员在创新开拓、创新设计时还要有风险意识，专业技术人员应该具备敢于承担风险的心理准备，更要具备善于化解风险的创新能力。

4. 获取信息和资源的商务技能

在创新过程中，企业资源开始从资本转变为信息和知识创造力，获取信息和资源的商务技能也是专业技术人员所必需具备的。以信息技术为主要标志的高科技进步日新月异，高科技成果向现实生产力的转化越来越快，获取大量有价值的信息是有效创新的基础，因此专业技术人员需要具有较强的信息获取、分析和整合的能力，具有使用多种高效的信息数据处理工具和信息沟通设备的能力，能够快速地捕捉瞬息万变的信息，使自己在创新中立于不败之地。

互联网的诞生使人类个体和群体之间的沟通与交流变得空前容易，竞争与合作已经日益突破国家或区域界限而出现了不可逆转的全球化趋势，创新资源的流转呈现出网络化和分布化的特点。在这种背景下，合作精神变得空前重要，任何企业的发展与繁荣、任何个人的进步与成功都离不开各种各样的合作。这里讲的"合作"绝不是对独立创造精神的否定，它恰恰是个人潜能得到创造性发挥前提下的合作。因此专业技术人员必须掌握人际交流和沟通的良好技巧，构建和谐的人际关系和环境。

5. 个性化与创新精神的完美结合

科学技术既高度分化又高度结合的状况，对人才也提出了知识整合化的要求。一是社会科学与自然科学之间以及多种专业的复合，它们互相渗透，易激发出新的思想；二是智力因素和非智力因素的复合，非智力因素是智力因素得以顺利发挥、取得成就的条件。美国科学界研究发现，在人的成功要素中，智商数约占20%，出身、机遇、情商数共占80%，美国企业界主管也普遍认为"智商使人得以录用，而情商使人得以晋升"。因此，只有那些具有较宽的知识面、较强的综合能力和适应能力的人员，才更能适应国际化竞争的要求。从社会发展看，个性发展是社会发展的真正动力和源泉，人的个性的充分发展是一个国家或民族富有生气的表征。个性，即个体的精神世界，其核心内容是主体性和创造性。江泽民同志就曾指出:"在出人才的问题上,要鼓励和支持冒尖,鼓励和支持当领头雁,鼓励和支持一马当先,这不是提倡搞个人突出、个人英雄主义,而是合乎人才成长规律的必然要求。"新时代的专业技术人员应该是一个具有独立性、自主性、能动性、超越性的个体,具有健康的心理素质,能够按照个人能力、爱好和机遇最大限度地活动的人,没有个性的人是很难有创造力的。专业技术人员应具备独特思维结构的特征:一是创新意识贯穿思维结构的各个方面,成为思考问题的出发点和落脚点;二是内化和贮存了大量信息和经验,为洞察事物的本质奠定良好的基础;三是形成独特的思维模式,形成一整套按照一定方式、规则和程序输入和输出信息的思维活动形式,有利于提高创新成功的机率。对一个优秀的专业技术人员来说,不为物欲所惑、不为权势所屈、不为利益所动,始终保持严格的科学精神,也是难能可贵的。

知识链接 2-2 微软公司对专业技术人员的素质要求

在对专业技术人员的素质要求上,微软公司具有独到的见解:

(1) 了解和关注公司的产品、技术与顾客的需求。

(2) 自己有一个长期的发展计划,并注重开发自己的独特能力。

(3) 充分利用所给予的机会。

(4) 了解公司是如何赚钱的(公司赚钱的途径与商业运作模式)。

(5) 关注竞争对手。

(6) 善于动脑筋。

(7) 保持基本的人品:诚实、讲究伦理和勤奋工作。

(8) 具有独创精神和团队合作精神,也是专业技术人员的非常重要的素质。

三、创新型专业技术人员的胜任力特征

创新型专业技术人员工作有一定的复杂性。专业技术人员拥有知识资本,成为资本拥有者,这是其资本性的一面,但同时专业技术人员又是劳动者,其人性的一面与普通员工没有本质区别。专业技术人员的工作具有创造性,对新知识的探索、对新事物的创造过程主要是在独立、

自主的环境下进行。他们更多从事思维性工作,他们的工作是一种全过程式的劳动,工作时间和地点灵活多变,经常延伸至 8 小时以外和家庭之中;加上专业技术人员劳动过程的内隐性,劳动的结果不易衡量。企业如何给专业技术人员创造一个宽松的工作环境,给予一定的自主、自治权,已被看作专业技术人员激励手段的一方面。

创新专业技术人员需求具有个性化。由于专业技术人员的生存需求及安全需要往往已得到满足,因而会转向追求更高层次的需求。对专业技术人员而言,高薪职位只是前来投效的诱因,工作的主要目的是为了满足发展需求和从工作中获得内部满足感,他们希望在工作中拥有更大的自主权、工作弹性和决定权,同时也特别看重支持;他们期望通过一种创造性或者挑战性的工作实绩来获得精神、物质及地位上的满足。所以,对专业技术人员的激励必须由以外在、当前的物质激励为主转向以内在、未来的成就和成长激励为主。专业技术人员的教育程度、工作性质、工作方法和环境等与众不同,使得他们形成了独特的思维方式、情感表达和心理需求。特别是随着社会的不断进步,专业技术人员的需求正向个性化和多元化趋势发展。

创新型专业技术人员的工作投入高于组织承诺。专业技术人员与传统意义上的员工最大的不同是拥有随身携带的巨大的资本资产。这就决定了他们在就业选择上具有了相当程度的主动权,对组织的依赖性明显低于普通员工,相应的职业流动性也随之增大。他们有自己的福利最大化函数,是否加入某个企业是出于自身的选择,如果待遇不公或者收入未达到他们的期望值,就可能另谋出路。为了和专业的发展保持同步,他们需要经常更新知识,得到更多的学习提高机会,希望工作性质能使自己不断充实提高。如果不能满足其职业发展上的要求,他们很可能选择"背叛"组织而不是"背叛"专业,另谋出路。因此,与其他类型的员工相比,专业技术人员更重视能够促进他们不断发展的、有挑战性的工作,他们对知识、对个体和事业的成功有着持续不断的追求;他们要求给予自主权,使之能够以自己认为有效的方式进行工作并完成组织交给的任务，获得一份与自己贡献相称的报酬并分享自己创造的财富，与成功、自主和成就相比，金钱的边际价值已经退居相对次要的地位。一般而言，创新型专业技术人员最重要特征如表 2 - 3 所示。

表 2 - 3　创新型专业技术人员的胜任力特征

胜任力要素	典型特征
具有开拓精神，不守成规，喜欢做挑战性的工作，敢于冒险	专业技术人员首先应该具备这种精神，或者说这种性格。这种精神，有天生的成分，但更多的是在后天环境中逐步形成，如家庭以及其他成长环境的影响等。惯例、定规的东西，可能是对前人创新成果的最佳肯定，但反过来会对后人产生一定的束缚作用。积极创新的人应该勇于突破，在借鉴前人优秀成果的同时，不要拘泥于他们的所有条条框框中。当然，这种挑战性的工作具有风险，你很有可能做了几年甚至更长时间的研究，换来的却是失败。这就需专业技术人员具有足够的勇气
有恒心和毅力	"千里之行，始于足下。"创新是一个漫长而又艰难的过程，挫折是家常便饭。对于创新者而言，除了创新意识和勇气之外，更要有恒心和毅力。创新是要突破现有的条条框框，发现新的东西，这不是一蹴而就的事。正因为拥有这种恒心和毅力，爱迪生才能发明电灯
有敬业精神和责任心	专业技术人员要钟爱自己的行业（或者说事业），并且敢于负责。很难想象一个整天想着别的事情的人会把精力放在创新上，会有所作为。创新型人才应该具备强烈的敬业精神和责任心，对自己的事业敢于创新，对自己的行为勇于负责
具有强烈的自信心	自信心对什么事都很重要，对专业技术人员尤其重要。凡成功人士，大部分人都具有比常人强烈的自信心。自信心是建立在客观基础上的，是基于对自己能力、对周围环境、对技术条件等综合因素的正确分析

胜任力要素	典型特征
兴趣广泛，信息沟通广泛	时代的迅速发展告诉我们，要创新，不仅要有扎实的专业知识，还要有广泛的知识面和广泛的兴趣。信息时代信息变化很快，这就需要有优越的沟通设备和手段，快速地捕捉瞬息万变的信息，使自己在创新中立于不败之地
有好奇心，并能够拼搏奋斗	心理学研究表明，好奇心具有强大的推动力，并且使人发挥出超常的创造力。专业技术人员的性格特征中，应该有强烈的好奇心，这样才能引起对未知事物的好奇，驱使创新。研究表明，在好奇心的驱使下，创新行为的发生率大大提高，人的拼搏力也得到很大的加强
有远大抱负，有魄力	专业技术人员必须有远大抱负，不拘泥于眼前的既得成果，要站得高看得远，具有战略眼光和洞察力。只有具备了这种抱负、这种魄力，才有可能不断创新，成果不断
有风险意识	创新具有不确定性，在开发出来产品以前，很难准确预测有什么样的新技术出现。相反，投入大量的人力和资金，却没有搞出成果的研究开发事例也不少。因此，专业技术人员的创新开拓、创新设计要有风险意识，应该具备敢于承担风险的心理准备，具备善于化解风险的创新能力
善于合作	信息社会，企业资源开始从资本转变为信息和知识创造力。而信息是个网络，知识创造力是个工程，专业技术人员需要组成团队，形成梯队，善于合作，增强全球意识，树立不断进取的精神，才能有较大作为
具有市场和应用意识	市场经济条件下企业创新的本质是"新"和"商品化"，技术推动和市场推动同样重要，从企业经济效益的角度看，尤其注重市场实现，要把专业技术人员的市场观念转变放在不可忽视的地位

第三节　专业技术人员的创新能力评价

一、专业技术人员创新能力的综合要求

在传统的科学与技术转化的线性模式中，对专业技术人员创新能力的要求是单一的和静态的。从事基础研究的专业人员往往并不考虑其成果的实际应用，基础研究仅仅是向应用研究延伸，但需要通过其他动力流将科学新成果转化为实际应用；而从事应用研究的专业技术人员虽然注意到基础研究影响着实际应用过程，但着重考虑的是已有知识的加工和应用；从事开发的专业技术人员将基础研究和应用研究的成果变成实用材料、装备、方法和工艺；从事生产经营的专业技术人员则最终将各种形式的成果转化为新商品。专业技术人员在科学向技术转化的单向线性模式中，创新能力的培养更多关注对专业技术人员研究兴趣和求知欲诱发下的创新能力提升，而缺乏与实际应用能力和未来技术发展能力的有效整合。

但是在社会需要的推动下，基础科学与实际应用之间由原来单向连接逐渐转换为双向连接，社会实际技术的需要越来越多地影响着科学研究，专业技术人员在科学研究和应用研究的边界间找到了交叠与重合。例如，巴斯德在研究微生物的基础上，形成了疾病细菌理论，建立了微生物学，同时也得到了明显的实用效果；为推进工业化进程的需要导致了开尔文物理学的产生；贝尔实验室的彭齐亚斯和威尔逊在为避免地面噪音的研究中发现宇宙背景辐射，并获得诺贝尔奖；还有为了减轻地震、风暴、干旱和洪涝的损失，诞生了地震学、海洋学、大气学等。这些事例说明，求知欲和实用性如同一个硬币的正反两面一样，是可以联系在一起。科学研究的发展，既有来自科学系统自身不断扩展和深化的内部需求动力，也有来自经济社会发展需要的外在需求动力。因此，专业技术人员开展创新活动的目的，已逐步从单纯满足深化对自然现象和规律认识的兴趣，转向更加注重服务于人类社会发展和国力竞争的需

要，这对专业人员创新能力的构成提出更为综合的要求（见图2-5）。

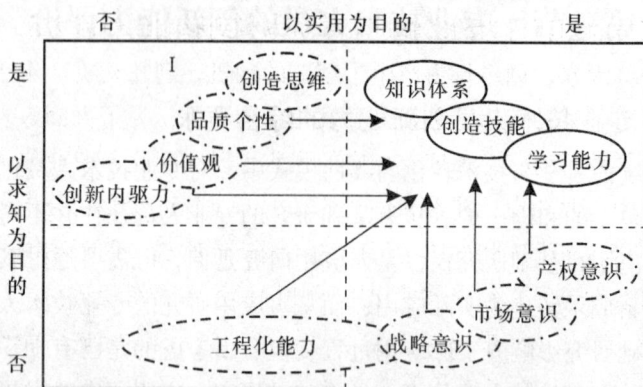

图2-5 新时代专业技术人员创新能力的综合要求

专业技术人员的创新能力首先是以创新主体的知识结构、学习能力和创造技能的内在整合为基础，突出创新主体知识结构的复合性和学科交叉性。在此基础上，还必须从激发创新求知欲和保证创新实用性的角度整合其他的创新能力要素。从激发创新的求知欲来讲，专业技术人员应该具有强烈的创新内驱力、科学的价值观、优秀的创新品质和个性，以及新颖独特的创造思维；从满足创新的实用性来讲，专业技术人员应该具备明晰的战略意识、敏锐的市场嗅觉、成果转化的产权意识和实用的工程化技能。由此可见，专业技术人员从事创新活动，需要各种能力，绝不是单凭一种能力或某几种能力就能达到创新预期目标。要使专业技术人员能创造出符合社会意义和个人价值的具有独特性和革新性的产品，就必须使创新能力构成要素联成一个整合体，发挥主体创新综合效应。

二、专业技术人员创新能力评价体系的设计原则

随着知识与信息更新速度加快，专业技术人员在创新发展过程中承担着越来越重要的角色，开展创新能力评价有利于更好地培养和开发专业技术人员的创新能力。传统的创新能力评价指标更多地关注专业技术人员创新的成果，如新产品、专利数等，而忽略了对创新过程中影响创

新能力发挥的各要素的评价。影响创新能力培养的因素是多方面的，从专业技术人员的创新行为的实施过程中可以找到影响创新能力培养的最为重要的一些因素。创新行为产生于创新的动机，创新动机产生于创新需求，为了引起某种行为，必须先激发相应的动机；为了巩固、发展或制止、消除某种行为，必须依靠相应的强化手段。因此，专业技术人员从周围环境中获取知识、技术和创新的动力，对其进行识别分析并提取有用信息，然后在个体和群体创新刺激、创新价值观、创新动因、创新素质、创新条件等因素的内、外作用下进行一系列的创新活动，从而实现创新目标。因此，如果把创新能力看成因变量，则影响创新能力的自变量在创新的动态过程中具有多方面的表现形式，其实质是个体创新素质、创新技能、在创新氛围的综合作用下和创新成果等多个因素动态集成的结果，即：

$$C_{创新能力} = F \{f（创新素质，创新技能），创新氛围，创新成果\}$$

这些要素之间的关系如图 2-6 所示。结合创新能力构成和专业技术人员胜任力的要求，考虑创新能力培养体系的多层次性和多目标性，影响专业技术人员创新能力的评价指标的选定遵循以下原则：

（1）代表性原则，即要从多方位、多角度地选择影响作用较大的，能够代表专业技术人员创新能力各组成部分的典型的、客观的指标。

（2）系统性原则，即要综合考虑专业技术人员创新能力所涉及到的众多方面，考虑到指标之间的相关性、层次性、整体性和综合性，使其成为一个有机统一的系统。

（3）可行性原则，即要考虑数据获得和评价可能性。

（4）科学性原则，即评价指标的选取应建立在充分认识、研究系统的科学基础之上。

（5）层次性原则，即应根据系统的结构分出层次，并在此基础上将指标体系分类，使之结构清晰，便于使用。

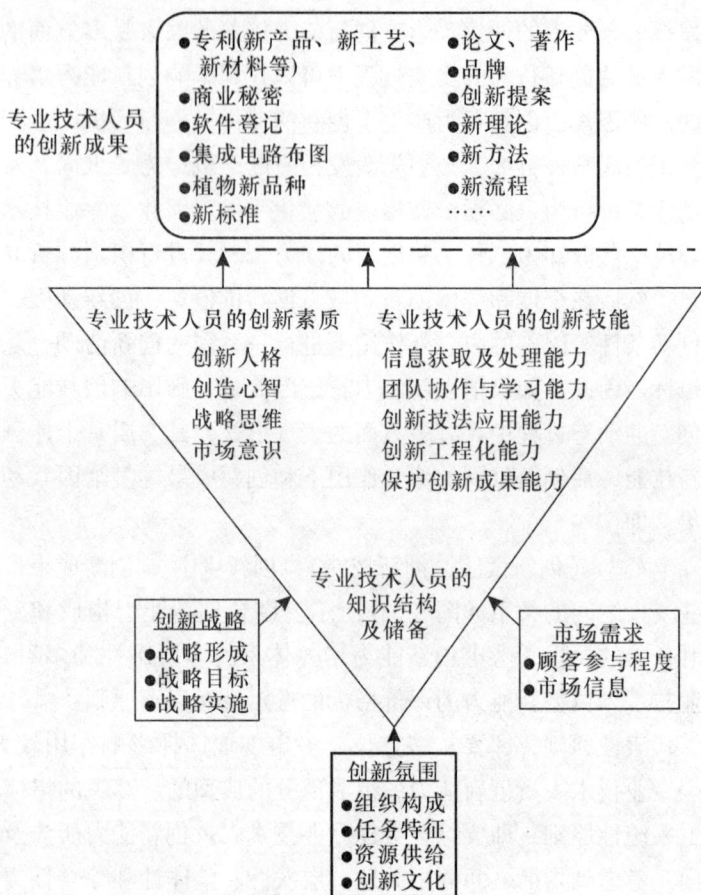

专业技术人员的创新成果

- 专利(新产品、新工艺、新材料等)
- 商业秘密
- 软件登记
- 集成电路布图
- 植物新品种
- 新标准
- 论文、著作
- 品牌
- 创新提案
- 新理论
- 新方法
- 新流程
- ……

专业技术人员的创新素质

创新人格
创造心智
战略思维
市场意识

专业技术人员的创新技能

信息获取及处理能力
团队协作与学习能力
创新技法应用能力
创新工程化能力
保护创新成果能力

专业技术人员的知识结构及储备

创新战略
- 战略形成
- 战略目标
- 战略实施

市场需求
- 顾客参与程度
- 市场信息

创新氛围
- 组织构成
- 任务特征
- 资源供给
- 创新文化

图 2 - 6   新时代专业技术人员创新能力评价模型

三、专业技术人员创新能力评价指标体系

专业技术人员创新能力评价的指标体系包括创新素质、创新技能、创新氛围和创新成果 4 大指标，根据对专业技术人员创新能力的培养要求，这 4 大指标体系又分解为不同的具体指标，用来衡量专业技术人员的创新能力，各指标之间的对应关系如图 2 - 7 所示。

	创新素质	创新人格
		战略思维
		市场意识
		创造思维
		知识结构及储备

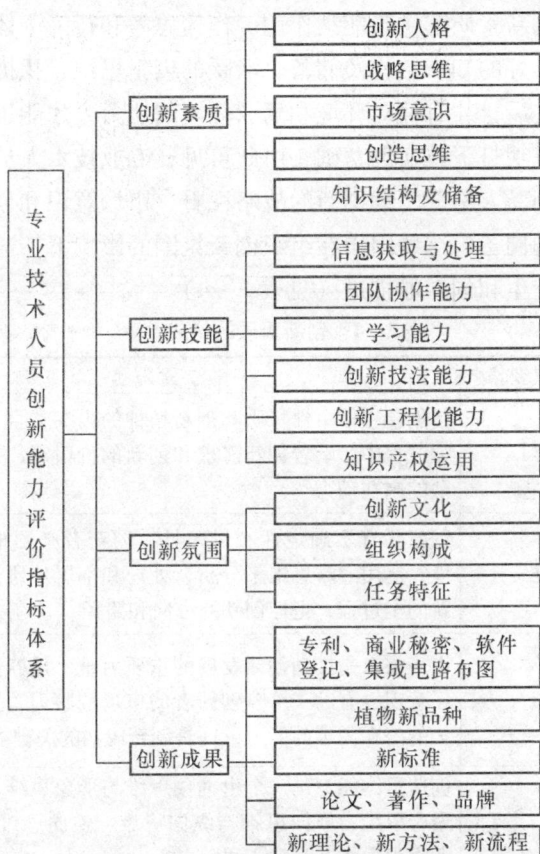

图2-7 新时代专业技术人员创新能力评价指标体系

（一）创新素质

美国心理学家阿玛布丽（T. M. Amabile）认为，对创新能力最重要的、具有决定意义的因素是那些使人们集中于任务的内在兴趣方面的因素，当人们被工作本身的满意和挑战所激发，而不是被外在的压力所激发时，才表现得最有创造力①。专业技术人员创新能力的培养从根本上

---

① Amabile T. M. The Social Psychology of Creativity[M]. New York：Spingerr-Verlag. 1983.

讲是个体的创新素质起主观能动作用。作为思考和行为主体的个人，只有在具备了良好的知识结构及储备、活跃的创新思维、积极创新的心理和人格特征之后，才有面对环境和驾驭环境的能力，才能进行创造性活动并为取得成功打下扎实的基础。由此可见，专业技术人员创新素质应包括主体的创新人格，驱动创新的战略视野、市场意识和创造思维，以及知识结构和储备，这些因素在组织创新氛围的影响下，通过相互作用促进创意的产生和创新的推进（见表2-4）。

表2-4 创新素质的构成要素

创新素质构成要素	要素内涵
创新人格	是创新主体个性特质和创新精神的内在整合，在创新的行为过程中影响着创新需求和创新的价值观，是进行创新活动的内在动力
战略思维	创新具有不确定性和风险性，创新者必须根据创新的环境，运用战略思维来分析、处理和部署从研究、发展到创新的全过程，把控创新的方向和路径
市场意识	市场需求是推动创新发展的重要力量，培养创新主体的市场意识，有助于培养创新者的市场洞察力，把握市场与用户的潜在需求的能力，这是创新成功的关键
创造思维	创造思维能力是一个由抽象思维与形象思维、发散思维与聚合思维、横向思维与纵向思维、逆向思维与正向思维、潜意识思维与显意识思维的有机整合体，具有独创性、变通性、流畅性、敏锐性和精密性等特性
知识结构及储备	创新主体的知识结构强调复合性和学科交叉性，知识储备通过知识管理实现，因此创新主体的知识结构及储备是创新能力形成的重要基础

1. 创新人格

创新人格是创新主体个性特质和创新精神的内在整合，它是创新能力发挥的内驱力。创新性既受社会因素的影响和制约，又受个性因素的影响和制约，所有这些因素并不是独立分割的，而是相互联系、相互促进、共同构成一个整合体。因此，创新能力决不是脱离人的能力体系之外的东西，更不是游离于社会之外的抽象的能力，它是活生生，具有社会意义的人、具有个性的人、具有生命意义的人所具有的最为本质的能力，创新主体个性特质和创新精神是驱动创新的根本动力。创新主体个性特质包括创新心理特征和创新倾向性，从创新者的性格、能力、需要、动机、兴趣、爱好、态度、信念、理想和价值观等心理品质上培养创新的应激性。创新的个性特质可表现为探索精神、好奇心、锲而不舍、合作精神、拼搏精神、职业素养等素质特征，创新精神是融合在这些个性特征中的表征和实质。

2. 战略思维

以往对创新能力的培养更多从创新主体思维特征出发，关注创造思维的特性和内涵。但是，培养创新主体战略视野的前提是，创新具有不确定性和风险性，创新的资源在一定的时空条件下是有限的，从战略高度对研究、发展和技术创新进行科学的管理是保证创新工作高质量、高速度、高效率进行的首要条件。为此，必须运用系统的战略思维方式来分析、处理和部署从研究、发展到技术创新的全过程的各个环节和各个方面。创新者必须根据创新的环境与条件，权衡创新目标的长短结合，了解创新的战略系统，掌握战略分析的技术和方法，用来把控创新的方向和路径。

3. 市场意识

培养创新主体的市场意识是创新发展的关键。创新的传统观点总认为，创新主要是由科学技术本身发展的要求所引起、所推动，而对大量资料的分析表明，保证创新活动获得成功的更为重要的因素，市场与生产需求的推动力大大超过了科学技术本身发展的推动力。人们将它概括为这么一句话："需求是技术创新之母。"从客观来看，技术创新来源于：社会需要、市场需要的拉动和科学技术发展本身的推动。能够平衡科技和市场知识的人才，是善于创新的人才，也是国家和企业刻意寻求和培养的人才。因此，培养创新主体的市场意识，有助于培养创新者的市场洞察力，把握市场与用户的潜在需求的能力，这是创新成功的关键。

4. 创造思维

培养创新主体的创造思维，需要理解创造思维能力是一个由抽象思维与形象思维、发散思维与聚合思维、横向思维与纵向思维、逆向思维与正向思维、潜意识思维与显意识思维的有机整合体，需要培养创造思维的独创性、变通性、流畅性、敏锐性和精密性等特性。创造思维的独创性是指思维的结果，即产生新成果、新产品、新作品、新理论、新方案（管理、实验）、新工艺、新方法等，这些成果是属于首创的，具有实用的或理论的价值；变通性是指打破固定的思维模式、善于提出不同意见或问题的解决办法、采用迂回变化的思路、扩大问题的时空因素；流畅性是指思维的灵活性和顺畅性，思路畅通，新观念、新思想不断涌现；敏锐性是指善于发现问题的未知部分，能直觉到问题的结果、能够超越感觉及现实（时空）的界限、能从一事物中敏锐地跳到其他事物中，在不同事物中把相同因素联系起来；精密性是指思维的细致和严密性，凡提出设想，力求实现，为此深思熟虑、精益求精。

5. 知识结构

创新主体的知识结构是创新能力形成的基础。创新主体的知识结构强调复合性和学科交叉性。传统产业是单一型的，所需人才也是掌握一门专业知识的单一型人才。而未来产业，由于渗透着信息和高科技成分，产业结构向综合化、智能化方向发展，对创新人才知识结构的要求为"宽"知识基础，"专"专业知识。专业技术人员应该具有广泛的、相互交叉和渗透的学科知识门类，不仅要精通本门学科的专业知识，还必须熟悉其他相关学科知识，既掌握自然科学，又涉猎社会科学，具有广博的外围知识体系。创新能力也是知识质量和结构的反映，是新知识产生与实现价值的表现，因此，创新主体的知识管理能力是创新能力形成的重要基础。创新知识管理能力是指在创新过程中对知识的产生、开发、转移和应用所需要的各种能力的综合，其包括知识吸收能力、知识创新能力、知识共享能力和知识整合能力，这4种能力相互作用，是一个有机整体。利用创新知识管理能力可以处理好技术、人以及知识3者之间的关系，使知识能够发挥最大的效用。在利用信息技术搭建的网络平台上，把人力资源和知识资源整合起来，使知识资源快速流动和共享，实现隐性知识和显性知识的相互转化，使组织的知识资源能够不断地创造出新的价值。

（二）创新技能

创新技能是指在创新心理和认识规律基础上的一些规则、技巧与做法，是一种在创新素质的指导和约束下形成的反映创新主体行为技巧的动手操作能力。创新技能侧重于应用，它把创新素质外显为可操作的过程，使内在的思想品质更具体和实用，最终成为创造理论与创造实践的中介，可迅速、有效地转化为有价值的创新成果。创新技能主要包括以下能力：信息获取与处理能力、团队协作能力、学习能力、创新技法应用能力、创新工程化能力和知识产权运用能力等（见表2-5），创新技能的掌握是培养专业技术人员创新能力的有效方法和途径。

表2-5 创新技能的构成要素

创新技能的构成要素	要素内涵
信息获取与处理能力	是指对各种信息技术的获取、理解、分析、加工、处理、创造、传递的能力。具体包括运用信息工具、获取信息、处理信息、生成信息、创造信息、信息协作、发挥信息效益等方面的能力
团队协作能力	是指在创新活动中表现出来团队成员之间的相互沟通和协作能力，是大局意识、协作精神和服务精神的集中体现，它的基础是尊重个人的兴趣和成就，核心是协同合作，最高境界是全体成员的向心力和凝聚力
学习能力	是指人们在学习活动中表现出来的一种稳定的心理特征和智力因素，包括组织学习活动的能力、阅读能力、记忆能力、搜集资料和使用资料的能力等，是一种理解并接受新鲜事物、更新观念的能力
创新技法应用能力	是人们可以在大量的创造活动中运用的具有普遍规律的技巧与方法，创新技法将创造、创新能力的开发具体化，直接指导人们开展创造和创新活动，具有提高创造、创新能力的显著作用
创新工程化能力	是指在创新成果的商业化扩散过程中，专业技术人员对创新成果的表达能力、表现能力，物化能力和解决问题能力等工程实践能力的综合
知识产权运用能力	知识产权运用能力包括利用知识产权公开信息、提高创新效率、对创新成果保护、协调创新成果的扩散，将丰富的创新潜力转化为知识产权资源优势和市场竞争优势，为创新提供扎实的运行基础和动力

1. 信息获取与处理能力

在创新过程中，信息是创新的基本投入要素，是保持生产力增长的中心所在。创新活动围绕着一个需要研究解决的问题展开，以解决和革新问题为结束，需要将多方面的信息资源进行综合、加工、整理。信息加工处理能力就是对各种信息技术的获取、理解、分析、加工、处理、创造、传递的能力，具体包括运用信息工具、获取信息、处理信息、生成信息、创造信息、信息协作、发挥信息效益等方面的能力。而信息的创造来源于企业内部与外部的相互沟通，相互沟通促进了思想、观点、新概念的分享与交流，因此，信息的获取和沟通能力的培养也是非常重要的。

2. 团队协作能力

竞争是工业社会的价值观，而知识经济时代的价值观是合作，由于创新的复杂性和风险性，团队协作在创新中发挥着越来越重要的作用。专业技术人员需要组成团队，形成梯队，善于合作，增强全球意识。现代社会分工的日益细化和各种工作的日益复杂化要求各类人才优势互补、通力合作才能完成创新活动。因此，拥有团队协作意识，具有协作精神和服务意识是专业技术人员创新技能的重要组成部分。在尊敬专业技术人员个人的兴趣和成就的基础上，通过统一奋斗目标和价值观，建立在信任基础上的适度引导和协调，利用正确而统一的文化理念的传递和灌输来培养团队协作能力。团队协作能力的最高境界是全体成员的向心力、凝聚力，反映的是个体利益和整体利益的统一，并保证组织的高效运转和实现创新。

3. 学习能力

创新主体的学习能力是指创新主体可以从组织内外部搜索相关的知识，进行消化吸收，将其纳入已有的技术轨道或者重建技术轨道，提升技术能力，最终为公司带来竞争优势的能力体系。与世界技术先进的企业相比，我国企业尚处于技术能力积累的初始阶段，企业的研究和发展能力普遍较弱，国家的经济发展必然从引进先进国家的技术开始。但是，技术的获得并不仅仅取决于是否存在外国技术的来源，最重要的是取决于后起国家是否愿意发展自己的技术能力。技术是买不来的，只有靠自己的努力学习才能发展起来，发展自主开发能力的关键不是财力的大小，而是进行技术学习的努力与决心。因此，干中学、用中学作为技术学习的主导模式对技术能力提高具有特别重要的意义。只有培养创新主体的技术学习能力，通过自身的学习、消化和吸收，才能发展属于自己的核心技术，进行再次创新。

4. 创新技法应用能力

创新技法是人们进行创新和创造活动时所运用的具体方法和实施技巧，它是根据创新思维的发展规律而总结出来的一些原理、技巧和方法①。创新技法是创造方法、创造经验、创造技巧的总和，它是完成创新和创造活动的强有力武器和必要手段。合理地利用创新技法可以启发人的创造性思维，有利于创新成果的产生，可以使人们的科技创新实践少走弯路和不走大的弯路，能够提高人们的创造力和创造成果成功实现的概率。创新技法是人们可以在大量的创造活动中运用的具有普遍规律的技巧与方法，创新技法将创造、创新能力的开发具体化，直接指导人们开展创造和创新活动，具有提高创造、创新能力的显著作用。因此，创新技法的掌握是培养专业技术人员创新能力的有效途径。

5. 创新工程化能力

创新工程化能力是在创新成果的商业化扩散过程中，专业技术人员对创新成果的表达能力、表现能力，物化能力和解决问题能力等工程实践能力的综合。不同的层次的专业技术人员的实践能力要求也各有侧重，对于专业技术研发人员，衡量能力大小主要考虑他掌握本学科前沿技术的能力；对于现场科技人员，衡量能力大小，主要看解决现场大问题、大难题或复杂项目的能力；对于技术决策管理人员，衡量能力大小，主要看把握创新机遇的能力和决策管理的水平。

6. 知识产权运用能力

知识产权管理贯穿于创新的整个过程，其目标就是促进技术创新成果的产出和保护，协调技术创新成果的扩散，将丰富的创新潜力转化为

---

① 彭耀荣，李孟仁. 创造学教程［M］. 广州：中南大学出版社. 2001. 6.

知识产权资源优势和市场竞争优势，为自主创新提供扎实的运行基础和动力。因此，对专业技术人员的知识产权法律和国际规则的培训，培养知识产权管理意识也是创新能力的重要内容。

（三）创新氛围

专业技术人员的创新能力培养不仅受到个体的需要、动机、个性、感知、学习、态度和技能等因素的影响，还需要关注创新氛围的影响作用。Ekvall 和 Isaksen 等人将创新氛围视为"描绘组织创新生活中的态度、感觉与行为特性的聚集物"，认为氛围是一个组织的真实存在物，而不只是个体的知觉①。国外在创新氛围研究上已经取得很多成果，迄今已经有 6 种测量工具，虽然侧重点各不相同，但是在指标选择上具有相似性。相关研究显示，组织鼓励、上级支持、工作群体激励、自由度、资源及工作挑战性都是有利创新能力培养的氛围因素，同时也指出组织内部的保守、极端的工作压力和过于严格的管理制度等因素会阻碍创新能力的发展②。在对专业技术人员创新能力培养中，需要强调组织的创新文化、组织构成和任务特征在创新氛围中的主导作用（见表 2 - 6），以构建促进创新能力培养和开发的组织创新氛围。

表 2 - 6　创新氛围的构成要素

创新氛围的构成要素	要素内涵
创新文化	是组织在鼓励创新、积极评价创意和创造活动上所倡导的制度体系和管理手段，通过组织鼓励、上级支持和工作群体的激励在成员间倡导彼此信任、支持创意和开放的创新氛围
组织构成	体现为组织内部的多样化构成，倡导员工观点、知识与经验的多重性，有利于多元文化和异质员工的协同管理
任务特征	体现为工作的挑战性和自由度，工作任务有利于成员自由寻找信息，并显示创新的积极主动性

① Ekvall, G. Arvonen J. &Waldenstrom—Lindblad, I. Creative organizational climate: Construction and validation of a measuring instrument（Report 2）［R］. Stockholm: SwedishCouncil for Management and Organizational Behavior, 1983.

② Amabile. T. M. Creativity in context［M］. Boulder, Colo. Westview Press, 1996.

1. 创新文化

创新文化主要包括组织鼓励、创建学习氛围和知识共享网络的创建。鼓励创造的组织文化包括公平、建设性地评判想法，奖励和重视创造性工作，探索新想法的机制、想法有效流动和对组织工作形成共同愿景。组织领导是影响专业技术人员创造力发挥的重要因素。领导是优秀的工作模范，能正确设定目标，支持工作团队，重视个人贡献并信任工作团队，这些都有利于专业技术人员创造力的发挥。而内部政治问题，严厉批评新想法，破坏性内部冲突，过分强调身份地位和对风险的回避也会阻碍专业技术人员创新能力的开发。学习氛围对隐性知识转移的速度和密度具有重要的影响，许多研究都强调学习型文化的重要性，因为学习型文化能够从整体上提高组织的学习效率，特别是能够促进知识的转移。在一个具有学习型文化的团队或群体中，团队成员有充足的时间去从所转移的知识中获取高"黏性"。如果组织或团队领导能够鼓励员工主动承担责任，容许他们犯错，并能给予他们对新思想和新方法进行实践的时间和机会，那么这个组织中进行流转的知识黏性就会大大增加。组织内的知识网络是团队成员间交流的平台和资源配置的渠道，包括知识库、信息网络、人际关系网络等，都会影响内部隐性知识转移的效果。

2. 组织构成

近期研究更多是综合考虑组织构成、创造氛围和互动过程对人员创造力的协同作用。例如，在探讨创造过程对创造力影响的同时，分析组织成员多样化和不同类型、不同数量的冲突对创造过程的影响[①]。研究者认为，团队成员的多样性可能通过影响团队中的交流环境、相互作用与协作而影响员工创新能力；或是通过呈现不同的思想观点而有助于创

---

① Kurtzberg, T. R. Feeling Creative, Being Creative: An Empirical Study of Diversity and Creativity in Teams [J]. Creativity Research Journal, 2005, 17 (1): 51~65.

新过程；或是由于限制共识和分享经验，产生思想和风格的分歧而导致有害的冲突，阻碍组织创新过程，进而影响员工创新能力的发挥。因此，组织内部的多样化构成，倡导员工观点、知识与经验的多重性，创建多元文化，协同异质员工的管理都会影响专业技术人员创新能力的培养和发挥。

3. 任务特征

任务特征对专业领域知识的相关性大就会使成员发挥自己的专业特长，从而更有利于专业技术人员发挥创造性；专业技术人员所担任务的相互依赖性大，有利于成员之间的互动，在协作讨论中易出现创造性的观点；富于挑战性的工作更能激发专业技术人员的创造力；对工作自由度和工作时间的感知，也会影响专业技术人员创新能力的发挥。此外，工作资源的可获得性，包括资金、设施、材料和信息等也是影响专业技术人员创新能力发挥的因素。

（四）创新成果

创新成果是指专业技术人员运用创新能力创造和发明新理论、新观点、新技术、新方法等，并将这些成果成功地商业化运作。创新成果的衡量标准应以新颖性、独特性、价值增值性和实现社会效益来衡量。但由于创新主体的多层次性和多目标性，创新成果的具体表现形式具有差异性，符合创新成果的衡量标准的重大的发现、重大的创造、重大的改革是创新；拓展工作思路，改进工作方法，提出合理化建议也是创新；改进服务质量，提高管理效率也是创新，创新成果渗透于社会生产、生活的一切领域，不同专业技术领域的创新成果具有不同的表现形式（见表2-7）。

表 2 - 7 创新成果的构成要素

创新成果的构成要素	要素内涵
专利、商业秘密、集成电路布图设计权、软件登记权	在科学研究、工程制造等领域的专业技术人员的创新成果更多以发明专利、实用新型专利、外观设计专利、集成电路布图设计权、商业秘密和软件权等形式体现
植物新品种权	农业等相关领域的专业技术人员的创新成果还可以体现为植物新品种权
论文、著作、品牌	论文、著作、创新提案等也是体现专业技术人员创新成果的重要内容，此外，品牌的创建和维护也是创新成果的重要展现形式
新标准	新标准可以体现为新的技术标准、新的服务标准和新的管理标准等
新理论、新方法和新流程	根据对现实环境的把握和对未来形势的预测与分析，将一些新理论、新方法和新流程运用到创新和日常管理工作中，使创新活动在价值观念上不断更新，发挥出最大的积极性和创造性

1. 创新成果的知识产权形式

创新的核心是"创造"，创造性离不开知识产权的保护和激励。首先，新技术的产生需要调动发明人致力于创新的积极性，知识产权制度承认智力劳动成果是有偿的，有利于新技术的生产；其次，专利权、商标权、著作权就是知识占有的法律形式，其本质是把智力成果当作物权保护，从而使知识获得有序、健康、合理的使用，保障了权利人的合法权益；最后，申请专利就是公开，是在全世界公开，这种法律保障的公开是知识传播有效、规范的手段。因此，知识产权是专业技术人员创新能力体现的重要组成。知识产权可分为两大类：第一类是创造性成果权利，包括专利权、集成电路权、植物新品种权、版权（著作权）、软件权等；第二类是识别性标记权，包括商标权、商号权（厂商名称权）、其他与制止不正当竞争有关的识别性标记权利（如产地名称等）。不同领域的专业技术人员可以根据行业的性质申请相应的知识产权类型来保护、推广和应用创新成果。

2. 创新成果的标准形式

新标准可以体现为新的技术标准、新的服务标准和新的管理标准等。新标准具有法定标准和事实标准两种类型。法定标准是政府标准化组织或政府授权的标准化组织建立的标准；事实标准是单个组织或者具有垄断地位的极少数组织建立的标准，实质上是组织标准利用市场优势或有目的标准化工作逐渐发展为行业标准和国际标准。形成新标准的根基，是拥有先进的科学技术，开展符合市场需求的创新。一方面，创新的市场化使得相应标准的推出更多出于商业动机，标准化垄断的趋势日益明显。受到市场广泛认可，用户认同的技术标准、服务标准或管理标准，即使不是最优的标准，但仍可以成为"事实上的标准"而垄断技术领域，实现规模报酬递增。另一方面，新标准与知识产权的结合更加紧密。离开了自主知识产权，离开了创新能力，离开具有广大市场的专利技术，标准的制定将失去其应有的价值。在创新的过程中，只有将标准与知识产权融合在一起，才能发挥出 $1+1>2$ 的效用。

3. 创新成果的其他形式

创新成果通过知识产权和标准的形式体现出来，能够较为客观地评价专业技术人员的创新能力。除此之外，对新理论、新方法和新流程的应用效果的评价也可以作为专业技术人员创新能力体现的重要内容。专业技术人员可以根据对现实环境的把握和对未来形势的预测与分析，将一些新理论、新方法和新流程运用到创新和日常管理工作中，根据环境的变化和领导任务的扩展，及时、准确地把握新情况、新问题，调动一切积极因素，深刻揭示事物本质属性以及事物之间的内在联系，形成一种能够自觉摆脱不良习惯束缚的工作氛围，使创新活动在价值观念上不断更新，有利于发挥出最大的积极性和创造性。

四、专业技术人员的创新能力评价标准

将专业技术人员创新能力的评价定为 3 个等级，即一级、二级、三

级，每级均根据专业技术人员创新能力评价指标明确评价标准。3个等级划分的依据是：

● 一级创新能力表现为在他人指导或启发下，能够进行创新活动。

● 二级创新能力表现为能够独立进行创新活动。

● 三级创新能力表现为不仅能够进行独创和首创性的创新活动，而且能够组织、指导他人进行创新活动。

各指标的分值如表2-8所示，具体指标的评价标准如表2-9~表2-12所示。

表2-8 专业技术人员创新能力评价指标分值

一级指标	二级指标	一级	二级	三级
创新素质	创新人格	8	8	6
	战略思维	2	4	6
	市场意识	2	4	6
	创造思维	6	6	6
	知识结构及储备	8	6	6
创新技能	信息获取与处理能力	4	3	3
	团队协作能力	10	8	6
	学习能力	10	8	6
	创新技法应用能力	10	8	6
	创新工程化能力	2	4	6
	知识产权运用能力	2	3	3
创新氛围	创新文化	5	4	3
	组织构成	5	4	3
	任务特征	6	5	4
创新成果	专利、商业秘密、集成电路布图设计权、软件登记权、植物新品种权、论文、著作、品牌的数量	20	25	30
	新标准数			
	新理论、新方法和新流程应用数量			
	合计	100	100	100

表 2 – 9　创新素质的各项指标评价标准

标准级别 指标内容	一级标准	二级标准	三级标准
创新人格	具有一定的创新人格特质，可以表现为： 有意识，无行动：注意工作中的细节问题，但是没有切实有效的实际行动。 表达乐观：面对挫折时克制自己的消极情绪（如愤怒、焦急、失望等）或保持情绪的稳定。在受到挫折或批评时，能够抑制自己的消极想法和冲动，及时反思自己的行为，并意识到自身的不足，从错误中吸取教训。 对工作认真负责：自觉工作，不需要主管的督促自主地完成工作。对职责范围内的工作进展情况及时进行核查，对发现的问题采取必要的行动。 自创衡量标准，自己要改进，是自己的要求：努力将工作做得更好，或达到某个优秀的标准。如果工作做得不好，会感到较强不满足感，这种感觉驱使自己去改正工作中的缺点。 十分明确自己应该遵守的原则和信念，敢于公开承认并付诸于行动。	具有较明显的创新人格特质，并有具体的创新实践，可以表现为： 重视细节，有行动：重视工作中的细节问题；能及时主动处理工作中的细节问题从而使工作顺利完成。 克服困难（短期的）：在艰苦的情况或压力下坚持工作。接到艰难的任务后，克服各种困难，通过各种方法完成任务。冷静地处理在工作中与其他人产生的矛盾。 乐于分担他人责任：在出色完成本职工作的基础上，主动承担业务流程之外的工作或帮助他人解决问题。尤其当组织内部分工尚不明确的情况下，能够尽自己的力量多做些事情或主动承担一些责任。 为自己设立富有挑战性的目标，并为达到这些目标而付诸行动：想方设法提高产品性能或工作效率。在工作中采取一些新的方法或程序以便成功地完成任务、提高产品质量、加快产品开发速度以及提高工作效率等。 在无外界阻力或压力的情况下行动时，坚决保持行动与原则、信念相一致，不为利益所诱惑。	具有较优秀的创新人格特质，并在创新实践不断展现和提升，可以表现为： 观察入微：对工作中细微的方面具有很敏锐的感觉能力，随时了解事情发展的细微动态，能及时妥善处理工作中的细节问题，完满地完成工作。 反复行动，克服困难（长期）：接到艰难的任务后，在非常大的压力下经过长期的努力，克服各种困难，最终完成任务。能通过建设性的工作有效地控制自己的压力。在压力下能够保持冷静，将自己的注意力放在如何解决问题上。 敢于承担责任：站在组织的立场考虑问题，主动公开地承担本职工作中的责任问题。主动向上级报告工作中出现的重大过失以及造成的损失，不瞒上欺下，并及时主动地采取补救预防措施，防止类似的问题再次发生。 尽善尽美：在工作过程中，不只满足于完成工作，而且力争出色、完美，使自己提供的产品或服务在组织甚至行业中处于领先地位，具有竞争优势。在仔细权衡代价和利益、利与弊的基础上做出某种决策，为了使组织获得较大利益，甘愿冒险。 在坚持自己的原则和信念的基础上敢于冒险行事，冲破阻力，不畏惧权威或上级。

标准级别 指标内容	一级标准	二级标准	三级标准
战略思维	具有一定的战略思维，能够依据组织的战略目标设定工作规划，但是缺乏对创新的环境与条件的具体分析，不能权衡创新目标的长短结合，没有对创新的战略系统掌握，不能把控创新的方向和路径。可以表现为： 　　了解组织的发展战略，并能够根据组织的发展战略制定工作目标和具体规划。 　　掌握一定的战略分析技术和方法来指导具体的创新实践。	具有全面的战略思维，在创新实践开始和过程中，能够根据创新的环境与条件，权衡创新目标的长短结合，把控创新的方向和路径，但在系统把握创新战略方面还不擅长。可以表现为： 　　将组织发展战略和创新战略相结合，根据战略需求决策创新目标。 　　善于利用各种战略分析的技术和方法，推进创新的实现。	具有系统的战略思维，精通战略分析的技术和方法，将组织战略和创新战略有效结合，用来把控创新的方向和路径；并能把握创新的战略系统，推动创新的成功。可以表现为。 　　将组织发展战略和创新战略紧密结合，根据战略需求决策创新目标。 　　精通各种战略分析的技术和方法推进创新的实现。 　　具有一定的战略系统观，有效协调各方面资源。
市场意识	具有一定的市场意识，能够把握市场与用户的需求，满足客户提出的需求。可以表现为： 　　在工作中以客户的要求和需要为中心，有问题解决问题，提供服务和帮助。 　　能够识别市场需求进行创新。	具有较好的市场意识，能够主动解决客户的当前问题，在创新实践过程中关注与市场需求相关的各种资源的整合。可以表现为： 　　主动寻求客户需求，能运用一定的沟通技巧与客户融洽交流，追踪与客户的联系情况，处理抱怨。 　　主动为客户推荐新方法、新思路解决问题等。	具有较强的创新主体的市场意识，具有较好的市场洞察力，能够把握市场与用户的潜在需求的能力，并通过创新的努力引导客户的潜在需求。可以表现为： 　　超职责地维护客户的长期利益，主动了解客户潜在需求，设身处地为客户着想，用长远观点解决短期利益冲突，为建立长期友好合作关系超出工作范围地为客户服务。 　　善于利用创新产品引导客户的潜在需求。 　　善于开放多种创新源，鼓励用户创新、供应商创新等模式的运用。

标准级别 指标内容	一级标准	二级标准	三级标准
创造思维	愿意吸收新方法，新知识，愿意使用新方法和技术；有自己的一些新观点和新想法，可以表现为： 能够在他人启示下对已有的问题结论、工作习惯及传统作法提出质疑。 能够发现现有的产品、技术成果中的不足之处。 能够在他人启示下，对创新对象进行分析，对已有的创新成果提出改进意见。 能够在他人指导下提出将现有成果扩展到其他领域的设想。 会利用各种创造思维如发散思维、想象思维、联想思维等，对对象从8个方面（结构、用途、材料、功能、因果、形态、组合、方法）进行想象、联想并提出新思路。	主动尝试新的工作方法和程序并不断检验、确证和改进；开创新的解决问题的方式和方法；针对不同情况主动采用不同的或新的解决办法。可以表现为： 能够对已有的问题结论、工作习惯及传统做法提出质疑。 能够发现现有的产品和技术成果的不足，并发现自己或他人创新受阻的障碍因素，提出突破障碍的新思路。 能够独立对创新对象进行分析，并提出改进的创新点。 能够独立提出将现有成果扩展到其他领域的设想。 能利用直觉思维、逻辑思维等对发展变化的市场和技术做出分析和判断，作出有效的决策。	提出具有创造性的方案解决长期问题，而且明显有成效；敢于突破条条框框，突破惯性思维和常识的局限；积极鼓励他人寻求解决问题的新方法、方式和新思路；对新观点、新思路或者变革持开放态度。可以表现为： 能够对已有观念系统、结论、惯例提出多方面的质疑。 能够对现有的事物和成果找出关键性的缺欠。 能够从多个方向、新角度去思考问题，对同一问题能提出多种突破思维障碍的新思路。 能够积极寻找创新对象，对创新对象进行分析，提出有原创意义的创新点。 能够指导他人提出将现有成果扩展到其他领域的设想。 能综合、灵活地运用各种创新思维，对事物提出独创性的新思路。 能够激发引导他人运用各种创新思维，提出新思路。 能够运用辩证逻辑思维对事物进行比较、分析，找出不同事物的个性和共性。 能够对一定事物的发展趋势能进行预测和判断，并提出应对思路。

标准级别 指标内容	一级标准	二级标准	三级标准
知识结构及储备	具备一定深度知识或专长领域：在某一特定或技术/行政职能领域内具有一定深度的知识，包括对于相关政策与规程的了解。可遵照这些政策和规程制定行动计划。能分析并解释复杂信息，可能需要优化现有规程或具体的工作方法。可以表现为： 专业知识的深度：掌握一定的专业知识，有一定的工作经验，知晓知识的基本内在联系。 专业知识的广度：掌握所从事的产品/技术相关知识，掌握其他领域的相关知识。	具备专门知识，理论与实践相结合：具备相当程度的专业知识，有特定的学历背景要求。熟知所在领域的理论及标准运作方案。可协助制定新方法与新规程，其中包括运用与多个专业领域相关的知识来解决实际问题。可以表现为： 专业知识的深度：熟悉本领域的专业知识，有丰富的工作经验，知晓知识之间的复杂内在联系，能在多种选择下做出判断、预测。 专业知识的广度：熟悉本领域所有的产品或绝多数的产品/技术相关知识，熟悉其他领域的相关知识。	精通专业领域，深入了解某项公认的技术专长或某个专业领域内的深层理论和现有操作方式。能运用先进的知识与经验来创建新方法、方案与规程或提出重大改进方案，其中包括全面理解与该知识运用相关的一个或多个主要职能领域中的实际问题。具备先进领域的广博知识，广泛而深入理解若干相关专业领域或学科的理论与方案。能领悟并综合多个学科中的关键信息，并在跨主要职能领域内运用这些信息。具体表现在： 专业知识的深度：精通本领域的专业知识，能融会贯通，进行整合和创新，提出新的思路和解决方案，对该类知识能进一步的发展。 专业知识的广度：精通本领域所有的产品或绝多数的产品/技术相关知识，精通其他领域的相关知识。

表 2 - 10 创新技能的各项指标评价标准

标准级别 指标内容	一级标准	二级标准	三级标准
信息获取与处理能力	具有一定的信息获取能力，并能够有效地处理信息，可以表现为： 善于倾听：尊重他人，能倾听别人的意见、观点，以开放、真诚的方式接受和传递信息，与团队成员形成良好的信息分享关系，并能通过书面或口头的形式表达主要观点。 掌握信息获取和处理的能力：可以使用信息工具获取信息和处理信息。	具有较强的信息获取能力，并能够有效地处理各种复杂的信息，可以表现为： 灵活沟通：能适应对方的沟通习惯，通过尝试多种表达方式，用清楚的理由和事实支持自己的观点，针对不同听众调整适当的语言和表达方式以取得一致性结论。 熟悉信息获取和处理的能力：熟练掌握信息工具，能够有效获取多方面的信息，并能将多方面的信息资源进行综合、加工、整理。	具有很强的信息获取能力，在处理各种复杂信息的同时，可以综合各种信息资源来创造和生成新的信息，发挥信息效益等方面的能力，可以表现为： 建立并保持多种沟通渠道的顺畅：能发展并保持已开发的人际网络，通过主动多方参与的沟通来保持沟通的自由、开放、透明，并达成一致理解，并以此预见到可能出现的问题而事先寻求对策。 精通信息获取和处理的能力：能将多方面的信息资源进行综合、加工、整理，具有运用各种信息工具来获取信息、处理信息、生成信息、创造信息、信息协作、发挥信息效益等方面的能力。
团队协作能力	具有一定的团队协作能力，在工作中以单独作业为主，必要时能与团队成员进行合作，能与群体中的其他成员共同交流，分享获得的新信息和新知识。可以表现为： 他人主动向自己寻求帮助时，能积极配合。 与团队成员保持愉快的合作交流，分享信息和经验。 经常参加集体活动，能充当一个合格的团成员。 约束个人行为，服从团队决策。	具有较好的团队协作能力，愿意与他人配合，与群体中的其他成员共同交流，分享获得的新信息和新知识。或者与其他成员交换思想和看法，以便于对于问题取得共识。可以表现为： 积极寻求并尊重他人对问题的看法和意见。 出现问题时能主动向团队成员征求意见，寻求帮助。 在他人遇到难处时，能主动提供建议和帮助，尽心尽力、毫无保留。 与团队成员积极互动，主动寻求合作促进工作效率的提升。	具有很强的团队协作能力，组织团队进行合作，能在合作中鼓励团队中的其他成员，从而促进群体成员之间的合作或提高群体和谐的合作气氛。可以表现为： 在团队中担当组织者的角色，采取适当有效的方式进行分工。 有意识地鼓励群体成员相互合作，使得每个人时刻感到群体的存在。 以自己的精神状态和工作态度感染团队成员，营造团队良好气氛。 当团队中出现不和谐音符时，能有效地扭转局面，维护成员间的合作。

标准级别 指标内容	一级标准	二级标准	三级标准
学习能力	具有一定的学习能力，有丰富的专业知识，有求知欲，不满足于现有的知识储备，不断吸取新信息，保持与专业知识同步发展。愿意并且善于向他人学习，能主动向他人请教或借鉴他人有效的工作方法和技能，并以此解决问题、指导工作。可以表现为： 积极主动地通过多种方式获取专业领域的信息，包括阅读专业书籍，参加相关培训，参与工作会议讨论等。 在工作中，善于向他人请教。 勤思考，多琢磨，通过改进、创新来完善工作。善于对工作进行总结，从经验中发掘更有效的方法和技能。	具有较强的学习能力，不断拓展知识面，在精通本专业知识的前提下，钻研新领域，掌握新技能，主动学习其他专业的知识和技能，拓宽自己的知识面，利用本专业范围外知识来提升业务水平，使本职工作完成得更为出色。 不回避工作中遇到的涉及其他专业的问题，并及时补充相关知识。 主动向相关专业的人员甚至专家请教。 善于从其他领域获取灵感，用恰当的方法指导自己的工作。 通过阅读相关书籍或参加培训来拓展自己的知识面。	具有很强的学习能力，能够传播新知识，在公司工作范围外寻找机会以提高自己的知识水平，并通过在专业杂志上发表自己的文章来展现自己这方面的能力。充当起新技术的倡导者与传教士的角色，营造良好的学习氛围。 在专业期刊或集团专刊上发表文章。 把自己学习到的新知识运用到具体的工作中并在一定范围内产生影响。 帮助他人学习，传播好的技能和方法 通过多种手段鼓励大家丰富知识，营造良好的学习氛围。
创新技法应用能力	掌握一定的创新技法，在创新活动时加以综合运用，启发创造性思维，促进创新成果的产生，可以表现为： 能够运用检核表对创新的对象提出设问，获得创新设想。 能够运用组合法对两个以上的产品或想法进行强制联想组合，产生有新颖性的结果 能够遵循"智力激励法"的原则，参加智力激励讨论会议并提出设想。	熟练掌握多种创新技法，在创新活动时加以综合运用，启发创造性思维，促进创新成果的产生，可以表现为： 能够运用类比法把两个不同的事物联系起来进行比较分析，找出共同的属性，将某一领域（方面）的创新成果移植到另一领域（方面）。 能够综合运用类比法、检核表法和其他创新法，对已有的产品或想法做较大改进。 能够运用同质异化和异质同化的"综摄法"，从多种途径进行创新。	精通多种创新技法，在创新活动中加以综合运用，启发创造性思维，能够提高创新者的创造力和创新成果的成功实现的概率。 能够针对不同问题灵活运用各种个体创新技法（综摄法、类比法、检核表法、设问法、组合法、TRIZ方法等），提出具有独创性的设想。 能够指导他人学习并运用个体创新技法，提出创新设想。 能够组织专家对群体创新成果开展论证，进行筛选，形成相对优化的解决问题的方案。

指标内容＼标准级别	一级标准	二级标准	三级标准
创新工程化能力	掌握一定的创新工程化能力，能够初步实现创新成果的工程化，可以表现为：　能够在他人指导下对创新点做出初步可行性分析。　能够参加方案设计中的资料收集、整理工作。　在方案实施的过程中，能承担联络沟通、现场配合及领导交办的工作。　在实施过程中，能够发现局部出现的问题并及时向领导者提出建议。	具有较强的创新工程化能力，能够实现创新成果的工程化，初步实现创新商业化，可以表现为：　能够针对创新点独立设计出一种可行的方案。　能够听取他人意见，改进自己的方案。　能够针对他人设计的方案提出评估意见。　能够制定方案实施计划、协调进度、质量控制、信息反馈及问题处理和总结。　实施过程中，能够对出现的问题及时独立地提出处理意见和建议。能够对方案实施的结果进行描述。　能够对成果进行展示和宣传。　能够提供对创新成果进行评估的所需资料。	就有很强的创新工程化能力，能够成功地实现创新成果的工程化和商业化，可以表现为：　能够针对创新点独立设计具有独创性的方案。能够指导他人完成方案设计。　能够广泛收集信息，修改完善方案，使其具有显著的新颖性和实用性。主持方案实施的计划、协调、控制等组织管理工作。实施过程中，善于及时发现关键部分出现的问题并及时加以解决。　能够对创新成果的技术先进性、可靠性、实用性作出评价。能够对创新成果的投入产出、风险及经济效益、社会效益进行评价。　能够组织市场调查，对创新成果进行市场定位。能够组织成果的开发。能够进行成果转让。
知识产权运用能力	具备基本的知识产权保护意识，了解一定的知识产权法律，能够运用知识产权数据资料收集相应信息，并推进创新实践。可以表现为：　能够运用专利权、商标权、著作权等知识产权保护方式保护创新成果。　能够收集和分析基本专利数据，作为创新项目的筛选的方法之一。	具备较强的知识产权保护和运用能力，善于利用知识产权管理工具推进创新的效率，并利用知识产权管理工具构建创新成果的竞争优势。可以表现为：　能够熟练运用专利权、商标权、著作权等各种知识产权保护方式有效保护创新成果。　善于利用专利数据及知识产权专业信息，作为创新项目的筛选和决策的方法之一。　可以利用专利池、专利联盟等方式构筑创新成果的竞争优势。	具备综合的知识产权保护、运用和管理能力，善于利用知识产权管理手段获取创新成果的竞争优势。可以表现为：　关注知识产权和标准化的有效整合，利用专利池、专利联盟等方式构筑创新成果的竞争优势的同时，关注标准的竞争优势的获取。　够熟练综合运用知识产权的管理和保护方法，促进创新成果的产出和扩散。

表 2-11 创新氛围的各项指标评价标准

指标内容 / 标准级别	一级标准	二级标准	三级标准
创新文化	愿意接受组织的文化和价值观，努力适应，服从公司和上级的决定。可以表现为： 自觉投入更多的努力去从事工作，在工作中，不需要主管的督促自主地完成工作设计时，在不改变产品使用性的同时，考虑到生产加工的便利性，为生产节约成本。 服从上司决定，对上司布置的任务不打折扣地予以及时执行。 严格遵从公司纪律、行为规范和业务制度规定等。当公司内部分工尚不明确的情况下，能够尽自己的力量多做些事情或主动承担一些责任。 通过自己的专业知识，说服客户放弃不合理要求，为生产部门减轻负担。 勤于与客户进行沟通，以让客户能够更明确地提出其对产品的研发和生产要求。	忠于自己的工作，对组织有一定的忠诚度，能够维护组织的利益。可以表现为： 及时发现某种机遇或问题，并快速做出行动，创造机会减少潜在问题。 当意识到公司内存在某种会给生产和开发造成阻碍的问题后，能够迅速采取措施及时纠正，或者通过某种安排，使其阻碍作用降低到最小程度。 对自己的工作业绩追求更好，对自己的工作尽心尽力、负责到底。 在保证组织节约生产成本或降低被客户投诉的风险等方面有突出表现。 尽力抓住能够为公司争取利益的任何机会。得知与公司发展利益有关的事件或政策后，能够及时主动做出反应。 接受研发任务后，能及时进行研发设计，为公司创造效益。	对组织有真挚的归属感，为了公司的整体利益而放弃自己的个人利益，并有突出的贡献。可以表现为： 超前任何他人提前行动，以便创造机会克服困难或避免问题发生：例如在研究和开发过程中，提前意识到别人没有想到的问题，并采取必要的步骤去解决问题。 及时制止对组织利益造成重大损失的行为或事件 为了组织的利益而放弃个人的局部利益。 由于工作过于投入而未能顾及个人生活的其他方面（例如家庭、亲情）。 预知与公司发展利益有关的事件或政策后，提前做出反应。 对于产品的开发具有前瞻性，看到目前产品的问题，并有计划地开发具有更优性能、更高质量或更具竞争力的产品。 在产品设计中，比别人考虑到更多的细微环节，以更好地满足客户需要。
组织构成	组织内部倡导员工观点、知识与经验的多重性，创新者具有一定的影响力。可以表现为： 能够参与知识共享，可以和不同类型员工的沟通和交流。 在组织中具有一定的影响力，但通常局限于所在工作领域。 可能会对该部门的其他紧密相关的工作产生暂时性影响。 该影响的性质属于间接性的和辅助性的。	组织内部鼓励知识共享，倡导多元文化，协同异质员工的管理，给员工以较大的组织权，进而影响员工创新能力的发挥。可以表现为： 能够主动分享知识，注重和不同类型员工的沟通和交流。 在组织中具有较好的影响力，在日常工作中对于其他工作领域内的工作产生影响。 所承担的责任主要是间接性的，但可能对本工作领域的工作承担共同分享的责任。 可能为本工作部门以外的决策制定提供相应的信息。	组织内部提倡多样化，倡导员工观点、知识与经验的多重性，创建多元文化，协同异质员工的管理，员工能够承担或共担相应得责任。可以表现为： 能够主动分享知识，注重和不同类型员工的沟通和交流，在多元文化或多样化的管理中游刃有余。 可能对某个部门产生总体性的影响。 经常性地以顾问身份为决策程序提供建议性的影响。

标准级别\指标内容	一级标准	二级标准	三级标准
任务特征	任务特征与专业领域知识具有一定的相关性，选择各种行动方案时需加以判断，对工作自由度和时间具有一定的感知。可以表现为： 任务类型多种多样，通过参照相关政策、过去的先例或向同事和主管进行咨询来制定决策或解决问题。 工作变化可预见，面对例行工作期限，通常具备足够的间隔时间。 工作量会出现季节性和可预见的变化。虽存在某些干扰，仍可预计工作重点。	任务特征与专业领域知识具有较强的相关性，所担任务富于挑战性。可以表现为： 仅有有限先例可供参照，必须确定所需解决问题，问题难处理，需通过分析事实和一般规则来解决问题。需进行判断并融会现有的理念来制定各种行动计划，需一定的创新。 单个工作重点频繁发生变化，明显感到工作紧张，有些干扰可影响工作的轻重缓急。	任务特征与专业领域知识具有很强的相关性，所担任务的相互依赖性大，富于挑战性，有利于成员之间的互动，在协作讨论中易出现创造性的观点。可以表现为： 解决一些关键且复杂的问题，思考并解决重大问题。 工作非常紧张，为完成每日工作，需加快工作节奏，注意力持续高度集中。

表 2－12　创新成果的各项指标评价标准

标准级别\指标内容	一级标准	二级标准	三级标准
创新成果的知识产权形式	创新成果的知识产权形式对所在组织的竞争优势提供支撑，促进组织创新的发展。	创新成果的知识产权形式对所在产业或行业的竞争优势提供支撑，促进产业或行业内创新的发展。	创新成果的知识产权形式对国家的竞争优势提供支撑，促进国家创新系统的协同发展。
创新成果的标准形式	创新成果形成的标准成为企业或行业标准，推动创新成果的市场化。	创新成果形成的标准成为国家或产业标准，构建创新成果的竞争优势。	创新成果形成的标准成为国际标准，成为主导市场的关键标准，提升创新成果的竞争优势。
创新成果的其他形式	创新成果的其他形式对所在组织的竞争优势提供支撑，促进组织创新的发展。	创新成果的其他形式对所在产业或行业的竞争优势提供支撑，促进产业或行业内创新的发展。	创新成果的其他形式对国家的竞争优势提供支撑，促进国家创新系统的协同发展。

思考题

1. 如何界定创新型的专业技术人员？

2. 结合实际，讨论专业技术人员在企业中的定位，这些定位在组织中的作用如何。

3. 如何理解创新型专业技术人员应该具备的胜任力结构和特征？

4. 如何理解新时代对专业技术人员创新能力的构成提出的综合要求？

5. 如何理解专业技术人员创新能力评价指标体系构成和内涵？

案例分析2——硅谷创新者的5大素质

技术创新、企业体制创新、经济环境创新，是硅谷的特色。其中，又当首推技术的创新。如果当初没有半导体技术突破性的创新发展，也许就没有现在的硅谷。而一切的创新虽然是市场经济在当代技术条件下激烈竞争的结果，但是，如果没有敢于和善于创新的人，那也是不行的。

被誉为硅谷"最具创新精神的人"是斯坦福大学商学院研究生院的一位教授迈克尔·瑞伊。他教的一门课就是《工商业中的个人创新学》。几十年来，瑞伊"桃李满天下"，许多当今美国最大最成功的企业老总都是他的学生。他坚持认为，人人都有创造性和创新的潜力，关键是自己是否为之努力，是否有个良好的支持创新的环境。瑞伊的这门课本身就是创新。

斯坦福大学还有一位具有创新精神的名人——弗里德瑞克·特曼，他被誉为硅谷发展的"教父"。20世纪60年代在担任工学院院长和教务长时，特曼就提出，不但允许而且鼓励大学理、工科的师生到企业去兼职，甚至创办自己的公司。大学旁边建立工业园区（后更名为科研园区）也是这里的首创。

据瑞伊教授分析，创新者应具备5大素质：

一是直觉。不拘泥于过去的经验及据此而进行的推理。要相信、依靠自己的直觉，因为直觉常常是打破现有思维模式、在"朦胧"中寻求启示的潜意识行动，它可能就是创新成功的先导。

二是意志。要有坚强的意志才能坚持和强调自己的创见。

三是欢乐。创新而得到的欢乐是其他欢乐所无法比拟的。

四是力量。创新从来就不是轻而易举的事。雄厚的智力和充沛的体力是成功的条件。

五是热情。要满腔热情，要有任何冷水也浇不灭的热情。

在硅谷，因循守旧、抄袭模仿、保守垄断，既没有市场也没有出路，只会失败遭到淘汰。因为在这里，技术是新的，绝大多数企业是新的，产品和服务是新的，人也是新的。竞争如此激烈，同样的产品或类似的产品都有若干家企业在同时竞争。你比别人领先一步成功，甚至一天、一小时，你就是胜利者。市场、荣誉、财富就属于你。晚了，一切就白辛苦。

硅谷绝大多数产品和服务的商业寿命和商业周期正越来越短。一个产品好像还是"热乎乎地刚出炉"，竞争对手的新产品及取代产品马上就要"登场"了。一不小心，自己已经过时了。不断地推陈出新，不断地朝前冲，正是硅谷成功者的共同特点。这里的人，不管他们各自的具体工作是什么，几乎都处在一个亢奋的状态。在硅谷工作的年轻人一连十几个小时，一连几个星期，不断地干活，吃、睡在办公室电脑旁边已是家常便饭。只有不断地拿出新东西，才能不断地走在人家前面，才有生路。在这样一个高度创新的环境下，硅谷才会喷泉般地创造出新产品，才会有硅谷式的经济奇迹。

硅谷企业的结构在趋于"扁平化"，即公司的中级管理阶层很少或者没有。最著名的是"英特尔企业文化"。早在 20 世纪 60 年代，英特尔公司的"三驾马车"——罗伯特·诺伊斯、戈登·摩尔和安迪·格罗夫就立下规矩，取消等级制及等级象征，比如取消高层经理的专用餐厅和专用包机。公司办公室是一个巨大的房间，用矮板隔开来形成一个个小方格子，管理层也在其中办公，大家交流很方便。他们认为，越是新技术产业，集体贡献的知识和智慧越重要，不能靠一两个人的能力发号施令，其余的人盲从。新产业技术含量高，涉及到的知识面广而且复杂，只有全体员工共同投入，才能够最大限度地增加产品的含金量，才能应对复杂和瞬息万变的市场。因此，许多一线工作的员工本身就起着下层或中层管理者的作用，这也是硅谷独有的一道风景线。

硅谷对于美国经济的发展和财富的增加，的确发挥了独特的作用。对于那些成功者而言也是一个致富的天堂。但硅谷并不是所有人的天堂。这里的社会经济环境一方面对创新创业十分有利，另一面却是亢奋型的工作方式和激烈的竞争，给硅谷大多数人的生活质量带来负面的影响。在硅谷有"吃青春饭"一说，意思是一个人像飞转的轮子那样不断地工作，对心理、生理以及家庭的压力特别大，只有身强力壮的年轻人才能承受。(改编自 http://www.17356.org)

讨论题

1. 探讨硅谷的创新人才具备的创新素质对专业技术人员创新能力培养的启发。

2. 结合创新能力评价指标，试分析所在企业具有的创新能力的程度应该如何培养和提高。

第三章 专业技术人员的创新能力培养

本章要点

- 专业技术人员的管理和开发
- 专业技术人员创新能力的培养
- 国外组织的专业技术人员创新能力培养的经验启示

导读案例 3——通用公司如何造就"创新型专业技术人员"

美国通用电气公司（简称 GE 公司）作为《财富》杂志连续 4 次选出的"全美最受推崇的公司"，迄今已有 100 多年历史。这个"百年老店"之所以能够长盛不衰，原因固然是多方面的，但不容忽视的是优秀的专业技术人员培养战略是其成功的关键。造就创新型的专业技术人员，是 GE 公司能够持续快速发展的关键。GE 公司的突出特点是精干高效，结构合理，公司专业技术人员具有不同的专业知识、不同的业务经验，有助于发挥专业技术人才的各自优势和互补作用，增强整体功能。其次是授权到位。公司专业技术人员各负其责，各司其职，每个成员都集中精力做好自己的工作，专业技术人员队伍稳定，从技术创新上保证了公司的持续快速发展。再次是培育以"诚信"为核心内容的企业文化，不断增进专业技术人员对公司价值观的认识，是 GE 公司成功发展的基石。GE 公司非常重视员工和合作伙伴诚信理念的养成。每个员工进入公司的第一件事，就是接受诚信的培训，GE 公司的良好价值观念使专业技术人员在创新中能够保持操守，尊重劳动，勇于承担责任。此外，打造学习型组织，不断提升专业技术人员的素质，是 GE 公司持续发展的不竭动力。GE 公司坚持以人为本的思想，高度重视人才的引进、培养和管理。它同其他跨国公司一样，积极利用自己的优越条件在全球招募人才。然而，它的过人之处在于，对这些招募来的优秀人才，公司不是单纯地强调发挥他们的作用，而是对他们进行不断的培训，培养他们永不满足的学习欲望，使他们每天都能自觉去学习新的东西、寻求新的创意，在不断学习、成长中实现自己的梦想。（改编自陈劲著. 最佳创新公司［M］. 北京：清华大学出版社，2002.5.）

第一节　专业技术人员的管理与开发

一、创新能力培养是专业技术人员管理与开发的重心

新时代专业技术人员管理与开发是推动创新发展的重要举措，因此，创新能力培养是专业技术人员管理与开发的重心。时代发展对创新及创新能力提出了更高、更新的要求，中外许多国家把对主体创新能力与创新精神培养作为教育革命的突破口和国家生存战略的重要组成部分。如《美国2000年教育战略》、《21世纪日本教育的发展方向》、《俄罗斯新时期的教育培养目标》中均强调培养主体的创新能力，联合国教科文组织的《教育——财富蕴藏其中》的报告也关注人的全面发展的需要，开发创新潜能。江泽民同志曾指出："创新是一个民族的灵魂，是一个国家兴旺发达的不竭动力，一个没有创新能力的民族，难以屹立于世界民族之林。"爱因斯坦著名的质能转换公式 $E = MC^2$ 同样可以诠释企业创新成功的秘诀。如果 E 代表企业的业绩，M 代表企业的资本、资产等物质资源，C 代表具有创新能力的专业技术人员，则意味着企业有限的物质基础，可以在创新能力培养及提升中成倍地放大，爆发出惊人的能量，为企业带来可观的业绩发展。因此，创新是一个企业的生命力所在，创新能力是驱动创新的不竭动力，对专业技术人员的创新能力的培养和开发是企业获得永续创新的制胜之略。企业要想提高创新水平，关键是提高专业技术人员的创新能力，创新能力的培养已成为专业技术人员管理和开发的重心，建立基于创新能力培养的专业技术人员管

理和开发的制度体系已经成为现代企业可持续发展的核心要务。

二、基于创新能力培养的专业技术人员管理与开发

创新不是单因素创新，它需要各种因素共同发生作用，而且需要一个过程才能实现，因此，企业创新是一个动态的系统，其中企业家精神、科学教育与技术培训、对人员的招聘选择、激励和开发都是企业创新的内部支撑系统中的重要部分。许多创新型企业普遍认识到创新成功的关键因素在于创新各个环节安排合适的人员，建立基于创新能力培养的专业技术人员管理和开发体系有助于管理者成功地实施创新战略。专业技术人员管理应以确认、发展、激励和评价与企业的创新目标一致的活动为着眼点，着重提升专业技术人员的创新能力，构筑学习与创新的企业文化，由此可构建一个科学、系统的针对专业技术人员的管理和开发体系，如图3－1所示。

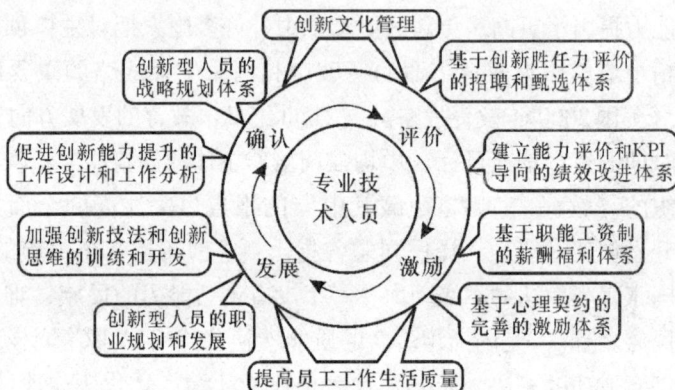

图 3－1　基于创新能力培养的专业技术人员管理与开发体系

基于创新能力培养的专业技术人员管理与开发的主要内容是：有效地开展基于创新能力提升的专业技术人员规划；建立专业技术人员胜任力评价模型，尤其要针对创新素质要求完善招聘系统；加强对创新技法和创新思维的训练，通过拓展培训来提升专业技术人员的创新能力；通过工作设计和工作丰富化，针对专业技术人员建立职业发展体系；建立基于公平和员工创新需求的薪酬体系，对员工的创新成果给予及时肯

定；在建立规范的商业契约管理的基础上，利用心理契约加强与专业技术人员的沟通，促进员工驱动创新的自主激励；协同个人绩效管理和组织绩效管理，加强团队建设和创新文化管理等。

1. 建立培养创新型专业技术人员的战略规划体系

建立培养创新型专业技术人员战略规划体系的任务是确保企业在适当的时间获得适当的人员（包括数量、质量、层次和结构等），实现企业创新型人员的最佳配置，使组织和员工双方的需要都能得到满足，促进人员有效地开发和利用。创新型专业技术人员战略规划体系是在根据企业发展战略及经营计划、评估组织的创新型人员现状、掌握和分析大量人力资源相关信息和资料的基础上，科学合理地制定创新型专业技术人员的规划，决定引进、保持、提高、创新型专业技术人员可作的预测和相关事项。建立针对创新型专业技术人员的规划体系可以确保企业经营发展对创新型专业技术人员的动态需求，使人力资源管理有序化，同时为创新能力的培养和提升提供制度保证，有利于各种创新能力培养方案的有序实施，也可以使企业更好地控制人工成本，合理地利用和开发创新型的专业技术人员。

2. 加强对专业技术人员的工作设计，突出创新能力的要求

专业技术人员对工作的独立性和挑战性比较关注，因此，需要通过合理的工作设计将工作丰富化，并使工作具有挑战性，创建有利于激发专业技术人员创新能力的工作氛围。工作设计需要依据工作特征要求，根据组织需要并兼顾个人需要，规定某个工作的任务、责任、权利以及与其他职务关系的过程。工作设计用来说明工作应该如何做才能最大限度地提高组织创新效率，同时又能够最大限度地满足员工个人成长的要求。工作设计的前提是对工作要求、人员要求和个人能力的了解，是能否激励员工努力工作的关键环节。因此，还需要掌握专业技术人员的创新素质特征和创新需求，突出创新能力的要求，对专业技术人员的知识结构、创新能力和创新素质等进行重点设计和描述。工作分析与工作设计均是对专业技术人员管理的最基本的工具，能够使人们较深刻地理解工作在行为方面的要求，同时也为与工作有关的人事决策奠定了坚实的基础，工作分析的信息可以用来规划和协调几乎所有的专业技术人员管理活动。

3. 建立基于创新胜任力评价的专业技术人员招聘和甄选体系

由于公司的价值和竞争力是由那些掌握并应用知识的员工所创造的，公司在创新上的成功更离不开专业技术人员的贡献。因此，在企业的创新管理中，专业技术人员的重要性日益显著，对专业技术人员的吸收也是企业进行创新管理的重要环节，建立基于创新胜任力评价的人员招聘和甄选体系是非常重要的。首先要"识才"，在与组织的创新战略相结合的基础上，提出组织的创新素质要求，定义企业所需的专业技术素质和领导素质，开发适于专业技术人员的创新素质模型，界定专业技术人员理想的创新素质要求。其次进行"选才"，通过科学的专业化方法和工具来测量和评价专业技术人员的相关创新行为，预测可能的创新业绩表现，挑选不仅专业知识、岗位技能符合企业的要求；而且职业道德、个性、工作进取心等非智力因素也符合企业的要求的具有创新潜质的专业技术人员。最后企业在"用才"的过程中注意用才观念的更新、用才方法的综合和用才效果的检验，这是对整个招聘系统的全过程的反馈和控制。

4. 推进对创新技法和创新思维的训练和开发

通过加强对创新技法和创新思维的训练来提升专业技术人员的创新能力。在企业创新中，除了企业本身进行技术培训外，还应重视技术培训的外在化，即充分利用高等学校的优势来培训人才，并引进外部人才。由于现代社会知识更新速度快，企业还应使用多种多样的培训和发展计划，提高专业技术人员的知识水平，开发他们的潜能。培训和发展的计划不仅应补充和提高专业技术人员的专业技能，而且应帮助他们发展相互沟通、配合的能力，为有成效的团队协作创造基础。在培训过程中，组织还需要建立有效的知识管理系统来促进知识的创造和扩散，打造学习型组织，通过双环学习机制加强专业技术人员在"干中学"、

"用中学"过程中的创新能力的积累和提高。

5. 关注创新型专业技术人员的职业规划和发展

创新型专业技术人员在自己完整的职业生涯中，有安全、挑战和自我发展的需要。企业的人力资源部门要善于有效地把组织目标与专业技术人员个人的职业发展目标结合起来，努力为他们确定一条可依循、可感知、充满成就感的职业发展道路。同时，对专业技术人员的内职业生涯——也就是他们的职业愿望、职业价值、职业感知和对职业经历的有效反应的关注要加强。在内职业生涯中一个重要的因素是员工的职业定位或职业锚。关注员工的职业定位或职业锚，建立职业多轨制来满足员工的需求和组织需求。

6. 改进专业技术人员的薪酬福利体系，建立职能工资制

为突出专业技术人员的创新能力的培养和发展，对专业技术人员的薪酬福利体系改革应推行职能工资制。职能工资制鼓励专业技术人员在不断提升自身知识、创新能力与专长的同时，提升企业的核心能力，是一种以任职资格系统和薪点制为基础的、依据员工能力和业绩支付工资的报酬形式，鼓励和支持每个专业技术人员能力的发展和提升，是体现组织内部的一整套全新的价值观和实践方法。薪酬福利体系的建立还要基于公平和员工需求，注重内部公平性与外部公平性的平衡，从而使公司的薪资结构体现了专业技术人员对公司所作的贡献。这样的薪资体系不但能够帮助企业吸引和留住成功必须的专业技术人员，还能够影响专业技术人员的责任感和他们为企业付出的努力程度。

7. 建立能力评价和 KPI 导向相结合的绩效改进体系

对专业技术人员的业绩评价应更侧重于如何通过评价来体现和贯彻组织的战略、意图和目标，并使公司在获取财务目标的同时，有效地管理和控制公司的无形资产和核心能力。因此，在采用关键绩效指标（KPI）为导向的绩效考核系统的同时，还需要通过对专业技术人员能力标准和行为标准的考核，明确专业技术人员创新能力提升的绩效要求。由于创新更多是在团队共同努力下实现的，因此，如何评估创新团队的绩效在创新管理中也是非常重要的。运用平衡计分卡（Balanced Scorecard）——这一较为先进的战略业绩评估方法，来对团队的战略绩效进行评估和管理，可以使组织更完善地评估自身的价值，提高核心能力，增强竞争优势。此外，对专业技术人员的绩效计划、绩效考核、绩效反馈和绩效改进应作为前后相继的管理体系不断推行和展开，通过绩效导向促进组织创新目标的实现。

8. 创建良好的心理契约，完善专业技术人员的激励体系

由于专业技术人员在目标定位、价值系统、需求结构和行为模式方面与其他企业员工有很大的不同之处，因此，对专业技术人员的激励也有其独特性。企业要和专业技术人员建立战略性合作伙伴关系，创建和信守心理契约。企业从招聘开始就应真实地提供本企业的有关信息，与员工建立良好的心理契约；在实际工作中应指导员工的工作和个人发展，与员工讨论公司发展，以信守和巩固心理契约。员工对公司的未来发展往往有很多自己的建议，而这些建议有时又和他们的抱怨混淆在一起。管理者必须静下心来，与员工一起来讨论公司未来的发展。把员工当成自己志同道合的合作者，会更有利于公司的发展。建立良好心理契约的前提是企业要了解专业技术人员的需求特点和个性特征，科学地设计工作，做到人—职—组织的匹配，同时还要建立基于心理契约的组合激励机制，进行结构化的物质激励、精神激励、情感激励和发展激励的整合，科学地实行产权激励手段，真正激发专业技术人员的创新能力，并实现组织和人员发展的双赢。

9. 加强创新文化管理，提高专业技术人员的工作生活质量

提高专业技术人员的工作生活质量（Quality of Work and Life）是综合上述各大职能以最终达到的员工的永续激励和为企业获得可持续发展的必然使命和目标。工作生活质量（QWL）是指组织中所有人员，通过与组织目标相适应的公开的交流渠道，有权影响决策改善自己的工作，进而导致人们更多的参与感、更高的工作满意感和更少的精神压力的过程。提高专业技术人员的工作生活质量的首要任务就是关注企业文

化的引导作用。企业文化是组织在长期的实践活动中形成的并且为组织成员普遍认可和遵循的具有本组织特色的价值观念、团体意识、行为规范和思维模式的总和，通过企业文化将组织推崇什么、反对什么、鼓励什么、惩罚什么等信念传达给员工，并在潜移默化中约束和塑造员工的行为。因此，推崇创新的企业文化的扶植和深化是引导专业技术人员创新能力培养的沃土和平台。此外，提高专业技术人员的工作生活质量还要关注员工的安全和健康，提供良好的工作环境；运用现代化的管理手段提高管理效率，比如人力资源管理的信息化和虚拟化等；完善企业的劳动关系管理；构建基于和谐的心理契约的激励机制；与企业其他管理活动的有效整合等。

第二节　专业技术人员创新能力的培养

一、专业技术人员创新能力培养的原则

专业技术人员创新能力培养是指在完成学历教育走入企业后对其创新能力的培养和开发，因此，对专业技术人员创新能力的培养更强调应用性和实践性，也更具有现实的意义。专业技术人员创新能力的培养更注重主体的创新思维能力、创新智力化能力、创新人格化能力和创新工程化能力在组织创新氛围中如何孕育和发展。专业技术人员创新能力培养需要社会和企业的共同支持，尤其是企业要给专业技术人员提供和谐的平台和宽松的氛围，这个平台或氛围的建立应该遵循一些持续鼓励创新的原则，以保证专业技术人员的创新能力的发挥。

1. 战略原则

树立战略眼光，要从企业长远发展考虑，舍得投入必要的人力、物力、财力。在这方面国外企业有很多成功的范例，如日本松下电器产业公司及日本精工公司的领导人都曾说过：企业中各方面的钱都可以省，唯独研究开发费及教育培训费绝对不能省。

2. 理论联系实际原则

企业进行专业技术人员创新能力的培养和开发与普通教育不同，它应紧紧围绕企业生产经营活动这一中心，具有较强的针对性、实践性的特点。企业需要什么、员工缺少什么就培训什么，要讲求实际、突出时效、学以致用。

3. 全员开发和重点提高相结合原则

全员开发是有计划、有步骤地对所有在职员工进行的教育和训练，这是当今世界科学技术迅猛发展的形势提出的客观要求。在进行全员开发的同时，又要分清主次先后、轻重缓急，制定规划，分散进行不同内容、不同形式的开发。在全员开发的同时，应重点开发那些企业急需的专业技术人员。

4. 注重投入产出原则

专业技术人员创新能力的培养和开发不仅要考虑投入或产出多少，更重要的是要考虑投资收益的问题，即效益原则。总的来说，产出应该高于投入。为了保证产出高于投入，必须注意首先提高培训和开发的效率，其次进行适度与恰当的培训与开发，最后做好培训和开发的预决算工作及其评估工作。

培养和开发我国企业专业技术人员创新能力还需要借助国外和国内先进企业的专业技术人员创新能力培养的经验，把专业技术人员创新能力培育作为企业战略发展的关键举措。专业技术人员是企业创业之本，强盛之源，专业技术人员创新能力的培养和开发是一项复杂的系统工程，只有研究专业技术人员的发展规律，加强各方面的理论和实践学习，不断地探索，才能把专业技术人员创新能力培养工作提高到一个新水平。

二、专业技术人员创新能力培养的模式和方法

（一）专业技术人员创新能力培养的模式

1. 激励模式

为了充分调动专业技术人员创新的行为与动机，就必须采取适当的

激励手段，尽量满足人才的某种需求、欲望或期望。激励不仅促进创新能力的转化，而且在潜在创新能力的开发过程中也起到了重要作用。

2. 配置模式

专业技术人员创新能力的配置，包括能岗配置和能力组织配置两个方面。是根据人的能力大小和在组织中的作用，将其安排在相应的岗位上，因人定岗、按能配岗，不同的岗位对人才的要求是不一样的。

3. 培养模式

专业技术人员具有不可替代性，重大科技项目及其产业化的成功关键取决于专业技术人员的选拔和使用。一个研究开发群体是一个梯队，不可能要求梯队里所有的人员都是一流人才，但一定要有一些或更多的专业技术人员。正是这些专业技术人员的水平，决定了梯队在市场竞争乃至国际竞争中的位置。创建培养模式可以为专业技术人员创新能力的发挥提供一个基础平台，继而培养企业需要的各类人才。

4. 综合作用模式

近十多年来，人们发现专业技术人员创新能力过程日趋复杂，培养、激励和配置等综合作用于专业技术人员，即创新能力是在专业技术人员的选拔、使用和激励等的过程中产生的。由于专业技术人员创新能力是涉及多个环节、多种因素的复杂活动，关系到不同的研究方面，因此，专业技术人员开发需要形成一个综合的纽带和网络，统一协调，共同作用。

（二）专业技术人员创新能力培养的方法

1. 在职开发

在职开发是一种使专业技术人员通过实际完成工作任务来进行的一种开发方法。它是人力资源开发中使用最多的方法。有了在职开发，将开发所学的内容用于实际工作就不会有问题。但在职开发的缺点在于，在企业生产任务比较紧张时，受开发者完成生产任务的压力太大，将影响开发的效果。

2. 模拟式开发

模拟是针对真实情况构造复杂程度可变的培训模型。其范围从简单的机械装置的纸模型到企业整个环境的计算机模拟都有。虽然模拟式开发某些方面的价值不如在职开发，但它也有自己的优点，即一切误操作都不会给企业带来人员伤亡或重大物质损失。

3. 学校培训式开发

学校培训式开发是在开发生产区域以外的、与实际工作所用的很相似的设备上进行的培训开发。例如，一组车床可能被安放在培训中心，接受培训者在该中心学习车床的使用。学校培训的主要优点是使员工可以从必须边学习边参加生产的压力下解脱出来，其重点是实际工作中所需的技能。

4. 项目锻炼新人开发

针对开发具体项目给青年专业技术人员以实践锻炼和提高的机会，通过参与了解整个项目成败的关键问题、技术难点和风险，使他们的技术水平得到飞跃，在项目开发中积累项目开发的经验教训。这是持续培养具有创新能力的新人的最佳方法。

第三节　国外组织的专业技术人员创新能力的培养

一、美国企业专业技术人员创新能力的开发模式

美国企业以领导新经济著称，新经济是依靠高新技术人才作为支撑的，了解美国企业专业技术人员创新能力培养模式对我国企业具有重要的借鉴意义。

1. 技术中心吸引专业技术人员

美国政府对基础科学研究的大量投资，为企业建立自己的技术研究中心增强创新能力提供了得天独厚的条件。美国企业无一例外都建有自己的技术中心，都有很强的技术创新能力。为了使企业能保持后劲在竞争中取胜，在竞争中发展壮大，又能形成市场的冲刺能力，提高其市场

占有率，这些企业都形成了多层次的研究与开发体系。除集团总部设有技术中心外，各子公司、事业部以及生产厂都设有研究开发机构和工程部，分别从事长中短期的研究与开发工作。各机构间层次明晰，分工合理，又互相配合，有效衔接，形成一个整体。技术中心作为企业内部高层次、高水平的研究与开发机构，紧紧围绕市场，从事中长期研究，形成了市场、科研、生产一体化的技术进步机制，企业真正成为技术创新的主体和投资主体。例如，1998 年度，美国企业的研究开发经费为2016 亿美元，占 GDP 的 2.67%，比我国大中型企业研究开发投入的总和还多，而且2/3用于产品创新，1/3用于过程创新。这种倾向不可避免地使美国在突发性、激进性的技术创新上更有优势。技术中心的优越条件吸引了来自世界各地的优秀专业技术人员，其本身也注重对人才的吸引、聚集、培养和激励。企业的竞争更多地表现为技术的竞争，而技术竞争实际上就是人才的竞争，美国企业的技术中心集中了全美最优秀的专业技术人员，是优秀人才辈出的摇篮，获得诺贝尔奖的人也不乏其人。

2. 超前培养经济发展需要的专业技术人员

高科技产业代表了新经济的发展方向，技术领域变化的最重要特征是研究开发成本增加，竞争优势不可能长期保持，人无我有、人有我优、人优我新，是技术创新市场策略的唯一制胜法宝，因此，超前培养新经济需要的企业专业技术人员是美国企业的发展方向，以微软的比尔·盖茨为代表的新经济人才是最典型的代表，他们既掌握了企业的核心技术具有极强的技术创新能力，同时又具有企业家的才能，具有系统思考、快速反应、应变创新的战略管理特点，盖茨现象在美国的出现决不是偶然的，是新经济这一正在形成的经济形式对企业人才的必然要求，代表了未来企业人才的发展方向。

3. 推动技术创新对专业技术人员的使用

美国是成功企业最多的国家，其根源就在于：转变传统的人才观念，在技术创新中不断催化对专业技术人员的使用方式，加速提高人才的能力发挥是美国企业走向成功的着力追求。第一，发挥硅谷技术创新带动作用，完善专业技术人员创业机制，促进应用技术人才的成熟。第二，美国企业是对技术创新进行探索、发明和发现的重要舞台，在技术创新中更注重人才工作环境、人才待遇、人才开发与管理，用优厚的待遇广泛网罗各国优秀人才，以快速收集、处理、保存大量人才知识和信息，加强人才使用与管理。同时，还建立了人才破格使用制度。第三，美国企业始终坚持"人才培养，技能提升"的原则，在技术创新中为人才准备好了最完备的条件和最广大的空间来帮助他们实现自己的理想。企业大多设立了管理培训中心。培训不仅仅是技术能力方面，还有外事能力、人际关系及一些策略性训练。第四，在企业技术创新中加大人才激励力度。在分配与奖励制度上，实行工作表现、工资、奖金和优先认股权等进行激励，重视人才创新效益的发挥。第五，美国的科技园区是高科技产业创新和开发的基础，吸引了优秀的技术创新人才，是经济发展的主发动机。

二、日本政府对专业技术人员创新能力的开发模式

就日本企业来说，面向 21 世纪建立和制定适合于自己企业发展需要的企业人才开发战略，是日本企业和经济再度走向繁荣的希望。

1. 注重高新技术产业专业技术人员开发

日本经济的发展着眼于高新技术产业，而高新技术产业必须依赖最新科技成果，也即依赖创造科技成果的专业技术人员。因此，日本极为重视对高科技人才的开发。首先，日本实行"技术立国"的发展战略，增加对高新技术的投资。其次，日本在全国各地兴建了 19 个科技园区，成为专业技术人员荟萃之地。最后，日本重视专业技术人员的开发，还实现了专业技术人员国际化。

2. 超前开发未来专业技术人员

日本经济腾飞的奇迹依赖于优先开发了本国的人才资源，人才资源开发超前于经济开发，尤其是对面向市场的企业专业技术人员开发更是摆在突出的位置。在二战的废墟中日本就把教育摆在突出的位置上，认

为人的素质决定国家的前途，日本政府认为只有优先发展教育才能培养出社会经济发展需要的各行各业的人才，超前开发出社会需要的专业技术人员，是日本社会必须首先解决的问题。日本经济发展即得益于教育对各类人才的培养及重视教育促成的良好氛围，各类人才在良好的环境下，相应的职业能力得到最大的发挥，充分体现了日本政府重视教育、尊重知识、尊重人才的远见卓识。日本的教育是一种大教育观，不仅包括学校教育，还包括职业教育和社会教育，为国家造就各类人才，其中职业教育专门对已就业的人或尚未就业的人员进行职业能力的训练，日本国民的技术技能水平也因此得到了极大的提高，成为世界技术创新水平一流的国家，技术立国观念根深蒂固。优秀的技术人才储备为企业的技术创新活动提供了源源不断的动力。

3. 专业技术人员培训方式个性化

作为企业的员工尤其是从事创新能力培养的人才，其工作效率、工作质量如何直接关系到整个组织的工作质量。作为一名企业的员工，不断地研究提高效率的工作方法，提高发现问题、分析问题和解决问题的能力，才能不断地提高自己的工作质量和工作水平，创造最佳的工作业绩，其个性特征对工作水平能够产生至关重要的影响。对日本企业来说，培训出"具有创新型的个性人才"是企业完善培训体制的重要一步。因此，日本企业着重培养具有健全、革新思想文化的个性人才，适应日本企业赢得国际竞争的要求。这种个性化的培训方式极大地调动和发挥了企业专业技术人员的潜在积极性和创造性，满足了个人爱好和兴趣，有利于个人的专业深化和技术的创新及人才的开发。

三、韩国政府对专业技术人员创新能力的开发模式

韩国作为亚洲"四小龙"之一，其经济成就是有目共睹的，大力培养专业技术人员已成为韩国的国家战略。

1. 鼓励企业加强专业技术人员培养

韩国政府鼓励企业的科学研究和技术创新。截至 2004 年 7 月末，由国内企业设立并运行的科技研究所已达 9952 家，从 1995 年以来增加

了 5 倍左右。研究人力规模从 1995 年的 63037 名增加至 141050 名。

2. 创设研究机构

韩国政府采取措施，建立拥有先进技术和商务管理专业的世界一流的技术研究院。科学技术部表示，韩国这一项目将在信息技术、纳米技术、人工智能和冶炼技术等重要增长产业领域中与英国华威大学等国际著名大学合作，以培养新的具有出色才干和创造性的专业人士。成立韩国最大的"生物工程研究中心"，开发高新技术产业领域新技术的力量，是韩国开发科技创新人才的重要策略之一。韩国尽管资源有限，但拥有大量优秀的人才资源，到 2008 年，将系统培养出万名生物技术产业核心科研人员。韩国政府鼓励大学生创业，特别扶持高科技创新项目。调查显示，创业成为年轻人首选的人生道路，71% 的韩国青年希望自己创业，这个数字排在全球第一位。由于大学生注重创业精神和创新能力的培养，韩国大学生的科技素质提高很快，韩国博士生连续 4 年获美国"优秀青年研究奖"。

3. 强化国际合作开发科技前沿人才

承办国际学术会议，掌握科技前沿信息。韩国把吸引国际会议在韩召开，作为跟踪国际科技前沿的重要渠道。据统计，2002 年在韩国举行了 123 次国际会议，在亚洲地区，日本举行了 232 次，排名第一，其次为中国和新加坡，韩国排名第四。韩国尽量创造条件，吸引外国企业和公司在韩国设立研发机构，为韩国带来专业技术人员、高新技术和最新信息。2003 年 IBM 公司和英特尔都在韩国设立了分公司。韩国的网络技术及基础设施的极快改善，使韩国成为了世界上网络业发达国家，因而成为了吸引海外研发机构的亮点。为了更有效地吸引外国研发机构来韩投资，为外国在韩机构提供咨询，韩国于 2003 年 12 月成立了外国研发机构投资委员会，韩国政府希望在 5 年内能够超过 300 家。为此，韩国 2004 年成立了国际科学技术合作财团，负责引进海外优秀研究开发中心和教育机构到韩国设点办学，为海外来韩机构提供一站式服务。为了促进世界著名跨国企业在韩国设立研发中心，韩国将投入 1500 亿韩元，成立"国际共同研发基金"。外国企业单独开发的知识产权，将100%归它们所有。

4. 出台特殊措施厚待科技专业人才

韩国企业纷纷实行"外国人韩国专家培训制"，将在海外聘用的人才召到国内，对其进行长期的韩国语和企业文化、职业方面的培训，培养成韩国专家。三星公司、LG电子、SK集团等，都实施了类似的培养计划。改善科技人员待遇，充分发挥科技人员的作用。韩国认为开创以技术决定胜负的时代和重用理工科人才的时代的关键就是培养人才。因此，韩国企业面向未来大力投资创新人才的开发，课程培训费用逐年增加。

四、国外组织对专业技术人员创新能力培养经验的启示

美日韩三国企业专业技术人员创新能力培养模式，为我国企业顺应经济全球化的趋势、跻身国际市场，提供了可资借鉴的经验。

1. 建立企业专业技术人员创新能力培养机制

第一，注重发掘其创造力，培养创造潜力个性，制定创造力培养目标；第二，分步培养，为企业专业技术人员培养开辟多样化的有效途径，如对技术前沿人才的培养，可以通过测评在技术中心选拔确立，还可以确立后备技术带头人，给他们一定的项目进行锻炼，使其尽快得到多方面能力的锻炼；第三，培养经济发展需要的复合型人才。

2. 建立企业专业技术人员使用机制

第一，提供优厚的待遇和良好的工作条件吸引各国优秀专业技术人员；第二，根据企业专业技术人员的专业特长安排适合其发挥的技术岗位，在企业的技术创新中推动对其的使用；第三，在人才的使用上注重其实际能力水平及其解决企业实际问题的能力。

3. 建立企业专业技术人员创新能力的激励机制

第一，根据企业专业技术人员职业生涯的不同阶段，采取不同的激励方式；第二，激励方式要随企业的发展而不断变化；第三，激励方式要注重个体的需求，充分尊重人才的个性，使人才享有贡献社会的成就

感、实现自身价值的满足感、得到社会承认和尊重的荣誉感，着眼于人才个体效能的充分发挥，建立劳动和贡献相适应的薪酬、保障制度，落实知识、技术、信息等生产要素参与分配的政策，使人才的贡献得到相应的物质回报。运用市场机制激发人才的创新欲望，激励人才的创新精神，激活专业技术人员的创新潜能。

4. 确立政府政策导向及资金支持

第一，政府的导向及资金支持对专业技术人员的价值取向功不可没，能确保企业需求的具有创新能力的专业技术人员；第二，采取政府、企业、职工的投入模式，即政府的年度财政拨款、企业设立的技能发展基金、职工用于教育培训的部分工资，加大继续教育和员工培训的投入力度，加强专业技术人员创新能力的培养和提升。

思考题

1. 探讨如何培养和提升个体的创新能力。

2. 结合工作实际，探讨组织在培养和提升个体创新能力中的作用。

3. 为加强创新能力的培养，在专业技术人员的管理和开发上应采用哪些方法？

4. 结合自身实际，探讨所在组织的专业技术人员管理和开发的制度哪些是有利于创新能力培养的，哪些是不利的？如何改进和提高？

案例分析3——深圳华为对专业技术人员创新能力的培养

深圳华为特别注重建立能够激励创新的企业经营机制，尤其重视对专业技术人员创新能力的培养和开发。

1. 树立共同愿景，吸引创新型专业技术人员

在知识经济时代，人类创造财富和致富的方式主要是由知识、管理、生产组成的，人的因素是第一位的，一个拥有持续创新能力和大量高素质人力资源的企业，将具有巨大的潜力；反之，缺少技术储备和创新能力的企业，将失去知识经济带来的机遇。华为公司在《基本法》核心价值观的第一条明确了"华为追求的目标是在电子领域实现顾客的梦想，并依靠点点滴滴、锲而不舍的艰苦追求，使华为成为世界级领先

企业"。公司的《基本法》确立了华为员工的核心价值观，构建了华为人的共同愿景。在明确的公司远景目标的基础上，努力促使员工的目标最大化，使员工感到他的奋斗是与国家的荣誉、民族的振兴联在一起的，提升员工的需求层次和成就意识。有长远目标并为事业追求而工作的员工是企业持续发展、创新的最大财富。华为通过远大的理想与抱负，吸引和凝聚了一大批有雄心大志的英才，华为给青年人的成长与发展提供了广阔的天地，让千里马跑起来，先给予充分信任，在跑的过程中进行指导、修正，并在赛跑中识别优秀的拥有创新能力的专业技术人员。

2. 为专业技术人员的创新能力培养和开发提供宽松的环境

华为的内部经营机制贯彻着一条主线，这就是"机会牵引人才，人才牵引技术，技术牵引产品，产品牵引更多的机会"，这 4 种力量相互作用，形成一个良性循环，通过人力资本的增值带动财务资本的增值。做到这一点的核心是人，为使这一机制发挥作用，华为提出要建立一个适应"狼"生存的组织架构和机制，以培养具有强烈进取欲望的进攻型、扩张型和创新型的专业技术人员群体。把创新型专业技术人员比喻为狼，是因为狼有 3 大特性：一是敏锐的嗅觉；二是不屈不挠、奋不顾身的进攻精神；三是群体奋斗。这 3 大特性，就构成了公司在新产品技术、市场拓展上的领先机制。企业要扩张，必须有这三要素。公司按这个原则来建立华为的组织。构筑一个宽松的环境，即使暂时没有"狼"，也会培养出"狼"，或吸引"狼"主动加入公司队伍。有了一个好"狼"，就会带出一群好的小"狼"。即使第一代"狼"不行，第二代"狼"又出来了，新"狼"也会不断找上门或培养出来，总会有一个"狼"的鼻子嗅准了未来的信息世界。

3. 选择和重用具有创新能力的专业技术人员

华为公司认为：人力资本是公司价值创造的主要因素，具有创新能力的专业技术人员是一种特殊的战略性资源，人力资本的增值目标，优先于财务资本的增值目标。人有知识和创造能力，是一种资源，但资源只有合理开发和利用才是资本。华为在招聘、录用过程中，注重专业技术人员的素质、潜能、品格、学历，其次才是经验，公司更看重专业技术人员有无发展培养的潜力。公司还为新员工配备了思想导师，对他们进行"软着陆考核"。华为始终不忘把专业技术人员的精神追求放在第一位，大胆使用选拔人才。在选拔人才中重视长远战略性建设。公司认识到只有大胆地使用人才，才能使人才脱颖而出，显出其价值。华为为了促使优秀人才脱颖而出，首先以鼓励伯乐的政策，提拔一些敢于和善于任用比自己能力强的人。用强过自己的人，说明他首先考虑的是公司的发展，是具有公心和有社会责任感的品德高尚的人，而不是狭隘自私者。"得人者昌，失人者亡"，只有敢于、善于任用比自己强的人，这个企业才能生生不息、永远前进。其次华为还要求每个干部"仅仅使自己优秀是不够的，必须使自己的接班人更优秀"，公司把上级对下级的培养、选拔、举荐作为干部任职资格的重要一条，作为各级主管的责任和考核标准。

4. 使创新者共享创新成果

在华为的内部机制中，试图构筑一条价值链，即让员工全力地创造价值，通过360度全方位的考核评价体系，科学地评价其创造的价值，最后依靠公司的价值分配体系合理地分配价值。只有对员工的创新行为和创新结果作出正确的评价，并予以合理的回报，才能使创新活动持续下去。创新者如果不能分享创新成果，在下一轮创新中就失去了动力和活力。公司《基本法》中明确提出"我们决不让雷锋吃亏，奉献者定当得到合理的回报"，就是建立在这一理念基础之上的。这里所讲的回报不仅包括工资、奖金、福利，还包括员工持股、预付安全退休金等，同时还包括机会、职权、晋升、教育培训等长期回报。公司认为，劳动、知识、企业家和资本创造了公司的全部价值，用劳动和知识等对公司作出的贡献，创造的价值应得到合理的体现和报偿。公司通过内部股权的安排，一方面让每个员工通过将一部分劳动、知识所得转成股本，以员工持股的形式，普遍认同华为的模范员工，使员工成为企业的主人，与公司结成利益与命运的共同体，这就是华为公司提出的"知识资本化"；另一方面，将不断地使最有责任心与敬业精神的明白人进入公司的中坚层，形成公司的中坚力量和保持对公司的有效控制，使公司可持续性成长。使价值评价与价值分配向创新与创业倾斜。正如《基本法》所提出的："知识资本化与适应技术和社会变化的有活力的产权制度，是我们不断探索的方向。"通过股权将知识转化为资本的机制，培养企业人强烈的主人翁意识，激发了员工拼命努力创新的工作热情，企业的凝聚力、活力剧增。(改编自陈劲著．最佳创新公司［M］．北京：清华大学出版社，2002.5.)

讨论题

　　1. 华为对专业技术人员创新能力培养和开发的举措具有哪些特点？

　　2. 结合所在组织的实际，试述如何培养和开发专业技术人员的创新能力。

第二部分 创新能力培养与提高的素质篇

导 读

美国心理学家 T. M. Amabile 认为，对创新能力最重要的、具有决定意义的因素是那些使人们集中于任务的内在兴趣方面的因素。当人们被工作本身的满意度和挑战所激发，而不是被外在的压力所激发时，才表现得最有创造力。因此，专业技术人员创新能力的培养从根本上讲是个体的创新素质起主观能动作用。作为思考和行为主体的个人，只有在具备了良好的知识结构及储备、活跃的创新思维、积极创新的心理和人格特征之后，才有面对环境和驾驭环境的能力，才能进行创造性活动并为取得成功打下扎实的基础。由此可见，专业技术人员创新素质应包括主体的创新人格，驱动创新的战略视野、市场意识和创造思维，以及知识结构和储备，这些因素在组织创新氛围的影响下，通过相互作用促进创意的产生和创新的推进。在这部分将重点介绍战略思维、市场意识和创造心智对专业技术人员创新能力构建的积极作用。

培养审视创新的战略视野，需建立在战略驱动创新的视角下，洞悉创新战略的本质，领悟创新战略管理的内涵，协同创新战略的动态选择过程，置于国家和企业的创新系统中思考创新战略的抉择和发展。

关注驱动创新的市场情结，需要专业技术人员深刻理解市场需求是重要的创新源，掌握识别和获取市场需求的方法，协同市场和技术的创新，在关注如何满足用户需求以获取短期盈利的同时，更要关注如何通过技术能力的提高来引导用户的需求，以获取企业市场竞争的长期优势。

开发创造的心智，需要识别出专业技术人员应该具备的创造性特质，识别出能导出新颖、有效的解决问题的方法的认知加工过程，识别出特殊的社会环境条件对创造力发挥的积极和消极影响，并将个体创造力汇聚成团队的创造力，发挥 2 + 2 > 5 的创新协同效用，真正促进组织的永续创新和发展。

第四章 审视创新的战略视野

本章要点

- 专业技术人员的战略视野
- 专业技术人员如何把握创新战略
- 专业技术人员构建创新战略的系统观

导读案例4——井深大和盛田昭夫的战略视野

索尼公司的成功离不开井深大和盛田昭夫的独具慧眼。20世纪50年代初期，索尼公司的创始人井深大和总经理盛田昭夫在参观位于纽约的西部电子公司时，对该公司拥有专利权的晶体管技术非常感兴趣，非常想拥有这个技术。他们深信晶体管比电子管在技术性能上有优势，认为所有便携式消费电子产品最终都会从使用电子管电路过渡到晶体管电路。于是在1953年向西部电子公司购买了晶体管的许可权（这项交易价值25 000美元——在当时对一个新公司来说是个大数目）。井深大和盛田昭夫对于晶体管技术有战略性的考虑，为获得持续的竞争力，索尼公司在成立初期，就确立了技术创新的战略，公司在引进技术、开发新产品之际，必须注重开发、培养自己的核心技术。索尼公司认为新的技术只要与自己的研究、生产活动相关，就应该马上抓住机会，迅速应用到公司产品中来。有些技术，在欧美刚刚出了实验室，索尼就开始考虑购买其专利，实现商品化。这种成功地引进技术、开发新产品的创新战略使索尼公司尝到了甜头。在1955年生产出第一台晶体管收音机，

1957年生产出第一台微型晶体管收音机后，仅仅在20世纪50～60年代，就成功地开发了5个日本首创、16个世界首创的产品，新产品不断打破日本或世界纪录，成为日本或世界首创的产品。他们把研究重心放在如何提高晶体管的技术性能上，终于使研究员江崎还由于在半导体隧桥技术方面的突破，获得诺贝尔奖。（改编自许庆瑞主编. 研究、发展与技术创新管理［M］. 北京：高等教育出版社，2000.11.）

第一节　专业技术人员的战略视野

一、专业技术人员如何突破创新的窘境

专业技术人员在创新开始最为关键的环节是确认创新的机会。如果说创造思维是创新的基础，那么创新人员的战略意识和市场意识则是创新获得成功的左膀右臂，创造思维只有在特定的创新战略环境和市场驱动背景下才能捕捉创新的机会。为此，专业技术人员需要更多思考的问题是：如何把握动态发展的创新环境？如何预测可能的创新通路？如何规避创新的风险？对这些问题的回答实质上是对专业技术人员是否具有创新战略视野的综合考量，需要专业技术人员必须学会站在战略的高度重新审视创新活动，不断突破创新的窘境。

创新的窘境是指创新在动态的商业环境具有两重性，既可能带来创新的市场价值，也可能带来创新的市场风险。一方面，创新成为组织持续发展的不竭动力源泉，创新的成果给组织带来丰厚的收入与利润。但是，另一方面，创新的高风险性和不确定性也会使组织陷入窘境，特别是重大的突破性创新，往往耗资数十亿，历时十余载，但结果可能是失败，给组织带来的后果是非常严重的。根据美国学者曼斯菲尔德的研究显示，创新项目的技术成功率、商业成功率和经济成功率分别只有60%、30%、12%，也就是说，其失败率分别高达40%、70%和88%；Balachandra和Friar研究所引用的数据显示，1991年引入市场的近16 000种新产品种中，90%的产品没有实现预定的商业目标；日本学者板

治光对200多个技术开发项目的调查结果显示，真正成功的项目在10%以下；美国一家大公司1989年共发展64种新产品创意，经过一系列的筛选、试验、开发，最终只有一个创意获得成功；据国内有关部门对全国10 000多个新产品开发项目的调查，仅有11%的项目开拓了市场。由此可见，创新对于组织的生存和发展固然十分重要，但要使之从技术上成功、商业成功到经济上的成功却是非常困难的，专业技术人员要突破创新的窘境，需要培养具有战略视野的相关能力。

1. 专业技术人员应该培养一定的技术预见能力

技术是在连续不断的积累中发展、日趋完善和高级化的。每一种特定的技术都有生有灭，都最终被新技术所取代。如蒸气机车被内燃机车所取代，电子管被晶体管所取代等。一项新技术，与一种新产品一样，呈现出初生、发展、成熟、衰退的阶段性，具有它的生命周期。如果专业技术人员不能认识到一项技术已趋衰退而仍然对技术变革作大量投资或研究，则势必造成人力、物力、财力上的浪费，带来损失。同时，随着知识的不断积累和指数级增长，使得技术发展呈现加速趋势，技术动态性变化的速度加快，技术和产品生命周期不断缩短。著名的摩尔定理认为"单位面积芯片的存储量每18个月增加1倍"，著名的吉尔德定理也预示"主干网的宽带将每6个月增加1倍"，它们都清晰地展现了技术发展加快的趋势。今天，技术加速替代已成为一个突出的技术发展现象，一项技术替代另一项技术过去往往需要几十年或上百年，而现在可能只需要几年或十几年。因此，专业技术人员必须具有一定的技术预见的能力，对技术本身的新颖度、技术创新的内容、范围的广度和规模的大小等等进行评价，才能在一定程度上控制创新带来的风险。

2. 专业技术人员应该培养一定的市场预测能力

伴随着技术的动荡变化，市场的不确定性也剧增，顾客的需求愈发多样化和个性化。迈克尔·哈默尔和詹姆斯·钱皮认为市场的动态性在20世纪80年代就已经显露出来："80年代以来，无论是美国还是其他发达国家，买卖双方关系中的支配力量发生了显著变化。卖方不再居于优势地位，而是买方占了上风……其结果是，消费者掌握很大的权力……公司现在面对的不是 50、60、70 年代那样正在扩张的大宗商品市场，而是这样的顾客——无论是企业或个人——他们都知道自己想要得到什么，想用什么方法支付货款，如何根据自己所希望的条件买到想要的东西。"以计算机行业为例，其市场需求变化极快，顾客对计算机性能表现出永不满足的渴望，在 20 世纪 90 年代，几乎没有人能自信地预言互联网、DRAM 芯片价格或 Java 语言（互联网文本语言）的出现将会如何影响顾客在哪怕未来 6 个月中的需求。市场销售的不确定性、用户需求的改变以及研制人员与客户之间沟通的缺乏等原因，常造成客户需求识别的困难，使得创新从一开始就种下了失败的苦果。处在科技高速发展和变幻莫测的商业环境中，要想生存和发展，专业技术人员必须具有一定的市场预测能力，从加强战略管理和引导客户需求等多方面着手，拥有与核心技术及市场相对应的创新战略，才能形成竞争优势。

3. 专业技术人员应该培养一定的把控动态创新系统的能力

创新是一个需要运用多种资源的复杂协同过程。创新过程中会涉及许多综合程度不同的社会单位，包括个人、群体、组织及其集合体，由于组织中的各种利益竞争，导致承包商与承包商、承包商与集成商、承包商与客户以及集成商与客户之间的协调与沟通极为困难，由此而造成项目的失败率很高。在创新进展过程中，常常由于合作伙伴不能及时交付成果，或者某些模块开发的延误，造成整个项目在时间进展上的延迟。如何使这些资源在恰当的时候投入运行是一个复杂的系统工程，必须有周密的规划与控制，以最好地运用各种资源，因此，战略管理和动态调控是控制创新风险的有效手段，专业技术人员需要培养一定的把控动态创新系统的能力。

面对日益个性化的顾客需求和基于时间的市场竞争，产品生命周期和研发周期的缩短、新技术的涌现、竞争对手的威胁，使得专业技术人员的必须具有一定的战略视野，培养一定的技术预见、市场预测和把控动态创新系统的能力，不断适应新一轮的技术竞争和创新发展。因此，掌握一定的战略管理知识和运作方法，对于专业技术人员创新能力的培养和提升具有十分重要的现实意义。

二、专业技术人员应该具备战略视野

1. 战略视野是驱动创新的利器

在《企业不败》一书中，詹姆斯·柯林斯和杰里·波拉斯总结了创新成功的秘诀："目光远大的优秀创新公司更强烈、更彻底地向雇员灌输它们的公司愿景，它们创造出一种强烈地崇尚其愿景的氛围，就像崇拜宗教一样，它们在行动上与其愿景更加一致——比如在制定目标、战略和战术及组织设计方面。"战略管理领域的著名学者理查德·儒默特（Richard. Rumelt）曾说过："我相信战略视野是一个组织取得成功的必要条件，但其困难性被人为地夸大了。事实上，与企业获取新的技术能力相比，战略并不是一个很玄奥的主题。如果你已经掌握了先进的汽车发动机设计方法，我可以在几天内交会你简单的战略概念；但如果你仅已取得战略管理的博士学位，你恐怕在几年内也难以学会如何设计出先进的汽车发动机。"他的论断并不是否认战略管理对于创新发展的贡献，恰恰相反，从这些论断中我们可以感受到：战略视野是一种可以掌握的驱动创新的利器。

"战略"一词是在美国近代组织理论的奠基人巴纳德 1938 年出版的《经理人员的职能》一书当中，提出从企业的各种要素中产生"战略"要素的构想，但是企业战略管理被广泛应用却是在 1965 年美国的经济学家安绍夫（Ansoff）的《企业战略》一书问世以后，安绍夫认为企业战略是贯穿于企业经营与产品和市场之间的一条"共同经营主线"，决定着企业目前所从事的、或者计划要从事的经营业务的基本性质。战略理论自 20 世纪 60 年代由 Ansoff，Chandler 提出，到 80 年代初 Porter 提出竞争模型与产业定位思想，演进至今，有许多学派纷纷出炉，其对战略的定义与思考的逻辑也有所差异。例如 Ansoff 认为战略包括 4 个要素，即产品与市场范围、增长向量（发展方向）、竞争优势、协同作用（整体效应）。Chandler（1962）提出战略是企业基本长期目标，以及为了实现这些目标，所需各种资源的分配所采取的行动。Glueck（1976）则认为战略是为了达到组织基本目标，而设计的一套统一协调的广泛的整合性计划。Teece（1997）指出，企业经营战略的本质是一种战略定位。Andrew，Chandler 等战略设计学派学者所提出的战略制定模式，形成了日后战略管理理论中相当重要的中心概念。设计学派强调在内在潜能与外在可能之间达到一种相称或搭配的境界，因此所谓经济的战略，就是足以让公司在其所处的环境中，找到市场定位时所具备的能力与机会之间，获得适当搭配的表现（Mintzberg，2003）。归纳学者的各种学说，可以发现战略是一种计划、方向与行动方针。Mintzberg（2003）将过去学者对战略的定义做了整理与回顾，提出战略的5P：战略是一种计划（Plan），战略是一种模式（Pattern），战略是一种定位（Position），战略是一种远景（Perspective），战略是一种策略（Ploy）。

综上所述，我们可以看到，专业技术人员在融入组织创新的过程中，首先需要把握的是组织创新的计划、创新的模式、创新的定位、创新的远景和具体的创新策略，而这正是对组织创新战略的把握和理解的过程。专业技术人员只有在分析组织创新战略的所对应的市场环境、资源配置、发展目标、竞争优势的基础上，才能有效地把控创新方向，沿着正确的创新轨迹实现符合组织价值需求的创新活动。

2. 明晰组织创新战略是战略视野建立的前提

专业技术人员战略视野的培养是建立在明晰组织战略的基础上的。创新战略在组织战略中具有举足轻重的地位。创新的资源永远是有限的、稀缺的，这决定组织必须根据创新的环境与条件，权衡创新战略目标的长短结合，并与组织战略紧密相关：一方面创新战略服从组织战略要求，所有创新活动都反映组织的战略，与战略方向一致；另一方面创新战略的资源分配要反映组织战略方向，必须根据外部情况的变化来采取相应的举措，解决创新资源的优化配置问题。创新成功的战略要素主要包括以下几个方面：

（1）产品优势。新产品开发就是开发出比现有市场上的产品性能更高，或质量更好，或成本更低的产品，因而进行产品开发时，必须明确新产品与其他对手的产品相比，自己独特的优势是什么。

（2）技术协同的优势。即各种技术之间能够最佳的合作，这是长期合作并时刻调整的结果。要进行理想的创新，不仅需要恰当水平的专项技术，而且需要各专项技术以及各专业技术人员之间的良好配合，这是创新所必需的基础条件。

（3）与市场需求协调的优势。创新是为了适应市场的需求，因而推出的新产品的性能、特点必须与市场的需求一致和同步。

（4）充分的组织资源支持。这是创新的后勤保证，合理和充分的资源配置是创新成功的基础。

（5）创新战略。创新决非某一单项产品的临时开发，而应该是一系列产品开发的组合，这样创新必须有一个整体战略，而每一项创新都必须在这个战略的指导下进行开发，从而为组织的发展提供新产品优势。因此，组织必须对创新战略管理的重要性和优先性给以高度重视。

新时代的专业技术人员已经不能仅仅凭借个人的好奇心和研究兴趣从事创新活动，而是需要在创新组织的战略管理和协同运作中，学会把握创新方向，寻找创新通路，突破创新成果和规避创新风险。这就要求专业技术人员必须了解创新战略的类型和特点，掌握创新战略管理方法和技巧，构筑创新战略的系统观，从而利用创新的战略视野来指导创新实践。

第二节 专业技术人员如何把握创新战略

一、理解创新战略的内涵

专业技术人员作为组织创新的关键主体，创新战略视野构建的前提是要明确组织创新战略的内涵和类型。国外著名学者 Gilbert（1994）认为创新战略是以创新落实组织战略并改善绩效时，决定到达何种程度（what degree）与运用何种方法（what way）的一个过程，该选择何种创新战略，要看管理者对不同战略类型的想法以及组织本身的需求。国内学者认为创新战略已经不是低层次的职能性战略，也不是组织经营战略实施的工具，而已成为组织总体战略的核心，两者之间是一种动态的、双向的，既相互依赖又相对独立的整合关系（傅家骥，2002；许庆瑞等，2003）。综合学者们的研究，我们可以将创新战略理解为组织为培育和发展动态的创新能力，对采用何种创新方式以及为达到某种创新程度所做出的选择过程。组织实施创新战略的主要目的是：

1. 支持和扩展现有的经营领域

包括改进现有产品与服务使之更好地为用户所接受，或改进产品使之能适应不同市场和政府的要求；采用新材料或改善制造过程；解决组织的技术难题，如安全问题和环境保护问题；在现有的经营范围内开发新产品和新工艺，以增强组织的竞争地位。

2. 拓展新的经营领域

包括运用现有的或新的技术为开拓新经营领域提供机会。这种新领域或新技术可能是组织范围内的，也可以是全球范围内的，也可以是运用新的专利和许可证。

3. 扩大和加深组织的技术能力和知识

组织的核心技术能力和知识是组织获取竞争优势的有力保证，组织战略的核心任务是帮助组织积累新的核心技术能力和知识。扩大和加深组织的技术能力可以是为了当前的经营的需要，也可以是为了进入新的经营领域，这主要取决于能见到的机会和加强组织的竞争地位的需要。

4. 促使组织获得可持续的竞争优势

组织实施创新战略的最终目的是通过拥有与组织战略和核心技术及市场相对应的创新战略而获得可持续的竞争优势。

二、分析创新战略的类型

专业技术人员在不同的创新组织中，要依据组织现有的创新资源、市场环境选择合适的创新战略来指导创新实践活动。因此，对不同创新战略类型的把握，有利于专业技术人员合理培养适应的创新技能，规避创新的风险，提高创新成功的概率。组织创新战略模式类型可从不同的角度进行划分，按技术来源分为自主创新、模仿创新、合作创新；按创新内容可以分为产品创新战略、工艺创新战略、设备创新战略、材料创新战略等。这里从经营和市场地位进行考虑，可以分为以下 3 种典型的战略。

1. 领先创新战略

领先创新战略就是组织通过技术创新，率先开发出某一新产品并最早进入市场，并在市场中一段时期内保持领先优势，即取得较大的市场份额和较高的垄断利润。采用这一战略，要求组织实力雄厚，有较强的研究与开发的力量（包括人力、设备等），研究与开发的投入占了整个公司预算的很大份额，公司的基本目标是抢在竞争对手之前开发出新的产品和生产工艺去占领市场，保证技术处于领先地位，但风险也较大。选择领先创新战略的组织通常具有较强的信息力量，员工和高层领导都乐于接受风险和挑战。运用领先创新战略的组织，有必要对长期科学研究的商业化定位给以高度重视，只有对研究与发展进行商业化定位才能扩大市场份额。

一个组织采用新技术，应该使其成本降低或者促进差别优势形成，并且这种技术领先应具有持久的竞争优势。一般来看，如果新技术本身使组织成本成为产业中最低成本者或者促进组织差别优势的形成，那些组织的技术领先就可以持久。如果一种新技术不但导致低成本或差别优势，而且能够通过专利、专有技术、商标专用权等手段防止被其他组织模仿，它就可以增强竞争优势。因此，决定一种技术领先持久性的各种因素，即领先创新战略中新技术的检验标准，有以下 3 个方面：

（1）新技术成为组织的驱动力量

新技术成为组织的驱动力量，表现为新技术使成本降低或形成差别优势。改变组织一种价值活动的技术，或者从方法上改变影响一种价值活动的产品，这种技术就成为这种价值活动中影响成本降低或差别优势的驱动力量。

一种价值活动中能够应用的新技术常常与规模、时间选择或相互关系等交互作用，如具有一定规模的高度自动化设备的应用，不但使这种新技术成为组织降低成本或形成差别优势的驱动力量，而且也使规模等这些因素成为组织降低成本或形成差别优势的驱动力量。这样，有规模或较早采用新技术的组织，就可以赢得竞争优势。即使在今后一段时间中这种新技术被他人模仿，由于组织采用这种新技术的特色或偏好的存在，模仿时也会使各种驱动力量歪斜，也会为组织带来某种竞争优势。例如，一个组织采用了比以前的工艺更具规模敏感性的新装配工艺，最后这一新装配工艺为竞争者所模仿采用，但它仍将对开拓这种技术的占有很大市场份额的组织有利，该组织的销售量会增大。

（2）新技术转变为先发优势

这种情况下，即使新技术被竞争者模仿了，开拓新技术所带来的成本降低或差别优势方面的各种潜在力量，仍是率先行动者的优势，这种优势就是其技术领先过时以后仍然会存在，从而其品牌商品在市场上仍然能够保持原来的那种市场份额，维护已经形成的品牌知名度。

（3）新技术能够改进整个产业结构

如果组织的新技术被同行业组织所推崇，并且纷纷模仿，这种有助于改善整个产业结构的新技术也是合理的。事实上，一种新技术被广泛应用，就是该产业对这项新技术的普遍认可，这种新技术也就是整个产业结构的重要决定因素。当然，新技术的扩散一方面招致了产业中组织对该项技术的吸引力，长期看，组织原先所具有的这种竞争优势会逐渐消失；另一方面，这种吸引、扩散也能潜在地影响现时各种竞争力量，这种向该项新技术"看齐"的凝聚力，正是该组织新技术所表现出的竞争优势。

不符合上述检验标准的新技术或技术变革，将不会改善组织的竞争地位，尽管它可能代表一种巨大的技术成就。所以，当国家要求全行业组织普遍采用某一项新技术，并形成了统一规定，这样就不会改变某一个组织的竞争优势。如果新技术或技术变革不符合上述检验标准，或者甚至是相反的影响，比如使成本降低或差别优势的驱动力量偏向竞争者，这种新技术或技术变革就将摧毁组织的竞争优势。

知识链接 4 - 1 微软成功的领先创新战略

微软的领先创新战略具有以下特点：

（1）具有强大竞争力的产品。DOS 操作系统的早期发展为微软公司事业带来竞争优势。虽然优势的持久性与影响力并不明显，但是比尔·盖茨通过与 IBM 公司的合作来销售这种产品，由此得到其他计算机厂商的青睐。通过削减成本和大胆创新，微软公司取得了在这个年产值 800 亿美元行业的核心地位。由于专利法的保护以及在技术方面的大量投入，微软公司一直保持着绝对优势。微软公司用于科研的经费为 3.5 亿美元，而自 1986 年以来公司每年的促销投资都占销售额的 10% 以上。微软的操作系统垄断市场的部分原因在于价格优势，费用一直是尝试新软件的计算机用户所头疼的问题。一种新的操作系统想要占领市场，必须说服用户抛弃旧的系统，这样才可能购买新的，与此同时还要支付其他维持费用。因此，今天微软公司的另一竞争优势在于产品的边际成本极低。比如一个软件的开发成本也许需要 2000 万美元，但一份拷贝的成本就只是磁盘与说明书的开销。因此，其他后来者不论怎样在价格上打折都不大可能成功地进入市场。

（2）保持技术前沿的领先地位。在发展到一定程度之后，与其他同等规模公司相比，微软更能保持自己的生命力与创造力，公司的研讨气氛一直很浓，这也许反映了比尔·盖茨的领导风格。公司内部分成许多由程序开发人员与市场销售人员组成的小组，规模小到比尔·盖茨可以方便地与主要成员交流。每个组负责一个特定的软件项目，组长负责从技术、资金、生产各方面与竞争对手比较。不能战胜对方则是一个小组的耻辱。小组内部通过讨论会交流和收集信息，讨论会通常要有 4 条准则：①不许指责；②允许丰富的想象；③追求意见的多少；④对意见综合改进。

（3）竞争威胁意识。在微软成为时代的幸运者时，由其他竞争者组成的联合体一直瞄准微软的市场。Lotus 与 Novell 曾试图组成一个规模与微软不相上下的公司，但谈判没有成功。惠普公司与 SUN 微系统公司则通过达成一些行业标准来打击微软公司。微软与 IBM 公司的关系已经变得非常紧张。IBM 与苹果联合成立了一家公司，生产运行了苹果的 Macintosh 以及 IBM OS/2 的软件，其目标在于争夺微软的市场，过去微软往往因为在产品尚不完善前急于推上市场而名声不佳。比如微软的 Windows 程序、文字处理程序以及其他一些软件。虽然许多问题最终得到解决，但用户仍要留意不使用早期的版本。另外还有一个问题就是随着公司的发展，反托拉斯法的威胁也将越来越大。

（4）让雇员拥有公司股份。从美国的一些获得巨大成功的公司来看，它们都采用了这种做法，如零售大王沃尔玛、快餐大王麦当劳等。微软也采用了这一方式，而且非常成功。公司部分职员已经获得了数十亿美元的价值增值。这种做法的优点是，便于公司的人事管理，同时激励员工的积极性，让他们感到自己努力付出的一切赢得的是自己的利益与未来。整个公司也更像一个大家庭式的团队，同时也便于人才的稳定与管理。

2. 跟随创新战略

跟随创新战略即企业跟随同一产业主导企业开展相应的技术创新活动，其主导方式是对主导型企业的新技术和新产品加以选择、改进和提高，并在降低制造成本和拓展市场方面做出更多的努力。这种战略需要较强的开发能力与工程技术力量，善于总结"领先者"所犯的错误和经验，开发出性能更好、可靠性更高和具有先进性的产品。这些企业拥有先进的创新成果，但在技术开发和世界性市场上并不领先；它们不喜欢尝试风险，而重视技术创新的转移和改进。这种战略适用于供不应求、注重产品细化的市场状况。采用这种战略的企业可在如下条件下进入市场：该市场以前未曾被分割；通过细化进入个人市场；开发出产品的新用途；企业与该市场事先有联系；企业事先就占有了市场。持跟随创新战略的企业通常在产品生命周期中成长期的初期将新产品投入市场，所以企业应重视对顾客的技术支持和引导服务。

知识链接 4 - 2　肯索尼克公司的跟随创新战略

肯索尼克公司把狂热爱好者当作重点，发展超高级扩音器，就是后来者居上、成功实施跟随创新战略的典型范例。肯索尼克公司是日本音响设备的大型制造企业，三声道立体声创造者之一，是共同担任副董事长的春日兄弟在 1972 年为集中发展三声道立体声而设立的公司。该公司以只集中搞超高级技术产品战略取得了成功，创业仅 4 年时间，就在高级扩音器市场上独占鳌头。肯索尼克公司成功的原因可归纳为以下几个方面：

（1）在大企业未涉足的小市场上竞争。日本的音响市场规模约有 3000 亿日元，其中扩音器市场有 500 亿日元，肯索尼克公司把这个市场的 10%，即 50 亿日元，把有音乐素养的音乐爱好者作为集中的目标。因为 50 亿日元的规模，大企业集中实力来搞的可能性不大。

（2）用超高级产品的生产线大量生产与手工业企业竞争。超高级扩音器本来是在只有几个职工的美工室用手工制作的，价格也往往是 50～100 万日元，甚至有的在百万日元以上。肯索尼克公司把超高级扩音器投入工业化生产线，价格降到了 20～30 万日元。

（3）性能第一。肯索尼克公司和大型制造厂不同，它不是依据成本和销售价格来设计产品，而是从世界各地集中最高级的部件，以能够作出现代的技术含量高、性能高的产品为重点。

（4）不改变型号。仿效劳尔斯·罗易斯即英国高级轿车商标的做法，坚持不改变型号，实行比重视外观更加重视性能的策略。

（5）切实的售后服务，即使是小故障也要走遍全国去修理。劳尔斯·罗易斯的做法是，世界上任何地方只要有一台本厂的汽车发生故障，也派人去修理。肯索尼克也采取同样的做法，在日本国内，即便是一台扩音器的故障，也派服务人员去修理。

日本肯索尼克公司后来者居上的成功表明，后来者要实施品牌技术领先战略，就不能像大企业那样在产业中以重点技术来领先，而是抓市场上新环节的发生或环节缩小方面的变化，并且要抢在这种变化之前，确定适合自己产品结构的新产品，并通过各种具体策略和措施，千方百计来提高产品的市场占有率。

3. 模仿创新战略

模仿创新战略即企业自己不进行新技术的研究与开发，而是靠购买专利技术进行仿制。这类企业跟随在创新型企业之后，以较低的劳动力、原材料、能源和投资费用从事经营，对研究与开发不作大的投入。这种战略投资少，获得技术的速度快，比较适合那些技术开发能力薄弱而制造能力相对较强的企业。模仿创新战略要求企业的设计与工艺部门在降低成本与费用方面有较强的能力，擅长于低成本生产，有一定的研究开发投入。选择这类战略的企业通常在产品的成长期或稍后一段时间内进入市场，因此，要有能力在价格上进行竞争，同时也要注意从被模仿的企业中获取科学和技术信息。模仿创新战略还要对产品做出适合本地环境或消费习惯的再创新或二次创新，行之有效的方式是模仿尚未市场化的创新科研成果。

模仿创新，并非简单的模仿，而是一个借鉴、消化、吸收、创新的过程。我国企业的模仿创新常常存在两个方面的缺陷：一方面，引进的技术往往是上一代的先进技术，当完成引进消化后，再创新无法满足市场变化带来的技术需求；另一方面，所引进的技术并非整个产业链上最重要的核心技术，因此，企业投入大量资源进行再创新所得的收益将低于引进技术进行加工生产所得的收益。进行有效的模仿创新应有两个必要条件：首先，要求企业识别出具有商业前景的技术成果，结合领先创新者的产品市场反馈情况并应对其进行改进；其次，企业应在新产品的成长期启动时模仿创新，因为此时产品市场需求的前景较为明朗，技术的改进和创新空间较大，创新风险较小；最后，企业应通过不断的技术积累，实现其基础竞争力的增强和技术领先的战略，从而形成自己的核心技术能力，获取持续的竞争优势和盈利能力，促进企业的长远发展和壮大。

知识链接 4-3 广州白云化工公司从模仿到自主创新战略的演化

广州白云化工的硅酮密封胶技术领先战略，正是抓住了在 20 世纪 90 年代我国建筑业大发展的初期，建筑密封胶市场需求前景广阔，通过引进吸收和模仿创新，使白云密封胶逐步形成技术领先的行业地位，为企业的高速发展作出了巨大贡献。

1992 年，白云化工从四川晨光化工研究院引进了硅酮密封胶生产技术，开始涉足硅酮密封胶的生产。而当时从晨光院买回来仅仅是小试的技术配方，因此，公司组织了相关的技术人员进行科技攻关，到 1993 年 4 月完成了 SS601 中性硅酮密封胶产品的定型并推向了市场。但是，白云化工的技术引进在初期并未得到理想的果实，硅酮胶产品质量不稳定，大量积压的产成品使资金运作陷入了困境，1995 年，白云化工账面亏损 58 万元，几乎到了濒临倒闭的地步。在这样的情况下，时任副厂长的李和昌同志临危受命，组织技术人员进行技术攻关，经过 3 个月不分昼夜的努力，产品质量终于稳定了。另一方面，李和昌亲自带领销售人员跑市场，重新找回客户对公司的信心。到 1995 年底，公司开始扭亏为盈，当年公司实现销售收入 1 541 万元。

良好的市场前景没有使白云化工停止在引进消化的模仿阶段。在 SS601 中性硅酮密封胶产品的基础上，白云化工的产品逐步升级，相继研发出高性能的 SS621 硅酮结构密封胶和 SS611 硅酮耐候密封胶，超高性能硅酮结构密封胶 SS921 和超高性能硅酮结构密封胶、耐候密封胶 SS911 的诞生，彻底推翻了国外公司宣称中国无法生产用于 200 米以上高楼的高性能密封胶的断言。产品的应用领域也从建筑领域扩大到电子电器等许多工业领域。目前国内产品的市场占有率已超过了 60%。

而实现这一重大跨越依靠的是企业生产装备的创新：1995～2000 年，白云化工相继研发生产出 200 升和 2000 升的高速混合机和行星机，完成了产品扩大生产的巨大进步。1999 年，白云化工开始自主开发硅酮密封胶连续化自动生产线，并被列入广州市 "225" 重大科技工程计划，到 2002 年，国内第一条具有国际先进水平的硅酮密封胶连续化生产线研发成功，并获得了 2005 年度"广州市科技进步一等奖"和"广东省科技进步二等奖"，使我国硅酮密封胶制造行业实现了历史性的飞跃，迅速缩短了与国外先进水平的差距，使国内硅酮胶制造工艺达到世界先进水平。2000 年，白云化工成立了广东省白云粘胶工程技术研究开发中心，从事硅酮建筑密封胶、建筑节能用尼龙 66 隔热条和有机硅氟高分子材料的研究开发。自 2000 年建立以来，该中心累计承担包括国家火炬计划项目、国家重点技术创新项目、国家重点新产品计划项目在内的国家级科技计划项目 9 项，省级及以下级别科技计划项目 19 项；通过鉴定验收的达成产业化后，取得了良好的经济效益和社会效益；同时，还参与制订了国家与行业标准 40 项，获得专利 29 项。更重要的是，工程中心很好地发挥了企业孵化器和人才培养基地的作用，短短几年间，工程中心孵化出广州吉必时科技实业有限公司、南海易乐工程塑料有限公司、广州市白云文物保护工程公司等 3 家高新技术企业。同时，工程中心还与中大、华工、四川大学合作培养博士 9 人，并于 2003 年成立了企业博士后科研工作站，现有在站博士后 2 人。目前，工程中心已成为同行业中研发队伍最强大、开发设备最齐全，检测手段最先进的省级工程技术研究开发中心。

（资料来源：改编自《广州市白云化工实业公司的技术创新战略分析》.《广东科技》，2007.4. ）

三、把控创新战略的管理

专业技术人员还需要明晰组织创新战略的建立过程，根据组织创新战略构建的各要素来把控创新战略的管理。创新是整个组织、行业和国家战略的具体体现，创新对组织的重要性如同造血，是组织活力的一个重要来源，但创新也离不开组织其他的管理功能，只有各功能部分有机地结合、协调一致地运作，组织创新才能焕发出活力。因而必须强调创新同其他经营功能间的关系。组织创新战略的管理过程如图 4 - 1 所示。

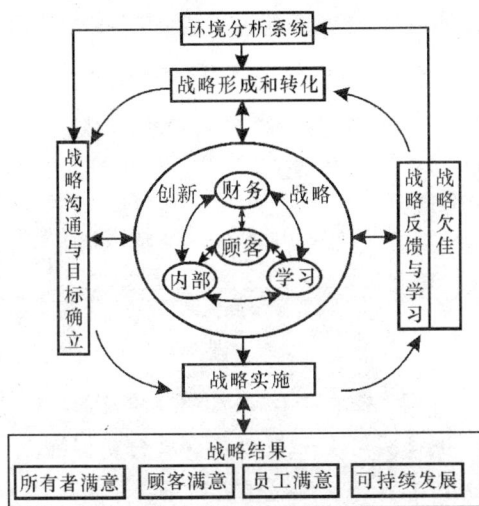

图4-1　组织创新战略管理过程

1. 外部环境分析

专业技术人员对组织创新战略的把握可以首先从分析组织的外部环境入手。创新可视作组织为适应环境的变化而选择的一种有效手段，组织所处的环境必然会影响组织创新目标的制定和战略的选择。为此，不仅在拟定组织的经营目标、经营战略时要很好地分析组织的环境因素，在选择创新战略时，还需对环境做进一步分析。

由于技术和市场的成熟性对创新的模式和影响较大，如图4-2所示，在不同的技术和市场中需要采取不同的创新战略：当技术和市场都已经很成熟时，创新战略应当是在产品平台上改进现有技术和服务满足用户需求，即多样化战略，这时采用传统的市场调研会取得较好效果；构建型战略是对现有技术的新组合，是将已有技术和服务应用到新的市场中去，主要靠市场细分以及与潜在用户的合作，推动力是顾客；技术型战略由开发者推动，是在已有的市场中，根据用户需求开发和推广全新产品；复杂型战略是指技术和市场都处于潜在状态难以预测，对于非常新颖或是非常复杂的产品，用户往往不能意识到它的出现，或即使意识到也难以表述，但通过技术开发者与领先用户的合作可以开发出新的技术和新的市场。

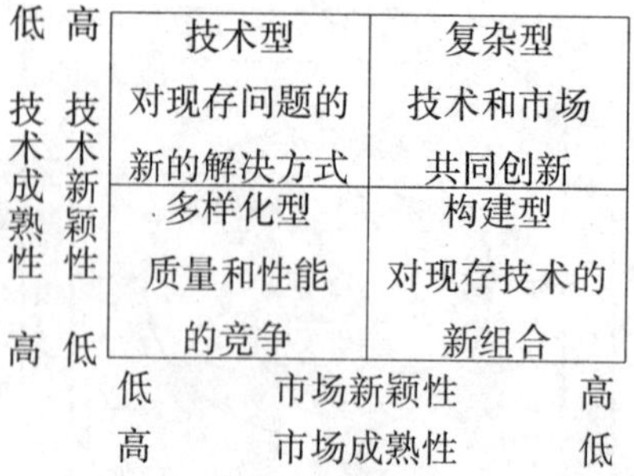

低 高		技术型 对现存问题的 新的解决方式	复杂型 技术和市场 共同创新
技术成熟性	技术新颖性	多样化型 质量和性能 的竞争	构建型 对现存技术的 新组合
高 低			

	低	市场新颖性	高
	高	市场成熟性	低

图 4-2　技术和市场的成熟性对创新的影响

操作实务 4-1　外部环境分析训练

在这一阶段，回答以下问题将很有帮助：

（1）怎样认识市场中的技术和环境变化？对意外变化多长时间作一次预计？

（2）我们能找到领先用户吗？能为技术创新确定市场和顾客特性吗？

（3）管理、市场、技术和财务方面怎样帮助顾客？

（4）对于来自组织外部的高技术，我们能为公司作些建议吗？

（5）确定开发技术之前是否作技术预测和风险分析？

（6）在本产业，技术能力和工艺创新的比率如何？

2. 内部环境分析

外部环境分析为创新战略的选择提供了一般的趋势和机会，专业技术人员还必须分析现有组织、团队和个人所具备的创新能力，充分利用环境所提供的机会，避免环境所造成的威胁。内部环境的分析集中在内部各部门力量的强弱和个体研究与开发能力的分析方面。专业技术人员应该更多地关注战略重点和能力协同，创新应以组织现有技术为基础，不能要求组织具有它根本不熟悉的技术。新产品不能将整个组织拖入全新的市场中，而应使组织停留在原有市场或相近的市场中。因为在原有市场中组织已经积累了丰富的运作经验和相关资料，如果进入全新的市场，不仅会失去原有的优势，而且还会带来过大的风险。

操作实务 4 - 2 内部环境分析训练

在这一阶段，回答以下问题将很有帮助：

(1) 组织的强项/弱项在哪里？能获得什么机会？

(2) 组织的智力积累和处理能力如何？

(3) 这些能力在下列领域怎样被提高？

● 宏观环境；

● 竞争者；

● 技术转移和趋势；

● 经济和市场趋势；

● 组织的供应者；

● 顾客群的变化。

(4) 什么是财务资源？这些财务资源怎样推动长期增长？长期和短期投资计划能否与财务资源相平衡？

3. 战略沟通与目标确立

创新目标的确立是创新战略运筹的重要内容，创新目标是创新决策中的关键因素，在创新战略选择分析中是必不可少的。但是专业技术人员必须明确的一点是：创新目标又因组织、环境的不同而有所差异，所以及时了解所在组织的创新战略，并进行目标的沟通和确立，有利于专业技术人员创新能力的积累和提升。创新的直接目标包括开发新产品，扩大原有产品的使用范围，开拓新市场，保持和扩大原有市场份额，降低成本，改进质量，减少环境污染和改进工作条件等。在创新战略形成和转化过程中，首先要明确创新目标，一般是3～5年，并能预示公司创新绩效的较大突破；其次确认在顾客、内部进程和学习与成长维度上的延伸目标，并确立各项测评指标；最后找出推动创新目标的关键因素，集中力量去改善或重新设计那些对公司创新战略成功最为关键的程序，并引入一些新的措施，将行动与战略明确联系起来。创新目标的沟通和确立也迫使公司把创新战略规划程序和预算程序组成一个整体，从而有助于确保预算对战略的支持。当公司公布了3～5年的创新战略评估的延伸目标时，管理者也能预测下一个财政年度中每个评估的重大事件，而这些短期的重大事件提供了沿着长期创新战略轨道进程发展所需的具体目标。因此，通过战略沟通和目标确立进程可以使组织确定所期望完成的创新战略的长期结果，并确认进程和为完成这些创新成果所提供的资源。

操作实务4－3　确立目标训练

确定目标时，回答以下问题非常有利：

（1）创新的一般目标是什么？

● 支持组织的生存。

● 产品改进和产品创新。

● 工艺改进和工艺创新。

（2）创新的具体目标是什么？

● 开发新产品。

● 扩大原有产品的使用范围。

● 开拓新市场。

● 保持、扩大原有市场份额。

● 降低成本。

● 改进产品质量。

● 减少环境污染。

● 改进工作条件。

4. 联结组织整体战略

专业技术人员在了解组织创新战略的同时，还需要拓展视野，将创新战略和组织的相关战略有效联结。创新战略只是整个组织战略的一个组成部分，它服务于组织战略，必须与其他价值活动的选择相一致且因此得到加强。创新战略应该力求明确，重点突出，以提高核心竞争力为目标，以市场为导向，阶段性强，并与具体计划相配套。正因为组织总体战略与创新战略具有以上密切关系，组织的其他目标决定了创新的目标。组织必须预测新技术的开发对自有市场份额和产品所带来的风险，同时还需对创新及新产品的生命周期作一评估，据此决定该使用何种战略。此外，专业技术人员看待风险的方式也影响他们对创新的期望，专业技术人员的创新设想对创新研究也产生影响。

操作实务4-4 联结组织整体战略训练

在这一阶段，回答以下问题将很有帮助：

（1）什么是组织愿景？它是否被组织中每一员工领会并体现于其行为中？

（2）组织战略是什么？

●技术领先。

●适应（顾客需求）战略。

●成本领先。

●混合战略。

（3）创新战略与组织战略的关系和谐吗？

●创新战略与组织战略一致。

●创新战略服务于组织战略。

●创新战略是组织战略的关键组成部分。

5. 转化为部门或团队的具体战略和目标

专业技术人员在关注组织创新战略的同时，也要思考如何将组织创新战略转化为部门或团队具体的指导战略和行动目标。创新战略的制定往往不是一个纯客观的过程，而是包括决策者的主观判断在内的主观和客观相结合的过程。组织文化和决策者的个性、经验和直觉都不可避免地要反映到战略的形成中，与创新战略效用的发挥相辅相成。在当今技术和经济快速转变的环境中，组织要在创新战略上获得成功，还必须关注创新战略如何能够正确地实施与评价。这就必须对学习、信息资源和知识持开放态度，紧跟科学、技术和经济的变化，分析市场和所在产业的变化。最后，应用动态的管理和组织模式，以保持对创新的开放性。

操作实务4-5 部门或团队创新战略转化训练

在这一阶段，回答以下问题将很有帮助：

（1）部门或团队的强项/弱项在哪里？能获得什么机会？

（2）部门或团队的智力积累和处理能力如何？

（3）这些能力在下列领域怎样被提高？

● 组织内部环境。

● 组织外部环境。

● 内部顾客的变化。

● 部门或团队间界面的变化。

（4）技术关联的程度如何？

6. 创新战略反馈与学习

由于环境变化的复杂性，有些创新战略虽然刚提出时是有效的，但随着经营环境的改变，可能会丧失有效性。在这种情况下，组织必须能够做到克利斯·阿格利斯（Chris Argyris）所称的"双环学习"——这种学习会导致人们对因果关系的假设和理论的改变。创新战略在前述程序中始终遵循固定的战略目标进行管理，任何对计划轨迹的背离都被看作是需要纠正的缺陷，这种单环的学习过程不会推动对战略或者当前条件下用来实施战略的技术重新进行检查，而给组织创新战略的实施带来潜在的风险。引入战略反馈和学习的管理，是希望通过收集反馈信息、检验作为战略基础的假设和进行必要调整等，为组织创新战略的实施提供更适宜的平台和组织环境。通过对创新战略的反馈和学习有利于明确阐述公司共同远景，提供了根本的战略反馈渠道，有利于开展极为重要的战略学习和战略考察。

操作实务4-6　战略反馈与学习训练

对创新战略反馈和学习极为必要的几个要素是：

（1）创新战略的现状如何？是否有欠佳的表现？

（2）创新的环境发生了何种变化？

（3）组织的经营业务方面为应对这些变化而准备做什么？

（4）创新发展准备如何应对这些变化？

（5）创新发展所带来的费用、效益与风险如何？

（6）我们如何支持创新的发展？

第三节　专业技术人员构建创新战略的系统观

在世界经济进入网络化、全球化和知识化的发展阶段，强调对创新系统的管理，已成为组织的一项战略举措。在创新过程中，要求专业技术人员从新设想开始，经研究、发展到产品设计、试制、生产、营销等一系列活动中快速、高效地进行知识的创造、交流和应用，这就要求组织内部的职能部门之间、组织与用户、供应商、上下游组织、大学和研究机构，乃至国外的创新机构建立更为密切的战略性联系，还要加强与政府部门的合作，这就需要专业技术人员具有一定的创新系统观，需要对国家创新系统和组织创新系统的构成有所了解。

一、国家创新系统的特征

不同的学者常采用不同的国家创新体系定义。国际上较通用的定义是：国家创新体系是指由一个国家的公共和私有部门组成的组织和制度网络，其活动是为了创造、扩散和使用新的知识和技术，其中政府机构、组织、科研机构和高校是这一系统中最重要的要素。

国家创新系统的概念的产生与20世纪70年代以来世界上出现的几大变化相关。一是随着冷战的结束，竞争力取代军事对抗成为新一轮竞争力的焦点，各国的科学技术政策从关注"基础研究"向技术创新转移，传统的研究开发系统概念让位于创新体系的概念，政策从注重科技知识的创造转向知识的创造、扩散、转移和应用并重。即创新不仅是一个过程，而是一个系统。二是产业政策和创新政策成为推动一国经济发展的重要武器。英国著名学者费里曼研究日本时发现，日本在技术落后的情况下，以技术创新为主导，辅以组织创新和制度创新，只用了几十年的时间，便使国家的经济出现了强劲的发展势头，成为工业化大国，这说明国家政策在推动一国的技术创新中起着十分重要的作用。他认为，在人类历史上，技术领先国家从英国，到德国，美国，再到日本，这种追赶、跨越，不仅是技术创新的结果，而且还有许多制度、组织的创新，从而是一种国家创新体系演变的结果。

在知识经济时代，知识成为最重要的生产要素，OECD 等国际组织用国家创新体系来分析一个国家知识经济的运转效率。OECD 在 1997 年的《国家创新体系》报告中指出："创新是不同主体和机构间复杂的互相作用的结果。技术变革并不以一个完美的线性方式出现，而是这一系统内各要素之间的反馈、互相作用的结果。这一系统的核心是组织，是组织组织生产和创新、获取外部知识的方式。这种外部知识的主要来源是别的组织、公共或私有的研究部门，大学和中介部门。"因此，组织、科研机构和高校、中介机构是该创新体系中的主体。对中国而言，科技体制改革的深化，科技与经济更好地结合和中国跨越式发展都要求用国家创新体系的框架来重新思考中国组织的持续创新问题。

知识链接4-4 诺基亚的创新平台——国家创新系统

诺基亚是芬兰电子通信产业发展的"领头羊"。诺基亚具有强大的创新能力，固然与其正确的战略和及时把握机会以及在 R&D 上持续不断地增加投入有关，然而，国家的创新政策和创新系统对诺基亚的成功发展也起到了极为重要的作用。诺基亚是成功地运用多种创新系统提高自身能力的典范。

第一，诺基亚积极地创建自己的以技术开发为核心的创新系统，除建立 R&D 中心并不断增加投入外，还在很大程度上通过这一过程与外部进行联合 R&D 活动及兼并、收购有一定研发能力的公司或机构。据介绍，仅为诺基亚服务的大小合同公司就有400多家。诺基亚建立创新系统的实践不仅促进了为其服务的相关企业，而且也带动了一大批芬兰企业进行类似的仿效，因而为国家创新系统的建设作出了重要贡献。以诺基亚为代表的产业创新体系实际上是芬兰国家创新系统的重要组成部分。

第二，诺基亚非常善于利用国家创新系统、区域创新系统，甚至国际上的创新资源。诺基亚把利用外部人才和科研成果始终放在重要的战略位置，不断保持和强化与大学、研究所的合作伙伴关系。它十分重视加强与政府部门的联系，积极利用国家技术计划推进自身的研究目标。

诺基亚积极参与和利用欧盟的科技计划，与欧洲国家的大学、研究所建立密切的合作关系，同时还积极与外国公司在R&D、销售等活动方面建立战略联盟。近年来，诺基亚已在美国、中国等地建有R&D中心，利用网络和当地的创新系统和人力资源，不间断地实施第三代无线通信技术的研发工作。

第三，诺基亚利用国家高素质的人才群体，注重人的创新能力的开发，强调"科技以人为本"的理念。诺基亚的价值体系是：客户满意（Customer satisfaction）——一切行动的基础；尊重每一个人（Respect for the individual）——确信价值存在于每一个体之中；重视成果（Achievement）——具有为实现战略目标而努力工作的成就感；不断学习（Continuous learning）——创新与勇气的前提。这些使得诺基亚在经济上成功的同时，管理与文化方面也有新的突破。

二、组织创新系统的特征

组织创新系统的建立和完善，重点是保证组织创新系统内部信息和知识等的有效联结，其关键要素有组织领导、研究与发展体系、科学教育与技术培训、创新资金和组织体制。

1. 组织领导与企业家精神

一个组织的领导能否具有创新精神，至关重要，在创新中，常常有许多与科学新发展相关但不能确定的基本发明流，它们大半处在现有企业和市场结构之外，基本不受市场需求的影响，虽然可能受到潜在需求的影响；这时需要企业家意识到这些发明的未来潜能，准备冒发明和创新的风险，将其付诸实施。这种冒险行动是一般企业主管不敢采取的。

企业家或高层领导参与创新的主要责任在于：有热情地参与创新项目的选择及投资决策，为创新安排合适的人选，保证创新所需的资源供给顺利实现，在创新项目的"继续与终止"决策和创新开支决策中发挥重要作用。为使高层领导对创新的结果负责，应将他们的创新业绩考核作为总的业绩考核的一个部分。这一个驱动力与实现创新的销售指标的关系非常密切。这主要体现在：新产品业绩是高层领导个人业绩的一部分，进行常规性考核，他们的提升和奖励与新产品业绩挂钩。

注重创新的企业领导积极投身到寻找解决挑战问题的答案的行动中去。他们努力扩大自己的交际范围，努力寻找与企业目标相匹配的人，努力寻找领先技术的思考者和成功的管理者。动态竞争的现实对企业领导提出最基本的要求：建立一个清晰、令人兴奋的目标，确定竞争战略并保证其实施和采用，保证知识、人才和金融资源的融合，规划组织结构和过程以确保与目的、战略、资源、能力相协调，引导组织学习和变革。优秀的管理者懂得把技术性与专业性的工作放手交由他人去做，而自己则利用一切技巧以激励与提供各种搭配条件，如此才能发挥及提高管理效果。为了增强人们的创造力和创新意识，领导者需要把权力交给组织内的全体人员，以便他们精神上荣辱与共，从而努力创新并持续进步。

知识链接 4－5　企业家在创新中的作用

原东信公司总裁施继兴在技术创新方面的作用有：他本身是电信领域的高级工程师，国家有突出贡献的专家，所以对电信领域的创新和市场变化有独到和深刻的认识。

在企业的发展战略上，一贯坚持"人才先导，科技兴业"的方针，因此，在技术创新方面，他一方面敢于投入，另一方面敢于重用技术人才。从1987年以后进公司工作的博士生、硕士生、本科生、大专生现已担任公司中层领导工作岗位的，占东信公司干部总数的一半以上。

在企业的战略决策上，一贯坚持"超越自我，挑战极限"的精神，在机会面前敢于在科学分析的基础上风险决策。在1989年前后，当时东信公司还只有2000万元经营规模时，他提出要进军移动通信和程控交换两个领域时，在人、财、物的准备上冒了很大风险，表现出企业家的超凡胆识。

2. 研究与发展体系

研究与发展是技术创新的前提，一个组织要进行有效的创新，就必须具有合理的研究、试验发展的合理布局，以及组织内部与组织外部

（研究所、高校）研究与发展力量的协同。从事研究与开发的人员要接受加强市场意识的培训，并且与事业部的技术人员经常交流，这样，研究与开发人员在保持技术领先性的同时，与基层的创新保持必要的联系。为了保证公司研究与各分厂、事业部的技术和知识交流，还必须改变对公司研究中心的费用负担方式。例如，3M 公司研究中心的费用原来有 2/3 来自公司的拨款，其余来自与公司各事业部或外部客户的合同，而现在，75% 的资金都来自于这些合同，这样就既保证了公司与各事业部的技术和知识关联，又加强了基层创新机构对公司一级创新机构的费用监督。

3. 教育培训与人力资源

　　教育与培训的目的是为了提高和普及人们的知识水平，而知识是技术创新的前提；没有高素质的研究与发展人员，组织技术创新很难进行下去。在组织创新中，除了组织本身进行技术培训外，还应重视技术培训的外在化，即充分利用高等学校的优势来培训人才，并加以引进。

　　由于现代社会知识更新速度快，组织应该使用多种多样的培训和发展计划提高专业技术人员的水平，开发他们的潜能。培训和发展计划不仅能够补充和提高员工的专业技能，而且能够帮助他们发展相互沟通、配合的能力，从而为富有成效的团队协作创造基础。有时，培训是突破范式的最佳手段。范式是一种思想倾向，影响着员工的思维方式。学会新的思维方式的唯一途径便是抛弃旧的范式，并代之以更准确的范式。这就是培训所能起的作用。经过精心设计和恰当实施的培训计划，能够帮助组织改变其旧的思维方式而变得更具竞争力。组织的培训内容要能够真正发挥作用，首先要让组织的每个人都承诺参与培训计划，尤其是那些高层领导，并把培训和发展计划与组织的倡议、目标联系起来。同时，培训和发展应是强制性的和持续进行的。每一个人都必须接受，而且在越来越多的组织里，每年都规定了最低时数。例如，摩托罗拉公司的每名员工每年都必须接受至少 5 天与岗位工作相关的培训。为了保证培训和发展的工作有好的效果，就要确定和制定基本的测评措施，用来确定培训得到了多少收益，以及分析哪些领域还需要进行卓有成效的培训和发展。

4. 资金供应与管理

资金供给是保证创新成功的另一个重要因素，包括对研究与发展、工艺创新和技术改造以及技术创新所获得的财力支持。但在许多企业中资金都是一个瓶颈问题，许多企业制定了明确的战略目标和详尽的执行计划，但却不能提供足够的资金，这是许多创新项目业绩不好的原因之一。因此，保证足够的创新资金是非常重要的。

通过对美国企业的调查分析表明，不论哪个行业，凡是创新的投资率（研究与发展费用占销售收入百分比）不低于4%的企业，都有明显的高增长率；而投资率在3% ~ 4%之间的企业，其长期增长率80%的时间里不低于美国国民生产总值增长率的一半；而投资率低于2%的大企业的增长率则明显低于同期美国国民生产总值的增长率。最终的结果表明：那些在创新上投资率低于3%的企业只能维持现状。因而，企业要发展必须以一定的创新投资做保证。尽管如此，与其他投资不同，创新投资具有更多的不确定性和特殊性，它的投资收益不与投资量成正比或其他任何明确的比例关系，多花了一倍的投资一定就得到多一倍的产出（如利润、新产品）是不现实的，但是不进行创新又是不现实的。因此，既要能保证创新的顺利进行，又要能保证企业的年收入（或利润）不受影响，这就要求有一个合理的投资预算标准。通过对技术创新投资预算进行高标准定位，不仅投资预算易于制定，更重要的是使投资更具经济性，因此，必须根据行业的不同特性保证创新资金的充足性。

5. 组织体制

创新要最大限度地发挥出经济效益，还必须有相应的一整套制度创新同时进行。如生产制度、营销制度、科研制度、人力资源管理制度、产权体制改革、股份公司的设立等，其中有大部分是与创新实施配套进行的。因此，组织创新系统必须依托企业高层领导的企业家精神、完善的研究与发展体系和教育培训体系、资金和企业制度，全方位地支持创新活动的展开。

创新系统各要素在运转过程中，也可能产生某种不协调，并由于这种内部不协调而引起组织对外部环境的不适应，或创新系统内各因素间的互相不适应，而使创新系统的运转效率不高。为了改变这种状况，就需要对创新系统全部或局部进行改变。这种改变而导致的创新的刺激或需求来自组织创新系统内部，需要相应的组织管理、制度变革来平衡。例如技术创新需要跨越研究与发展、生产制造和营销部门，但是这些部门之间存在着虽薄如窗纸但却异常顽固的人为分工障碍，存在着无形的文化冲突，从而使创新的成功显得格外困难。对创新进行系统管理的目的就在于：提高创新过程中的信息和知识传递效率，减少体制和文化的冲突，加快创新过程；充分利用组织内外的创新要素，达到创新风险的共担与创新成本的相对降低，提高组织创新的经济性，并进一步刺激组织的创新行为。

三、专业技术人员创新战略系统观的构建

专业技术人员对国家创新系统的把握，应考虑：

（1）国家的自然资源，不同国家的资源禀赋对创新产品的选择有影响。

（2）国家的研究资源，组织如何考虑利用国家研究所和大学的研究资源、利用国家科技项目的溢出效应。

（3）国家的生产资源，国家的生产制造能力状况对组织战略选择有影响。

（4）国家的人才资源。

（5）国家的社会资本（合作、信用程度）。探究社会资本的建立与完善，对丰富创新的理论具有重要意义。而在实践上，组织之间以合伙、联盟和财团方式进行联系的趋势，为许多欠发达国家的经济振兴和增长作出了贡献。世界各地许多组织、产业和地区的成功，就在于与其他组织、实验室、大学和政府发展了卓有成效的合作关系，包括资源共享、人员专长共享、团队解决问题、多学习来源、合作开发及创新扩散等。研究表明：合作反而加强竞争，信息共享导致共同受益，这一结论对急

需开展创新的中国组织是极为重要的。

（6）国家的政策能力（政府对组织创新的职能是基础知识的提供、产业共性技术的提供、技术创新基础设施的提供）。从创新需要的知识看，它需要公共知识、产业共性知识和组织专有知识三者的协同作用。创新离不开基础研究，也离不开应用研究。没有基础研究，创新会成为无源之水。从而，一定的创新分工是合理的，即应该有一些机构专职于基础知识研究。世界上像激光、半导体等的发现都是基础科学研究的结果。但在市场经济体系下，由于基础研究的公共性，知识的外溢性、外部经济性，使得基础知识的提供常是单个组织所不愿涉及而又是社会收益大需政府出面加以组织、投资和扩散的工作。

专业技术人员应根据上述6大系统的特征来选择组织创新战略，并转化为部门和团队的具体战略和行动目标，具体需要关注以下方面：

（1）创新的内容：如何根据国家资源的特点，利用互补优势，寻求独特、核心的产品和技术。

（2）创新的途径：自主创新。自主创新一方面出于对独占竞争优势的需要，同时也是聚焦于核心能力建设，适应现有国家创新系统的重要举措。

（3）在创新系统上，应加大合作创新。在创新系统的运作上，要做好创新系统各要素的职能分工与集成。创新职能分工是指按照制造商、供应商和用户的不同，可对创新者进行分工；集成创新是创新成功的关键，集成能力是专业技术人员创新能力培养的重要内容。

思考题

1. 如何理解创新战略的内涵和类型？

2. 根据所在企业的实际，分析组织现有的创新战略的特点和类型。

3. 根据所在企业的实际，对组织现有的创新战略管理的现状进行剖析，提出建议。

4. 如何利用国家创新系统和企业创新系统来提高组织的创新能力？

5. 如何利用战略管理的思想来提升专业技术人员的创新能力？

案例分析 4——小研究所的"大科研观"

2007 年 2 月 27 日，在北京人民大会堂隆重举行的国家科学技术奖励大会上，编制不足 200 人的空军装备研究院某研究所有两项科研成果分别获得国家科技进步奖一等奖和二等奖。其中，一等奖项目"某空管系统论证与综合集成"，为空军获 2006 年度国家科技进步奖一等奖唯一奖项。国家大奖何以"花落小所"？这离不开小研究所的大科研观。

1. 紧盯前沿的战略眼光

在空军装备研究院某研究所举行的庆功表彰大会上，韩明辉政委号召全所官兵向获奖课题组学习，其中第一条就是要学习他们宽广的世界眼光和很强的战略思维能力。

翻开该所近年来的科研成果统计表，奖项之高、数量之多让人感叹不已，连续 5 年每年获得国家和军队科技进步奖 10 多项，每年都有军队科技进步一等奖以上 2~3 项，在同级研究所中一直名列前茅。这些获过大奖的课题组成员都有宽广的视野和很强的战略思维能力：从每一个重大科研项目一开始的预研、立项，到中间的刻苦攻关，一直到最后的研制成功，课题组成员自始至终都着眼全军、空军装备科研发展建设大局，紧盯世界相关技术前沿。获得国家科技进步一等奖的科研项目"某空管系统论证与综合集成"，更是充分体现了这种世界眼光和战略思维。在项目介绍书上有这样的评价："自主创新攻克多项关键技术，达到国内领先和国际先进水平，突破了空中交通管制系统在信息处理、流程处理、区域组网等方面的技术瓶颈，并研制出一批具有独立知识产权的核心装备，多项技术和装备填补国内空白，大大提高了我军相关装备的技术水平。"

2. 紧贴战备，提高选题立项

该所刚刚获得国家科技进步奖二等奖的科研项目是"某空防空管雷达系统工程"。在它的项目介绍书上有这样的评价："目前，系统已在陆、海、空军部队大量配备，使我军作战引导能力向前大大延伸，有效地提高了我军日常空情监视识别能力和信息的自动化水平，改善了空、海军雷达兵部队的整体结构，为我军雷达部队从'数量规模型'向'质量效能型'转变作出了重要贡献，具有重大的军事和经济效益。"不难看出，该"空防空管雷达系统工程"是一项紧贴战备、值班和训练需求而完成的科研项目。其实，不仅此次获奖项目如此，该所历年来获得大奖的所有科研项目也都如此。研制的装备配发部队后，都产生了巨大的军事效益，有效地提升了部队的战斗力。

3. 积聚"十年一剑"的能量

十年磨一剑。用这句话来概括该所获奖课题组成员吃苦耐劳、甘于寂寞的精神，一点也不过分。一等奖项目"某空管系统论证与综合集成"历时13年，二等奖项目"某空防空管雷达系统工程"历时12年，两个项目都经历了3任所长、4任政委的接力支持，凝聚了两个课题组几十名科研人员10多年的辛勤劳动和汗水，也饱含着航管、雷达专业几代人的才智和心血。曾获国家科技进步奖二等奖1项、军队科技进步奖一等奖2项，并刚刚在国家科学技术奖励大会上捧回一等奖证书的陈志杰副所长意味深长地说："搞科研，必须有'十年一剑'的精神，必须耐得住寂寞、守得住平凡，因为最终成果的得来需要一个长期积累和不断升华的过程。"

其实，只要翻一翻该所近年来的重大科研项目介绍书，就能发现一组类似的数据：5年、7年、8年、11年……不论是获过大奖的，还是没有获奖的，每一个项目都经历了一个炼狱般的长期积累的过程。机遇只青睐有准备的团队。该所大大小小几十个团队如此地密切协作、刻苦攻关、甘于寂寞、默默奉献，国家大奖"花落小所"难道不是偶然之中的必然吗？（改编自刘文韬，赵琼，王学健. 国家大奖"花落小所"科学时报. 2007. 3.）

讨论题

1. 结合案例，讨论战略视野在专业技术人员创新实践中的重要作用。

2. 探讨空军装备研究院某研究所创新能力提升方法对于专业技术人员创新能力提高具有哪些借鉴作用。

第五章　驱动创新的市场情结

本章要点

- 专业技术人员的市场情结
- 专业技术人员如何识别和获取市场需求
- 专业技术人员如何把握市场情结

导读案例 5——苹果电脑公司的市场创新

随着 iPod shuffle 全球热卖，苹果电脑预估 2005 年 iPod 总销售量将超过 2000 万台，比 2004 年增长接近 4 倍。而线上音乐下载 iTunes 单曲下载量从 2003 年 4 月开张以来，已经累计超过 3 亿首单曲音乐被下载，并以年增长率超过 5 倍速度增加。若从 MP3 播放机的角度来看，苹果电脑其实是后起之秀，因为早在苹果电脑 2001 年推出 5GB 的 iPod 之前，Diamond 多媒体公司便于 1998 年推出 MP3 播放机 Rio。若从线上音乐下载的角度，苹果更是落后将近 4 年，因为 1999 年 Napster 便利用 P2P 技术开启了线上音乐交换的风潮，并创下成立一年内即超过 4000 万人使用、网站流量平均每日达 50 万人次的记录。为何苹果电脑会在这场激烈的市场竞争中获得胜利呢？关键在于 iPod 公司开创了基于"虚实合一"的针对消费者设计与量身订做的市场创新模式。

iPod 公司成功地将硬媒体播放与线上音乐下载整合。一方面借由缜密的整合与沟通，让五大唱片公司接受 iPod 公司的建议，愿意授权苹果电脑在 iTunes 上以单曲收费方式，让消费者下载合法音乐；另一方面开发不同等级的 iPod 系列，例如 iPod mini 于 2004 年 2 月推出，iPod shuffle 于 2005 年 1 月推出，让使用者得以经由本身需求购买不同等级的 iPod 产品。也就是说，经由与唱片公司的双赢合作模式，打响了线上音乐下载的第一炮，顺利取代 Napster，成为网络音乐下载的龙头，并借由不同等级的 iPod 产品的推出，让苹果电脑稳稳占据 MP3 播放机领先地位。（改编自 http://cdnet. stpi. org. tw）

第一节　专业技术人员的市场情结

一、市场需求是创新成功的关键

传统观点认为，创新主要是由科学技术本身发展的要求所引起和推动的。然而许多研究表明，市场导向问题是创新成功的关键因素[①]。学者 J. Langrish 等调查了被授予英国女王技术创新奖的 84 个新项目，最终结论是，"对某种市场有清楚的认识"对创新成功很重要。学者 Freeman 和他的团队对 40 个创新成功与失败的项目进行了比较研究，他们发现成功与失败项目之间的差异之一可以归结为："成功的创新者对市场给予更多的关注，对用户需求有更好的理解。"由此可见，创新成功的特征之一可概括为"较早且富于想象地确定一个潜在市场，关注潜在市场，努力地去培养、帮助用户"[②]。

知识链接 5 –1　挖掘用户潜在需求的彩印流媒体电视

在当前电视同质化越来越高的情况下，海尔彩电率先抓住消费需求，创造性地推出了彩印流媒体电视。该产品可以接驳 U 盘、MP3、移动硬盘、数码相机卡等流动的或便携的数字媒体，并可以播放里面存储的图片、音乐和电影等各种文件，还可以连接网络打印机，实现了 3C 融合，

[①]　Roy Rothwell. Successful Industrial Innovation : 1999. Critical Factors for the 1990s. R &D Management . 1992.

[②]　陈伟. 创新管理 [M]. 北京：科学出版社，1996.

满足了消费者不断提升的消费需求。

在流媒体电视日益流行的同时，我们也应注意到彩电不仅在显示方式上进入变革期，在内容的演播方式上也在不断突破。事实上，彩电已不仅仅是一个独立的显示终端，随着数字化时代的到来，家庭成员会通过数码相机、数码摄像机、上网等自己获取内容，这就跟传统电视的线性播放节目产生了矛盾，而流媒体电视则撬开了制约内容自由播放的硬件瓶颈，顺应了3C融合的趋势。因此，消费者潜在需求的大门被打开了，海尔最终成为引领平板市场发展的主导品牌。

在推动创新过程中，许多创新构思来自对顾客的观察和聆听。专业技术人员可通过调查或集中座谈了解到顾客的需要和欲望；可通过分析顾客提问和投诉发现能更好地解决消费者问题的新产品；或者专业技术人员跟顾客见面听取建议。例如通用电器公司电视产品部门的设计工程师就是通过与最终消费者会谈的方式来得到新的家用电器产品构思的。专业技术人员可以从观察和聆听顾客的过程中学到许多东西。例如美国外科公司（United States Surgical Corporation）的绝大多数外科手术器械是在与外科医生的紧密合作中研制出来的。最近几年，美国外科公司的焦点已从经销单独外科器械转移到了提供一揽子产品和服务，旨在帮助各大医院实现成本效益的外科手术。公司的专业技术人员密切注意"总顾客"，即不仅包括外科医生，还包括物资管理、采购、财务以及医院其他部门的代理人，所开发的腹腔镜产品现在已占领了大约58%的一次性腹腔镜检查市场。

还有一些用户经常制造新产品自用，或对使用产品提出更多的改进建议，企业如果能找到这些产品并投放到市场中，便能获得利益。用户也是构思已有产品新用途的一个好来源，这些新用途能够扩展市场和延长产品生命周期。例如，一家多用途家常润油剂和溶剂制造商，每年都举办竞赛，以便从顾客那儿得到产品用途构思。

知识链接5-2　"显示"手套的奇迹

帕姆和菲尔是一对夫妇，帕姆自认为怀有不竭之才，认为天下没有办不到的事；而菲尔却是个看重技术、讲究实际的人，常能指出问题症结所在。帕姆是护士出身，她见到一些外科医生做手术时所戴手套会被针头刺穿，而医生并不知觉。于是她考虑要是有一种被刺穿时颜色变化的手套，一定会有市场价值，而菲尔却担心任何一种颜料的释放都可能危及手术中的病人。

他们买来各种乳胶制品，包括洗餐具的手套、橡皮圈和各种气球。帕姆用气球试验。她注意到把绿色气球置于白色气球内吹气时，在两个气球间水汽凝结处会显示出清晰的绿色。她把这种现象演示给菲尔看。菲尔思考良久后说：手术医生可用一种双层手套，内层为绿色，外层为乳白色。如手术中手套外层被刺穿，毛细作用会在两层间凝结水汽，水汽使乳白色外层呈现透明状，从而显露出绿色色块。制造商根据这对夫妇的设想向市场推出的"显示"手术手套，很快行销全球。

综上所述，现有的对创新活动的激励和组织方式开始关注外部创新源，即市场和用户的需求。一项新技术、新产品达到经济上可行，很重要的一点在于使新技术、新产品在经济上超过现有技术，这就要努力提高产品的性能、效用和降低生产成本，使用户在采用新技术代替原有技术时能获得实际的效益。因此，从客观来看，创新来源于社会需要、市场需要的拉动和科学技术发展本身的推动。能够平衡科技和市场知识的人才，是善于创新的人才，也是一个国家和企业应刻意寻求和培养的。因此，具有创新能力的专业技术人员必须有较强的市场洞察力，超前把握市场与用户的潜在需求，这是创新成功的关键。

二、阻碍获取市场需求的三大因素

创新能否成功与能否正确判断和识别用户的潜在需求密切相关。没有社会需求的新技术是没有生命力的，因此，创新之前要系统地研究原有技术的状况，调查与研究市场需求与用户需要。对潜在的需求的估计，对各种创新方案进行决策，需要具有特有的判别能力。专业技术人员在创新过程中如果缺乏对市场的洞察、判断和把握的能力，则会阻碍创新的有序发展。

1. 缺乏对用户真正需求的把握

新产品或新服务得不到用户的认可，很多情况是专业技术人员未考虑用户的真正需求。例如中国移动开发语音信箱业务时，考虑到国外此项业务发展得不错，而且加载录音设备也比较方便，所以推出了此项业务，但是却没有考虑中国用户的使用习惯，由于大多数中国用户都不习惯与机器对话，对语音信箱业务反应冷淡，导致业务以失败告终。无独有偶，当年固网运营商看到短信发展极其火爆，认为固网短信也应该上，但是却忽略了手机的随身性和私密性是移动短信吸引用户的核心，固网短信是无法满足的，结果用户对此业务反应一般也就不足为奇了。由此可见，仅从专业技术人员自身的技术能力和业务特点进行创新，那只能是"闭门造车"，只有针对市场的需求和用户的消费习惯才是保证创新成功的首要条件。

2. 对用户的认知与自身行动产生了偏差

有些专业技术人员已经认识到用户的重要性，却仍无法体现到行动上，对用户的认知与自身行动之间产生了偏差。美国学者夏彼洛近年来对一些欧洲的公司进行了调查，要求这些公司诸多利益相关者按照各自的重要程度进行排序，用户总是名列榜首，因为用户是唯一直接带来收入的利益相关者，这表明大部分公司认为它们自己是以用户为中心，行事优先考虑用户，并把他们摆在注意范围的中心位置。但大部分公司是如何做的呢？一般使用用户满意度调查问卷、用户认知和数据仓库工具等，试图去了解它们的用户。尽管这些做法能起到作用，但是并不能完全解决问题，因为没有把用户融入产品或服务开发中，至少它们在心理上形成了我们和用户之间的对立。

3. 存在对用户作为创新源的潜在偏见

专业技术人员在创新相关活动的设计中都不可避免地表现出对创新源某种强烈的潜意识的偏见。当制造商或服务提供商是创新者时，这种偏见常存在于产品制造商或服务提供商与用户所建立的关系中。尽管制造商或服务提供商非常关注这种关系，他们正确地看到，"与顾客更接近"是创新成功的关键，但组织中对创新的阻力依然存在。

　　先看一下产品制造商或服务提供商与其客户的联系场景：即现场维修服务。该部门的职责是到客户那里维修制造商售出的产品，他们带着维修公司标准产品所需的零件、维修手册和设备。对维修人员工作业绩考评主要看他们在顾客那里所花时间等尺度，这又转而依赖他们对有效地完成维修任务所花时间的估计。如果在维修过程中，一个现场维修工人碰巧遇到了一个被用户改进过的产品，他也许会有反感的反应，即使这一改进是明显有用的。其理由是，他也许因此不能马上修好这台改进过的产品，或者是他不能用带来的标准零件修好它。这里描述的情形产生了一个现场服务中制造商或服务提供商是创新者的系统偏见，这一偏见不是建立该系统的经理所看得到或能意识到的结果。

　　另一个是与客户有重要联系的销售部门。工业产品的销售人员要在顾客那里花很多时间，从而在获取用户对有市场前景的新产品的需求、思想、样品解决方法等信息方面，他们处于"近水楼台先得月"的有利位置。但典型的销售部门并不雇佣受过这方面训练的人，相关的薪金和激励规划仍依现有产品的销售额而定。其结果是，销售人员没有动力去学习那些具有潜在商业价值的用户开发。相反，他们倒有动力避开与用户们交谈用户开发的产品，而转向这一话题："我怎样才能把我们的现有产品卖给你们？"

　　产品制造商的营销研究部门也是与用户的新产品需求联系的重要部门。但营销研究部门也带有制造商是创新者的偏见。传统上，这一部门的任务是收集和分析用户需求的数据。在这样一种基本规则下，人们更积极于从用户那里需求数据，而非把用户当作寻找可能的新产品解决方法的来源。即使用户的创新信息已经进入组织，阻碍人们获取用户解决方法资料的组织障碍并不必然消失。例如，专业技术人员会以一种怀疑的眼光看待这些信息。考虑到现有的激励模式和人员配置方式，这种反应是相当自然的。研发部门经常录用一些专门开发新产品和工艺的人，其报酬也为此而定，这样就有意无意地产生了一种倾向：不愿意采纳来自外部的思想和样本。

第二节　专业技术人员如何识别和获取市场需求

成功的创新项目必须基于清楚地理解用户的需求。用户联系和用户价值的早期定义是区分高绩效公司和低绩效公司的关键因素。用户需求的表述包括目标用户研究、用户指导小组、关键用户采访和竞争产品分析。这些结果必须清楚地概括并在创新项目开始前获取，并随时根据市场环境做出动态的调整。为了正确地评价创新项目潜在的成功和失败，要求理解可能的市场和环境。这些理解主要包括以下几方面：潜在的市场规模和增长速度；用户需求的变化趋势；可能的价格；可能的新产品特征和性质；预期可获取的市场份额；竞争性的产品和服务的提供；当前和将来的市场价格；当前的市场份额；可能的新产品引进和时间。这里介绍一些开展定性市场研究、用户需求研究和市场细分研究的方法。

一、如何识别市场需求

1. 采用定性方法识别市场需求

定性市场研究是指使用一种结构化的方法从当前的和潜在的用户样本中收集资料并利用这些资料在更大的样本中归纳出结果。它主要包含：正式的调查表、控制性的采访环境、结果的制表和统计测试等内容。通常需要考虑以下一些问题（见表 5－1）。

表 5－1　开展定性市场研究需要考虑的问题

1. 当前的市场有多大？购买量有多大？	2. 谁是我们的用户，谁是竞争对手的用户？
3. 谁是非购买者？	4. 存在何种细分市场，它们的动机是什么？
5. 品牌或公司的意识是什么？	6. 产品形象是什么？
7. 怎样满足用户的要求？	8. 什么因素影响用户的满意度？
9. 潜在的购买者对公司的新产品的概念、包装等有何反应？	

定性市场研究要选择调查样本大小，表 5-2 给出了各种研究通常使用的样本大小。定性市场研究按其资料收集的方法可分为：邮件、电话和个人访谈。它们的特点如表 5-3 示。

表 5-2　在不同类型的市场研究中使用的典型的样本大小

研究类型	样本大小最少值	典型的大小（范围）
市场研究	500	1000～1500
战略研究	200	400～500
市场渗透力测试研究	200	300～500
概念/产品测试	200	200～300/cell
名称测试	100/名称变量	200～300/cell
包装测试	100/包装变量	200～300/cell
电视、电台商业广告测试	150/商业广告	200～300/商业广告
印刷广告测试	150/广告	200～300/商业广告

表 5-3　定性市场研究不同调查方法的比较

方法＼作用	邮件	电话	个人访谈（家庭或办公室）	个人访谈（非家庭或办公室）
激励作用	推荐	一般不必要	推荐	推荐
每次采访的成本	低	取决于采访的人数	高	中等
使用视觉的和物质的原形的能力	仅仅视觉	不可能	是	是
可能的复杂性	几乎没有跳读的模式，存在许多问题类型	有复杂跳读的模式，不存在许多问题类型	可能存在复杂跳读的模式和问题类型	可能存在复杂跳读的模式和问题类型
意识、可修订的问题和调查	不可能	可能	可能	可能
响应的速度	慢	快	中等	中等
安全性	低	高	中等	高
时间跨度	长期调查可能	中长期	长期调查可能	长期调查可能
对应答者的可控性	低	高	高	高
对采访主题的控制	低	高	中等	高

在定性市场研究中，遵循以下原则是很有帮助的：

（1）无论何时，避免询问直接的重要问题。

（2）他们是应答者，因此由他们回答问题。

（3）避免使用专业术语。

（4）计算应答率。

（5）避免要求用户对产品好恶之处进行排序。

（6）建立一个数据库。

（7）不使用令人误解的精确度。

（8）所有的调查问卷，包括用户的调查问卷都不是相当完善的。

（9）尽可能使用激励手段。

2. 采用市场细分方法识别市场需求

市场细分使公司明确自己的目标市场，从而使研发项目更有针对性。明确细分市场对公司和用户都是有利的。在细分市场研究中，应当考虑4个关键因素。第一个因素是新产品是否与公司的整个使命相匹配？另外3个因素分别是业务协同、市场吸引力、用户需求。业务协同这个因素主要考察公司是否能成功地利用机会。它是一个组合因素，由以下问题的答案组成（表5－4）。

表5－4　考察业务协同因素的问题

1. 如果市场对公司来说是一个新市场，公司必须学会一项新业务吗？	2. 在这个市场，公司能够通过建造技术优势来获取产品优势吗？公司必须获得和学会新技术吗？
3. 这个市场是否与公司的制造实力和设备相匹配？为了进入新市场，需要新的资本投资吗？	4. 是否有营销协同？公司能利用它现有的销售能力和贸易关系吗？是否必须开发新的销售渠道？

市场吸引力也是一个组合因素，由下列问题的答案组成（表5－5）

表 5 - 5　考察市场吸引力因素的问题

1. 市场足够大吗？	2. 在过去的几年里，市场一直在成长吗？
3. 市场是否有许多竞争对手？	4. 竞争对手是谁？
5. 有一个主导的竞争对手吗？	6. 领先竞争对手的价格是多少？
7. 它们的成本结构如何？	8. 它们的销售和广告如何？
9. 过去它们对竞争对手的反应如何？	10. 它们的技术是什么？

　　用户需求是一个关键因素。它是指从用户立场寻找市场机会，关键问题是：是否我们识别了将激发足够的用户兴趣并产生可接受的投资回报率的销售额？识别新产品构想的能力几乎主要来自对用户需求、欲望和偏爱的深刻理解。不要指望用户告诉你怎样解决他们的问题。许多市场研究技术可用来理解用户，要解决的主要问题如表 5 -6 所示。

表 5 -6　考察用户需求因素的问题

1. 用户需求和需求层次如何？	2. 用户的习惯和实践如何？
3. 用户如何感知产品？	4. 用户对产品的依赖性或情感因素如何？

　　市场细分的维度有很多，例如按地理细分、按业务规模和增长速度细分、按产品提供的利益细分等。市场细分是一个复杂的连续过程，它是公司取得较高创新项目成功率的关键。随着产品生命周期的不同，市场细分可以有不同的结果。根据产品生命周期 S 曲线（如图 5 -1 所示）上的位置，可以知道用户的需求是硬需求还是软需求。所谓硬需求是用户对产品功能的满足，而软需求是对用户对分销渠道、服务和关系的满足。

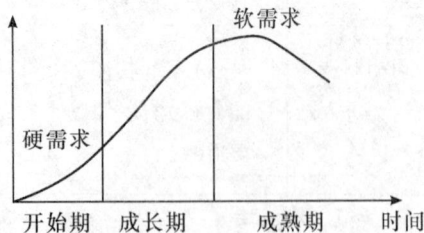

图 5 -1　产品生命周期曲线与市场细分

需求是创新之母，因此，市场和用户需求分析是创新能力培养的重要环节。对市场和用户需求判断正确了，创新项目所产生或影响的产品才可能存在于目标市场中，使企业通过从研发到商业化的过程来赢得市场竞争力。

二、如何获取市场需求

不能为人们解决问题的产品与服务，或者成本不具备竞争性的产品与服务必定会失败。最成功的创新项目是充分理解用户的问题并以竞争性成本解决这些问题。成功是通过两条道路获取的：第一条道路是公司首先完全理解用户复杂的需求，这些需求是围绕用户希望解决的问题，由公司通过开发一种产品和服务解决这些问题；第二条道路是公司开发具有新的功能和特征的产品，通过引导用户的潜在需求来获取市场竞争优势。

1. 围绕用户需要解决的问题开展创新

显然，用户不能直接地、明白无误地告诉公司该进行哪些研发项目，用户也不能提供任何他们本人不熟悉或没有经历过的可靠的信息。确切地说，用户不熟悉公司可能正想开发的新产品，因此，当要求他们对公司研发项目概念作出反应时，他们不能提供可靠的信息。但是，对用户熟悉的或亲身经历过的事情，用户能够提供可靠的信息，他们能够提出他们的问题和需求。获取用户对一个产品的全面的需求信息的唯一方法是理解大量的用户中的每一个提供了一些需求信息的人。

只有那些详细地了解一个产品是怎样影响他们的工作和生活的人，才能够为公司提供需求信息。只有那些使用产品的人，才能够为公司详细地提供产品能够解决的问题和不能解决的问题。因为在企业对企业的市场，绝大多数产品影响多种用户群，所以很难收集详细的信息，因为没有人能提供他们没有经历过的事情的精确信息，因此，要获取关于产品功能的详细问题的完整信息，必须调查几个不同的用户群。

知识链接5－3　摩托罗拉对手机用户群的细分

为了对手机市场有进一步深入的了解，MOTOROLA 公司投入巨额市场调查研究费用对手机市场进行研究，结果发现目前的手机市场有4种非常明显的用户群：

●个人交往型。用户主要要求价格优惠，产品实用，能满足基本的移动电话功能即可。

●时间管理型。用户主要是商务办公人士，功能要求较高，价格比低档机略高。

●形象追求型。用户认为手机代表个人形象，对手机的形象要求高，对价格敏感度较低。

●科技潮流型。用户最关心的是手机的科技含量和最新功能的使用体验。

第一类和第二类顾客的要求显然比较容易满足，而第三、第四类顾客的要求得到满足的难度是很高的，因此，MOTOROLA 公司对这两类顾客的需求进行了更深入的研究，并细化了新产品的设计和功能特性，研发出适合此类消费者的新型手机，并成为移动电话市场最为成功的高档机型，在中国市场份额最高曾达到了15%。

公司在将市场需求转化为开发需求时，可采用质量功能配置展开（QFD）作为有效工具。质量功能展开（QFD）主要被用于识别产品改进的机会及提高产品的卓异性。质量功能展开的核心内容是需求转换，质量屋（House Of Quality，HOQ）是一种直观的矩阵框架表达方式，它提供了在产品开发中具体实现这种需求转换的工具。质量屋（HOQ）将用户需求转换成技术需求，是质量功能展开方法的工具。企业可以用质量屋（HOQ）将用户的需求特性进行"配置"，从而将用户需求转化为能够为专业技术人员所理解的语言（图5－2）。

从图5－2中，我们可以看出，要建立这样的一个关联矩阵，需要进行大量的技术和市场研究准备工作。企业必须收集大量的市场和用户数据，最终在成本、质量和性能之间寻求最适当的平衡。质量屋的使用需要经历以下步骤：

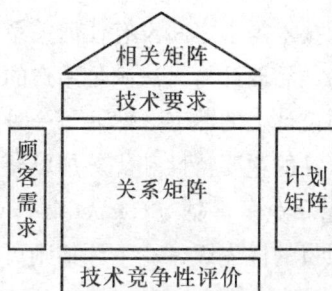

图 5 - 2 质量功能展开（QFD）矩阵①

（1）识别用户需求，区分主要需求和次要需求以及需求间的主要差异。主要分为 3W（Who、What、How），首先是 Who，决定你的用户是谁（Who），用户可以依其年龄、性别、职业……等细分下去；第二个是 What，分析用户想要的是什么（What），我们可以采用面谈、问卷、市场调查等方法，来掌握用户的真正需求；第三个是 How，要如何达成用户的需求（How），通常用户的需求都是用比较口语化的方式来表示，如好用、舒服等，而非公司内部技术的用语，设计者通常必须将这些用户口语化的需求项目加以展开，变成更明确的项目。例如，去宵夜街购买一杯西瓜汁，用户的需求项目可能是"好喝"，至于这项特性，事实上可以再展开为西瓜汁要够冰凉、西瓜汁味道不可以太淡、甜度要适中等。获得客户需求后，再依其实际需求设计产品规格。

（2）根据需求重要性排序，将需求转化为可测特性。对各种获取的用户需求的重要性进行排序，并尽量用可量测的用语来表示，以方便将需求与产品特性建立联系，有利于与目标值做比较。

（3）将用户的需求转换成技术需求，并对该种联系的强度进行评估。技术需求也可以分类，并以阶层化的方式排列。用户需求和技术需求之间可以用定量或定性的方式来表示其间的关系。每项用户需求必须

① 熊伟. 质量功能展开 [M]. 北京：化学工业出版社，2005，3.

至少有一项与技术需求是有强烈的关系，否则表示技术需求并未列举完整。但如果用户需求和技术需求之间没有任何关系，或者大部分的关系都很弱，就表示目前的产品设计将无法满足用户的需求。除此之外，关系矩阵也可以指出产品设计上的冲突。然而每一种产品也势必会有竞争者，因此，必须针对产品的主要特性和优势加以分析，也就是针对用户需求项目做重要性评比和竞争评估（competitive evaluation），藉由重要性评比可以知道改善项目的优先级，竞争评估则可以了解用户对产品的看法和竞争优势。

（4）在用户需求和高标定位的基础上，确定合适的目标价值。进行技术评估，包括产品和制造过程中的技术可靠度和安全性的考虑，以及成本、数量和利润的评估，确立合适的目标值，为设计、生产及营销提供指导。

质量功能展开分为4个阶段，即产品规划、零件配置、工艺计划及生产计划阶段（见图5-3）。产品规划是指设计师主要依据用户的需求，设计出实际的产品生产，以提供市场、客户的需求；零件配置是将设计出的产品，依其各项的设计要求规划出实际生产时所需要的零组件；

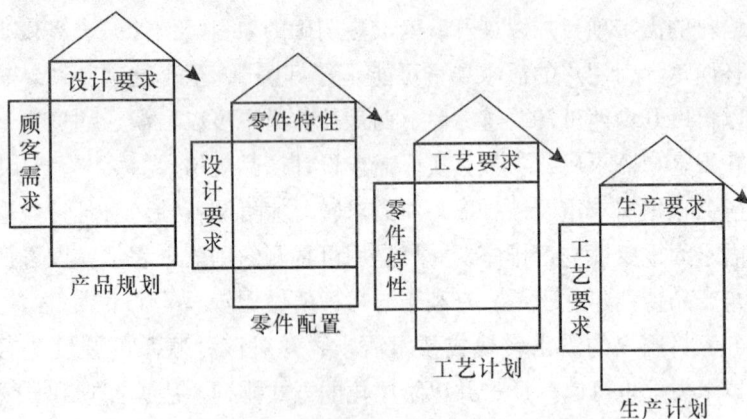

图5-3 质量功能展的4个阶段①

---

① 熊伟. 质量机能展开 [M]. 北京：化学工业出版社，2005，3.

工艺计划是指将各零组件的制造，依照目前公司所拥有的生产能力进行有效的规划，以避免公司的实际产能负载产生不足的现象；生产计划是依各零组件的制造程序，计划出生产的程序，使得实际生产运作时，整个制造流程可以进行得很顺畅，而避免工件闲置的情形。由此可见，质量功能展开（QFD）的实施需要研发部门和营销部门的通力合作才能获得大量的技术和市场数据。通过建立关联矩阵的过程为开发人员和市场人员提供了一个总体性沟通框架，而这在某种程度上和具体产出一样重要。

2. 通过引导用户的潜在需求来获取创新优势

有时潜在用户的需求无法被清晰表达出来。为解决此问题，可以将用户需求分为 3 种："必要需求"、"单维需求"及"取悦需求"。必要需求是指用户对产品和服务的基本需求，这些需求通常是用户购买某种产品之前的首要考虑因素。例如，高级行政人员乘坐轿车通常相对宽敞、昂贵。单维需求是指竞争者产品之间相互区别的最重要的特性。例如，上例汽车的加速和刹车性能。最后，取悦需求是指一些细微的差异之处。虽然潜在的用户并未清楚地表达这些需求，但企业的产品如果考虑到了这些差异则有可能取悦目标用户。在上例中，汽车所配备的超声辅助泊车装置、超敏雨刷等小装置就属于取悦需求。这些需求很难通过市场调查的方式得到，因为用户无法清晰地表达该种需求。然而间接的调查方法可以帮助开发者识别这种隐伏需求。

知识链接 5－4　诺基亚的应用实验室

NOKIA 全年在手机研发的投入达到了 10 亿美元，而在应用实验室的投入有近 3000 万美元。感兴趣的用户可向 NOKIA 公司提出申请，NOKIA 将提供免费或低成本的研究开发帮助，如用户开发的新产品具有非常大的商业价值，将对用户进行巨额的奖励，以激励新的创新用户的加入。

NOKIA5110 手机在 1997 年和 1998 年初风靡全球，但从 1998 年 6 月起，由于竞争对手新品的不断推出，5110 面临很大的市场压力，因此推出新品代替 5110 的地位非常重要，3210 的开发正是在这样的背景下进行的。3210 手机的推出包含了移动电话的两个创新：内置天线和可换彩壳，这两个创新概念的提出均是在应用实验室完成的。NOKIA 公司对这两个概念进行了市场测试，发现这两个概念在普通用户中非常受欢迎，于是 NOKIA 公司迅速进行这两个概念的商业化。3210 推出后，在全球单机占有率最高时达到了 10%，创下了单机占有率最高的记录。

专业技术人员在详细地理解用户的需求时，可以运用 3 种方法。这 3 种方法是：成为你自己和竞争对手的产品和服务的用户；仔细观察用户，寄居在用户家中；与用户交谈，获取必要的需求信息。不同的方法产生不同的信息，没有一种方法能够获得充分理解用户和潜在用户需求的全部信息。不管使用哪一种方法去收集用户需求信息，研发项目小组与用户之间相互影响，因此会产生一些风险。通过仔细地构建和规划研发项目小组和用户之间的互动作用，研发项目战略能够朝着更正确的方向发展。与用户交流沟通的最基本原则是公司相关人员要全身心投入到相互交流中去。如果用户看到有利可图，他们将最愿意与公司人员交流。在交流中，当用户对公司的产品发泄不满情绪时，公司人员要倾听他们的谈话内容，并尽力弄清困扰用户的原因。

用户需求是创新项目需要解决的问题和它执行的功能。创新项目在产品特征上的表征描述了人们的问题的答案，产品特征也表述了产品的功能。用户的普遍问题通常是和整个产品功能有关的问题。用户也有具体的需求，这些需求也是一个成功的创新项目必须解决的。用户的问题通常是非常复杂的，不同的需求经常是相互冲突的。没有一个产品是十全十美的。每一个产品仅仅是一个妥协，仅仅部分地表达了用户复杂的需求。理解产品特征导致今天的主导产品，理解需求导致明天的主导产品。

三、关注外部创新源的新趋势

进入 21 世纪后，专业技术人员在创新过程中开始广泛关注组织与外部创新源包括组织与用户之间进行的创新活动，出现了交互式创新、合作创新、协同创新、开放式创新和全面创新等新的创新管理理论和模式，对培养专业技术人员的市场情结具有十分重要的指导意义。

1. 交互式创新

按照广义的创新定义，制造业创新的基本类型有技术创新、组织创新、市场创新、管理创新、制度创新，其中技术创新是制造业创新的主要形式。服务业创新分类大致可以概括成以下几个基本类型：产品创新、过程创新、组织创新、市场创新、技术创新、传递创新、专门化创新和形式化创新。技术创新中新产品开发和服务创新中的传递创新和专门化创新是与用户参与的创新联系紧密的。传递创新指传递系统或整个传递媒介中的创新，包括企业与用户交互作用界面的变化，充分反映出创新过程中顾客参与和交互作用的特性。专门化创新是针对某一顾客的特定问题在交互作用的社会化过程中构建并提出解决方法的创新模式，这种创新模式在知识密集型商业服务中广泛存在并相当重要，如咨询业最主要的创新模式就是专门化创新。专门化创新在"顾客—服务提供者"界面上被生产出来，由顾客和服务提供者两者共同完成，其创新的实际效果不仅依赖于企业本身的知识和能力，还取决于交互界面中客户组织的专业知识和能力。专门化创新是一种非计划性的创新，它不像其他创新在开始之前就能进行某种计划和安排，而是一种进行中的创新。此外，专门化创新中的"顾客—服务提供者"界面的存在有助于限制这种创新的可复制性，在一定程度上起到了保护创新的作用①。

2. 合作创新

合作创新是指由多个企业（在很多情况下也吸收部分研究机构和大学加入）形成的技术合作契约关系，由多个企业共同投入资源，参与到一个创新过程中，然后基于共同的创新成果，再进行后续的差异化创

---

① 贾丽娜. 基于用户参与的企业交互式创新项目绩效影响因素研究［D］. 浙江大学, 2007. 6.

新，是一种反复交易行为。提升企业间合作创新必不可少的因素是与客户、供应商及外部组织的合作能力。由此可见，用户参与的交互式创新其实就是企业与其用户企业之间的合作创新，只是这种创新的主体是供应链上的纵向企业或企业与其消费者，两者间由于互动联系更加密切，对参与创新的主体要求更高。许多创新实践表明合作创新能够节约合作各方的交易成本，降低成本，分散技术创新风险，将科技成果的外部效应内部化，能够弥补企业创新资源的不足。因此，依靠合作创新能够迅速提升我国企业赖以生存和发展的创新能力。

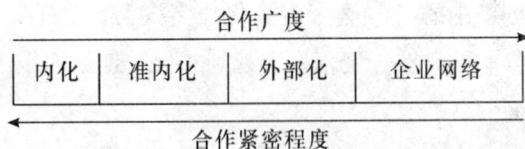

按合作创新的紧密程度一般可以分为内部化合作创新、外部化合作创新和准内部化合作创新（图5-4）。外部化合作创新主要指企业及各创新要素主体围绕技术等合作创新的标的物，采用非组织形式（主要是市场契约形式）进行的合作创新，包括技术合作、技术咨询、技术服务等。外部化合作创新的特点是合作创新的各要素主体不丧失各自的法律地位，但对企业的合作能力要求高，需要企业具有与合作伙伴建立信任关系、有效沟通和协调的能力。

许多创新实践表明合作创新能够节约合作各方的交易成本，降低成本，分散技术创新风险，将科技成果的外部效应内部化，能够弥补企业创新资源的不足。因此，依靠合作创新能够迅速提升我国企业赖以生存和发展的创新能力。

合作广度

内化	准内化	外部化	企业网络

合作紧密程度

图5-4 各种合作形式的紧密程度①

---

① 贾丽娜. 基于用户参与的企业交互式创新项目绩效影响因素研究［D］. 浙江大学. 2007. 6.

3. 协同创新

协同创新是指创新过程模式从单向线型向多元交叉符合模式的转变，即创新过程中各类创新资源、各环节、各行为主体协同并行为集成创新的实现，表现为企业内部及内外创新资源的重组耦合①。传统创新都强调系统架构所描述的关系，协同创新则既强调系统整体又强调系统要素，强调系统内部要素间的互动、要素和系统间的互动以及环境中系统与系统间的互动。协同创新理论同时关注创新的要素和系统整体，既见树木又见森林，其根本逻辑是："创新要素—组织—内环境—外环境—创新整体"。

协同创新与合作创新的主要区别在于，合作创新效应强调的是要素的价值增加，而协同创新效应强调的不单单是要素的价值增加，而且还有整体价值的增加和创造。因此，企业创新协同机制强调的是面向市场和用户需求的创新，创新过程中需要有效系统产品创新、工作创新、组织创新和文化创新等要素，关注创新内部机制和规律，形成协同的机制和管理模式，其模型见图5-5。

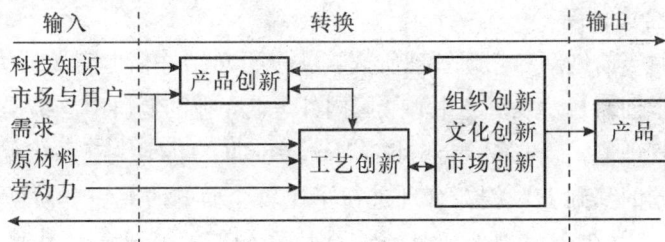

图5-5　创新协同机制的运行

4. 开放式创新

Chesbrough（2003）首先提出开放式创新的概念，他认为开放式创新意味着，有价值的创意可以从公司的外部和内部同时获得，其商业化

---

① 彭纪生. 中国技术协同创新论 [M]. 北京：中国经济出版社，2000.

路径可以从公司内部进行，也可以从公司外部进行①。企业的创新活动不仅仅局限在企业内部，外部创新源也可为企业创新带来有价值的创意，研究和开发都是开放的系统。开放式创新意味着好的技术解决方案可以从企业外部也可以从企业内部获取，开放式创新策略对来自内部和外部的创新理念同等对待，以期取得以最小的成本、最短的时间将创新呈献在消费者而前。目前国际许多大企业正在实施自主创新战略，引入开放式创新，整合创新资源成了抢占市场机会的一个关键。

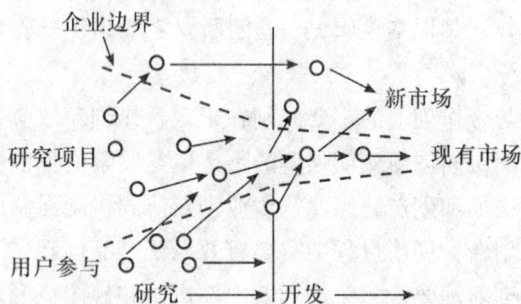

图 5－6 开放式创新的模型

5. 全面创新

在对当前创新和创新管理研究现状进行总结并借鉴有关研究之后，浙江大学创新与发展研究中心从国内外著名企业的调研中总结提出了全面创新管理范式（Total Innovation Management：TIM ），在系统观和要素创新协同的基础上对创新管理进行了比较全面的研究。全面创新管理（TIM）建立在全面创新要素系统性协同创新的基础上，其基本特征（见图5－7）②包括要素特征和时空特征两个重点。要素特征体现在：技术创新是关键、战略创新是方向、市场创新是途径、组织创新是保障、观念与文化创新是先导、制度创新是动力、协同创新是手段7个方

---

① Henry Chesbrough. Open Innovation ：The New Imperative for Creating and Profiting from Technology ［D］. Harvard Business School Press，2003.

② 许庆瑞，郑刚，喻子达等. 全面创新管理：21 世纪创新管理的新趋势 ［J］. 科研管理，2003. 5：1～5.

向。时空特征体现在：全时、全流程、全球化和全价值链创新4个方面。同时 TIM 还在创新主体上主张全员创新，鼓励用户参与创新。全面创新（TIM）特别强调了两层含义：一是涉及企业各创新要素的全面创新，二是各创新要素间的有机协同。

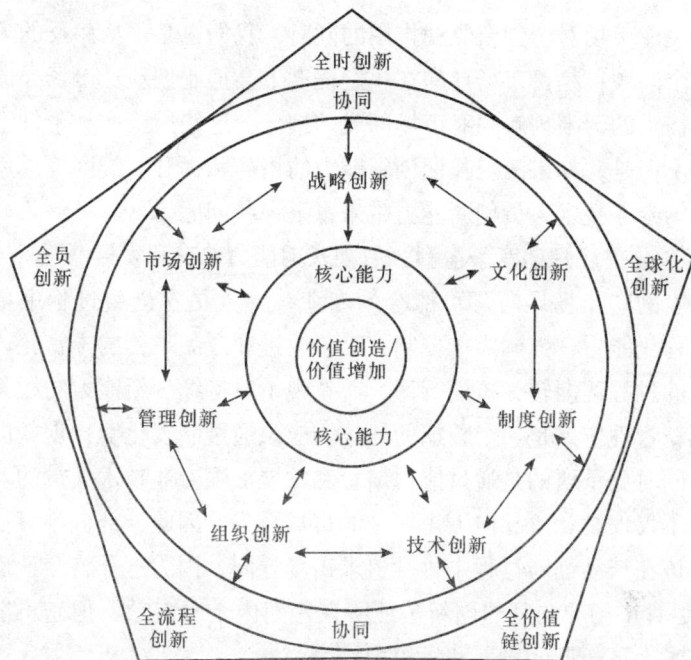

图 5-7　全面创新的模型

随着创新管理理论和实践的发展，专业技术人员对市场在创新活动中所扮演的角色有了更为深入的理解。创新项目的战略规划必须分析各种投入、构想、规划和资源要求，其中用户需求的表述和市场状况的反应是项目实施的前端。因此，专业技术人员掌握一些识别市场和用户需求的理念和技巧，对于提升创新能力、有效开发创新项目具有举足轻重的作用。

第三节　专业技术人员如何把握市场情结

一、过度关注市场需求的误区

在关注市场对于创新驱动作用的同时，我们也必须从相反的角度来思考一个问题：是否市场导向在一定程度上会抑制创新？市场导向强调对用户需求的清晰理解和对市场的成功细分，这些措施有利于创新项目的成功。但是，如果忽视长期创新能力的培养和提升，过度追求市场导向则会给专业技术人员创新能力带来以下一些问题。

1. 过分关注短期竞争盈利，忽视长期能力培育和发展

过度的"市场导向"可能会使专业技术人员在创新过程中更多地关注工程化能力，强调成本控制、工艺改进和产品平台的丰富化，新产品开发的过程逐渐转为短期行为，而忽视了对持续创新能力的积累和提高。创新管理应该是一个长期的任务，应该通过制度化确保创新的协同效应，同时更重要的是通过能力培育和发展加强专业技术人员的竞争能力，而不仅仅是竞争导向下短期性的市场行为。因此，部分学者认为组织不应该在产品创新过程中过度追求市场导向，因为这样将会造成其短视[①]。尽管市场导向型的创新被证明在短期内十分有效，但它不能维持专业技术人员长期的发展和竞争力培育。

2. 过分关注价值增加，忽视价值创造

专业技术人员在过度追求市场导向过程中，会将精力主要放在对顾客可以清晰表达的当前需求的关注[②]，满足于对产品的微小变革和改善，因此很有可能错过了开发那些顾客不能表述的新产品的良好机会。市场导向越高的高新技术企业，其所开发的新产品的新颖度越低。因为

---

①　Atuahene – GimaW, Haiyang L i. Marketing's influence tactics in new product development: a study of high technology firms in China［J］. Journal of Product Innovation Management, 2000, (17): 451~470.

②　Christensen. The Innovators' Dilemma［M］. Boston: Harvard Business Press, 1997.

过度地追随竞争对手的行为、一味去满足用户需求等，会造成组织的短视或者简单地打价格战而不是追求根本性的创新①。但是，如果专业技术人员更加关注价值创造，一旦组织能够采取有效措施成功开展突破性创新并且取得成功，将会获得巨大的回报。hristensen、李垣、司春林均指出，对于突变性创新的成功更多的是企业家导向，即创新嗜好、风险偏好与先于竞争对手积极行动的能力。

创新活动的本质是市场和技术的有效整合。技术和市场的协同创新可以使组织取得短期竞争盈利和长期能力的协调发展，通过价值增加和价值创造来适应环境的动态变化。

二、创新需要技术和市场的协同发展

组织的生存和发展主要归咎于两个问题：短期竞争盈利和长期能力发展。要解决这个问题就要进行有效的技术创新，以培育企业长期的竞争能力。能力发展需要组织不断地投入资源，这些投入主要来源于竞争中的盈利，市场创新是取得足够发展资源的有效途径。因此，在动荡的环境中要解决竞争生存和能力发展就必须同时对市场和技术做出反应，并从机制上促进市场创新和技术创新的协同发展。

因此，专业技术人员在创新过程中需要保持积极的市场心态，在坚持"用户导向"的基础上发挥组织的"用户引导"功能，唯有如此，组织才可能占据市场领导地位，获得强大的生命力。索尼公司的创始人盛田昭夫曾说："我们的政策，不是先调查消费者喜欢什么商品，然后再投其所好；而是以新产品去引导他们进行消费。消费者不可能从技术方面考虑一种产品的可行性，而我们能做到这一点。因此，我们不在市场调查方面投入过多的兵力，而是集中力量探索新产品及其用途的各种可行性，通过与消费者的直接交流，教会他们使用这些新产品，达到开拓市场的目的。"因此，技术和市场的协同意识对于专业技术人员创新

---

① 陈衍泰，何流，司春林. 开放式创新文化与企业创新绩效关系的研究［J］. 科学学研究. 2007. 6.

能力的培养和开发是十分重要的，具有独创的技术开发能力和犀利的市场洞察力才是创新制胜之王道。

当然，进行技术和市场的协同创新对专业技术人员的创新能力提出了较高的要求。首先，专业技术人员应能够深刻理解用户的未来潜在需求，具有开放的创新资源，并主动获取领先用户。其次，应具有很强的市场洞察能力，接受来自不同成员的创新知识，具有左右市场潮流的信心和勇气。再次，要有很好的文化适应能力，能够造就不同文化碰撞的协同，能够在工作上实现内部员工相互协调。最后，还要求专业技术人员使用交叉思维进行创新，对于习惯从"技术视角"把握创新的技术人员，应该加强与用户、营销人员的沟通，识别和获取"市场需求"对创新的驱动；而那些善于把握"用户需求"的专业技术人员，在注重服务和改进的同时，不能忽视对技术能力的积累和提高，通过技术学习和技术预见获取技术进步的轨迹或新的技术范式的突破，从而用"引导用户需求"的实力获取竞争优势，真正成为创新大潮的弄潮儿。

三、获取领先用户以促进技术和市场的协同

外部创新源的引入对于促进技术和市场的协同创新具有非常重要的作用。大量的研究表明：创新的信息来源是很广泛的。尽管在化工、医药等很多领域中，企业内部 R&D 部门是创新思路的主要来源，但是，在某些领域中，提供原材料和零部件的供应商是创新的重要信息来源；在一些情况下，用户（使用者）为企业的创新提供了重要的信息。冯·希伯尔在对美国企业的技术创新进行了大量调查研究后，揭示了用户在作为创新信息源上的重要作用。创新实质上是技术和市场的有效结合，而用户可以说是市场的代名词，因此，理解用户需求，确认市场趋势，对企业的产品和服务创新而言是不可或缺的。

1. 领先用户的内涵

市场导向问题是创新成功的关键因素。用户在创新中的重要作用是显而易见的。然而研究表明，"数据来源的选择是信息收集的一个重要方面，但是，收集信息时使用的研究技术和方法也是非常重要的"。现

实的问题在于，企业如何去发现用户需求，定位潜在市场。项目定义和早期预开发活动是创新方案中最关键的步骤。传统的用户调查和市场研究分析方法应用十分普遍，但是收效并不大，对于非常新的产品和具有快速变化特征的产品种类（如高技术产品）一般也不太可靠。美国创新管理专家冯·希伯尔认为创新的过程中由于存在各种"黏着信息"，亦是一个充满试错的过程，并为对解决创新问题方向的洞察所左右。为了加快创新的过程，需要加强创新者与用户的交流和合作，才能及时地提取必要的"黏着信息"。因此，冯·希伯尔将领先用户从普通用户中区分出来，强调了领先用户在创新早期过程中的作用，并使得企业能够通过系统化的领先用户研究方法迅速完成创新产品和服务的商品化过程。

冯·希伯尔将具有以下两个特征的个人或厂商定义为"领先用户"：

（1）领先用户面临市场上将普及的新产品或服务需求，但是他们在市场上大部分人遇到这种需求几个月或几年之前就已遇到了。

（2）领先用户敏感地发现解决他们需求的方案并且受益匪浅。因为他们不能或不愿等到新产品或服务慢慢变到在市场上可以获得，所以他们经常提前开发新产品或服务。这样，若一个产品/服务将在未来的市场上流行，现在就对其有强烈需求并能从中获益的厂商（用户）就是这个产品/服务的领先用户①。

知识链接5－5 诺基亚的应用创新

用户群是特定类型产品或特定品牌产品的用户交流信息和思想的中介。为了加强和用户的沟通，诺基亚公司在网站上设计了对移动电话用户24小时开放的页面，并有两名工程师在线与用户沟通。许多对手机有浓厚兴趣的技术型用户都参与了讨论，据统计诺基亚公司的在线用户最多时达到了200名，而且这些用户大部分为某些领域的技术专家，对手机的使用有很深的理解，他们的建议往往是建设性的。

---

① Eric von Hippel, The Source of Innovation, Oxford University Press, 1988.

2. 获取领先用户的方法

在创新过程中，用户的作用主要体现在创新构思和市场试销阶段。在构思阶段，用户需求可以激发创新思想的产生，从而保证整个创新过程的成功；在市场试销阶段，创新的成果需要得到用户的认可和确认，满足用户的需要。一般来说，如果创新思想是由用户提供产生的，则其创新成果往往能得到用户的认可和确认。因此，用户在创新过程中是提供创新思想的主要源泉。

表 5-7　创新来源的调查数据

创新内容	调查对象数目	创新来源		
		用户（％）	组织内部（％）	其他（％）
科学仪器创新				
——全新产品	4	100	0	0
——主要功能改进	44	82	18	0
——次要功能改进	63	70	30	0
半导体与电子部件制造设备				
——全新产品	7	100	0	0
——主要功能改进	22	63	21	16
——次要功能改进	20	59	29	12

如图 5-8 所示，我国大多数组织在通过市场研究开展创新时，采用的是路径①的过程，其结果是对现有产品的细微改进。但是，通过充分利用领先用户研究方法的优势，路径②的过程能够导致全新的产品和服务的产生，并获得市场的欢迎。

领先用户研究通常在一个创新项目的初始阶段进行，以便形成新产品或服务的概念。一个拥有技术和营销人员的核心项目小组在大量其他人员，尤其是技术和营销部门的经理和职员的支持下开展此项研究。简单地看，我国企业在实施领先用户研究时，可以通过以下 4 个阶段进行，每个阶段根据以下中心活动加以定义：

（1）选择项目的中心和范围。经理们在分析创新机遇和业务目标的基础上选择感兴趣的产品和创新项目，制订一个主项目计划，决定实施它所需的人员、时间和资金，然后选择一个由营销、技术和其他部门人员组成的核心研究小组。

（2）确认趋势和要求。核心研究小组在确认重大趋势和相关用户需求的目标指引下，通过进行深入的市场和趋势调查，开展领先用户研究。在这一阶段，小组的主要工作是收集数据、探究趋势和需求，并初步拟订用户需求。

（3）从领先用户处收集需求和方案信息。研究小组确认领先用户，并通过采访精选过的领先用户获取需求和方案信息。这些"领先"的用户为研究小组深入理解正在出现的用户需求和信息及可能的方案提供帮助。

（4）和领先用户一起开发概念。选择、邀请合适的领先用户（有时是其他专家）参与企业的开发过程，以利于研究小组开发一个有潜力的产品或服务的概念，然后将得出的概念提交给管理层进行评价。

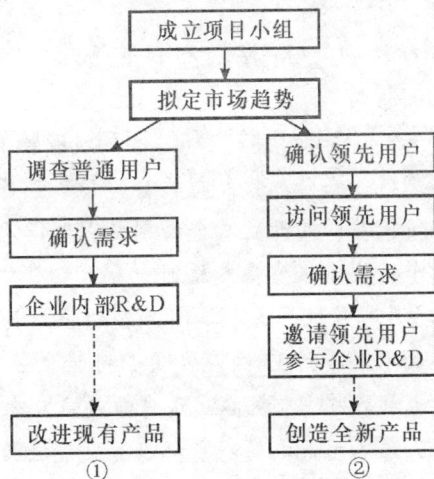

图 5-8 创新早期预开发活动[①]

---

① 陈劲. 技术创新透析 [M]. 北京：科学出版社. 2001.

通常进行一个领先用户研究项目要用 4~6 个月的时间。如果已知市场需求并在项目开始阶段定义了创新领域，研究用的时间会少些。在这之后，企业将进入通常的概念测试和商品化过程。需要指出的是，领先用户方法比较适用于基于人的操作经验的产品创新，如医生长期接触医疗器械而比大学的教授和科学家更能找出可以创新改良之处。领先用户法一般不适于基于科学的创新以及流程型创新。

思考题

1. 结合工作实际，分析在你的创新活动中接触到哪些外部创新源，你是如何利用这些外部创新源的。

2. 外部创新源的发展新趋势对于你所从事创新活动的启发有哪些？

3. 与你的同事共同探讨在获取市场需求方面的技巧，可以从哪些方面进行改进。

4. 如何理解技术和市场的协同创新？在你的创新活动是否存在某些方面的不足？

5. 根据你的创新活动的特点，分析获取领先用户对于你所从事的创新活动的必要性。

案例分析 5——"润眼电脑"和"不用洗衣粉的洗衣机"

创新是海尔的灵魂。在全球化品牌战略的新形势下，海尔的创新模式正向顾客个性化价值导向的开放式全面创新管理模式转变，以领先一步引导、满足顾客个性化需求为基本原则。

"天然洗"双动力洗衣机是海尔集团开发的一款具有自主知识产权的创新产品，产品共申报专利 32 项、发明专利 15 项，其中有两项是行业领先的国际发明专利。该洗衣机颠覆了传统洗衣观念，创造了洗衣机技术发展的神话。海尔不用洗衣粉洗衣机以健康洗衣和突出的节水、节能、环保效果改变了人们传统的洗衣观念，真正满足了用户的需求，赢得了良好的口碑。2005 年，在中国高端洗衣机市场上，海尔不用洗衣粉的洗衣机市场平均增幅超过了 300%，其中一款"变频 A8 双动力"单型号销量猛增了 10 倍，引领了消费主流，成为商家的主推。马来西亚市场上最高洗衣机的价格是 1600 多马币,而海尔这款洗衣机可以卖到 3999 马币。

2005 年以来,海尔在 IT 领域以每月 100 家店的速度全面展开 IT 渠道的攻势,以月环比 50%、同比 3 位数以上的增长速度,刺激着业界的每一根神经。IDC 公司 2005 年第 4 季度数据显示,海尔电脑业务 1 年前进 14 个名次,排名中国所有品牌第 6,一举进入国产品牌前 4 强。海尔电脑将突破的重点放在差异化上。海尔人明白,只有差异化才能使企业从价格战中脱颖而出。与众不同的是,海尔电脑的差异化更强调"决胜终端",真正以用户的需求为导向。

润眼电脑就是海尔自己的突破。海尔从不少人在电脑屏幕上挂防护罩,甚至有的人因在电脑前时间长了,要经常往眼睛里滴润眼液的行为中,找到了灵感。他们从同仁堂和青岛海慈医院请来了专家,弄清楚了电脑屏幕引发视觉疲劳的根本原因及解决方案,随后根据需求进行了自主的技术研发。经过近半年时间的技术攻关,可以减少显示屏对眼睛伤害的润眼电脑研发成功,上市后一炮打响,销量迅速占到了海尔电脑总销量的 60%。而一些技术难度不大的改良性创新,海尔则会交给合作企业完成。比如说,他们发现农民在用电脑时,各种插头和接口使农民一头雾水,便提出了一个插头系列解决方案。合作企业的研发部门接到任务后,很快便拿出了解决方案。海尔电脑的研发模式也是一种融合式的:革命性的创新靠自己,改良性的创新靠整合外部资源。

创新不等于高新,创新存在于企业的每一个细节之中。海尔把企业比做一条大河,每一个员工都应是这条大河的源头。只要员工有活力,必然会生产出高质量的产品,提供优质的服务,用户必然愿意买企业的产品。(改编自 http://www.haier.cn.)

讨论题

1. 结合案例讨论如何推进技术与市场的协同创新与发展。
2. 结合实际工作,谈谈培养市场意识对于所从事创新活动的启发。

第六章　开发创造的心智

本章要点

- 创造力的内涵
- 创造过程的演化
- 影响创造力的心智因素
- 影响创造力的环境因素

导读案例6——创新灵感从何处来

清扫枯叶，刘除杂草，约翰在自己的花园里整整忙碌了一天。然后他陷入了沉思：应该有一种更快更省力的方法。

实际上该项技术早就有了——即真空吸尘器。然而作为一名工程师，约翰知道这项技术会产生两大问题：其一，吸尘器风扇会被潮湿的树叶阻塞；其二，吸尘袋会很快被塞满而导致吸力减弱。约翰一边思索一边拿来吸尘器反复实验，但几个小时过去了仍不得其法。约翰叹了口气，累了。他坐下来，倒了一杯茶，拿出几片饼干。他长长地舒了口气，放松全身，慢悠悠地喝了口茶。这时他心中一片空灵，脑海中闪现出了一个念头：何不改"吸"为"吹"？把气流从吸尘器管口送出来，如同飞机机翼产生升力一样。这项技术可应用于清扫花园里的垃圾，通过管道把其直接送入吸尘袋，绝无堵塞之处。约翰为该项技术申请了专利，其产品进入市场后十分畅销。

像约翰这样的人缘何会产生发明灵感呢？实际上每个人都会爆发出类似的灵感。人脑是宇宙万物中最复杂的，每秒钟有100多万个脑神经细胞以每小时 400 千米的速度向脑海发送着电化信号。然而灵感是怎么来的呢？从许多发明家成功的经历来看，灵感产生只不过是弹指之间的事，犹如电光石火，稍纵即逝，但其产生的时机却是个情趣盎然、充满生活气息的过程。（改编自 http：//ibm. e - works. net.）

第一节　创造力的内涵

一、创造力的内涵

科技的快速发展和市场竞争的日趋激烈，迫使组织不断地进行创新活动。创造力（creativity）是创新的根源，创新则是创造力见诸社会的具体实践，因此，创造力是人类一切行为中最重要同时也是最值得研究的行为。

关于创造力，迄今为止还没有一个统一、精确的定义。米德（M. Mead）在解释创造力时强调主观创新："当一个人自己想出、做出或发明了一样新东西，就可以说他完成了一次创造性活动。"

德雷夫达尔（J. E. Drevdah1）则着重指出"目的性"和"目标明确性"及其在各个领域里的实现："创造力是人产生任何一种形式的思维结果的能力。而这些思维结果在本质上是新颖的，是产生它们的人事先所不知的，它有可能是想象力或者是一种不只限于概括的思想综合。"

日本创造学会执行委员会主席思田彰教授对"创造力"所下的定义为："创造力是产生出符合某种目标或新的情境或解决问题的观念，或是创造出新的社会（或个人）价值的能力，以及以此为基础的人格特征。"这就是说，一个人的个性品质也应被看作是创造力的内涵。

Gruber and Wallace 认为创造力是新颖和价值的统一体。具有创造性的产品应该新颖即新奇，而且从某种外在的标准来看是有价值的。

Martindale 认为：创造性的想法对于其发生的情境而言是新颖与恰当的；Feist 提出心理学家与哲学家们关于创造达成一致之处在于：创造是对问题新颖的和适当的解决。

Amabile 对创造的界定被引用得较多，该定义认为创造指的是新颖与有用的思想、产品、过程、服务或方法的产生。这是一种产品指向的定义，具有实践性。

虽然研究者们从不同的角度对创造力加以理解，有的关注创造者，有的关注创造的方式、过程，有的关注创造的产品与环境，但各种观点基本一致认为创造力体现的主要特性是具有新颖性与有用性。

二、创造力的分类

根据创造力起源不同，将创造力的种类分为 3 类：标准式创造力、探索性创造力和意外式创造力。

标准式创造力关注产生创意来解决某些特殊的需要、问题和目的，这种目的明确的标准式创造力较其他创造力成本更为合适，但同时也限制了创造力的前景。探索性创造力关注产生更为广泛的创意，这些可能与已知的需求并无必然关系。探索性创造力不是严格聚焦于发现特定的、已知的问题。探索性创造力揭示机会。在采取标准式创造结果导向的商业行为中，这种机会不一定会被采用。但是，探索性创造力不仅仅是狭隘地关注目标定位，因此，有可能解开选择性更大的创意和建议，可能产生一个有活力的解决方法。当采用基于现有知识和技术面向未来时，探索性创造力尤为有用。

标准式创造力和探索性创造力的融合，可以提供目标导向和想象自由的平衡连接。尽管意外式创造力或是无意中冒出来，或是通过随意的观察，或是通过意外实验所产生的结果，但是这种意外式创意其实都是给予那些"有准备的头脑"的。一颗有准备的头脑更可能准确地阐述某项解决问题的创意，更有可能意识到机会的存在。标准式创造力和探索性创造力分别可以与渐进性创新和突破性创新相对应。标准式创造力能够引发渐进式创新，而探索性创造力则是突破性创新的源泉。在新产品开发项目中，创造力与产品创新程度之间也存在着匹配。如果企业的目标是进行突破性新产品开发，那么除了关注技术外，更要注意是否具备相应的探索性创造力并加以开发利用。同时不能忽视标准式创造力的作用，毕竟对于所有新产品开发都伴随着大量有目的的创造活动。标准式创造力是基础，帮助解决开发过程中的大多数问题。

根据创造主体的特征及受环境影响的不同应激方式，Degraff 和 Lawrence 在他们的著作《工作中的创造力》一书中，将创造力分为孵化育成型、想象型、提高改进型和投资型 4 种模式。属于想象型模式的人常常是多面手，是那些乐于探索、在解决问题时能够灵活应变的艺术气质型人才；属于投资型模式的人注重业绩和目标，其创造性的活动常常是结果导向的，该模式下的人热爱竞争，乐于迎接巨大挑战；提高改进模式体现了对持久不衰的创造的追求——对现有事物不断改进；属于孵化育成型模式的人，通常坚信存在比企业本身更有意义的价值，那些拥有广阔的工作和学习领域的人一般都属于这种类型。Degraff 和 Lawrence 对创造力的分类如图6－1所示。

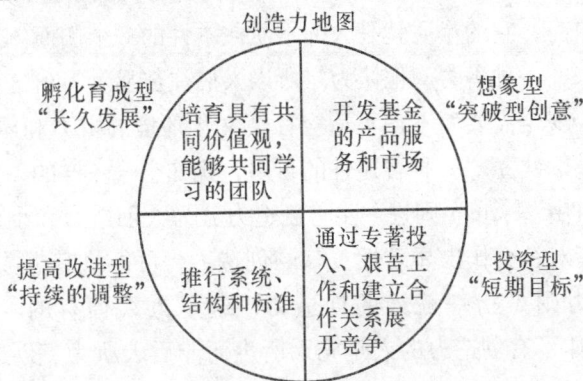

创造力地图

孵化育成型"长久发展"　培育具有共同价值观，能够共同学习的团队　开发基金的产品服务和市场　想象型"突破型创意"

提高改进型"持续的调整"　推行系统、结构和标准　通过专著投入、艰苦工作和建立合作关系展开竞争　投资型"短期目标"

图 6-1　Degraff 和 Lawrence 的创造力分类

Degraff 和 Lawrence 在界定四种模式创造力的基础上，通过知名公司和经营管理人才的案例对各种模式的创造力进行了详细的讨论，并针对不同模式的创造力，他们发展了不同的测量工具以指导工作中创造力的评价。

三、可以培养和开发创造力吗

然而，关于创造力是否人人具备这一问题，在相当长的一段时期内，国外学者多数认为创造力是某些个体与生俱来的"天赋"，是上帝所赐予的礼物，并非后天培养或教育所能获得的。如英国的 F. 高尔顿（Galton）在其 19 世纪后半叶的著作《遗传的天才》一书中就认为具有创造能力的天才人物只能来自天才之家。

但是，近十几年来，人们的看法有了很大的改变。多数学者认为创造力是所有人都所具有的一种能力。吉尔福特（Guilford）认为任何具有正常生理和心理能力的人，都会拥有一定程度的创造力。他认为创造力并不是少数特殊人物所专有，而是广泛地连续性地分布在普通人群之中，个体间的差异不过是源于智力结构或智力资本因素在组织方式上的差异，而且，通过教育和培训，也有可能使一般人的创造力得到开发和改善。而 A. 奥斯本（Osben）已经在这方面提供了"比较实质性的证据"。心理学家 A. H. 马斯洛（Maslow）也认为人的创造性或创造力的根源在于自身，它的本质就是人的本质或本性的一个侧面体现，是所有人与生俱来的一种潜力。他认为之所以人们往往显示不出这种本性，那是因为处于安全需要而不得不适应社会文化环境的阻力和压力的结果，因此，他鼓励建立"一种普遍性的自由，犹如空气一样的、整体的、无所不在的自由"。Stein 则进一步将创造力分为大创造力和小创造力。大创造力是指对社会作出显著性贡献的创造力，可能只有少数人才具有。而小创造力则是指一般人的创造力，这是人人皆有的。Van Gundy（1992）驳斥了有创造力的人是先天所生而非后天所为、创造力是学不来的说法，他调查后发现在美国，接受创造力训练的公司从 1985 年的 4% 上升到 1989 年的 26%，而且在接下去的 3 年内会达到 31%。他还发现在英国同样的现象并不比美国少，这也间接证明了创造力是可以经过后天训练而拥有的。Amabile 认为正常人都具有一定的创造力，但是各个领域具有差异性，同时天赋、教育和认知风格等都是高水平创造能力的必要条件，但不是充分条件。

对于从少数"天才"到人人具有创造力的观点的观念的转变，为企业实行全员创新提供了可能性。正如马斯洛所指出的，"可以有富有创造力的鞋匠、木匠和职员"。因此，企业必须充分培养和开发专业技术人员的创造力，通过全员创新进一步提升创新能力和创新绩效。

创造力对组织而言至关重要，它是打开变革和创新之门的钥匙，因此，开发专业技术人员的创造力是创新能力培养的重要内容。开发专业技术人员的创造力，首先要从专业技术人员的个性特质出发，在总结杰出人物所具备的创造性特质群的基础上，识别出专业技术人员应该具备的创造性特质，为专业技术人员创造力的开发竖立标杆。其次专业技术人员需要通过对创造过程的分析，识别出一些能导出新颖、有效地解决问题的方法的认知加工过程，促进创意的产生和融合。再者专业技术人员还需要识别出特殊的社会环境条件对创造力发挥的积极和消极影响，通过获得社会支持因素来促进创造力的培养和开发。最后专业技术人员的创造力还需要通过有效的整合和激励，将个体创造力汇聚成组织创造力，发挥 2 + 2 > 4 的创新协同效用，真正促进组织的永续创新和发展。

第二节　创造过程的演化

专业技术人员创造力的开发还需要建立在对实际创造过程的把握和运用上。本书在吸收相关学者的经验总结的基础上，综合了英国心理学家 G. 沃勒斯（G. Wallas）等人的"创造过程四阶段模式"[1]和美国创造心理学家 G. A. 戴维斯等提出的"创造过程七阶段模式"[2]，以及我国学者的对创造实践经验的总结，揭示和完善创造过程四阶段的内容和特征，以期促进对专业技术人员创造力的开发，具体概述如下。

一、第一阶段 —— 准备阶段

准备阶段要发现问题，并对问题进行选择与评价，有意识地积累按

---

① ［美］爱因斯坦，英费尔德著. 物理学的进化［M］. 北京：上海科学技术出版社，1962.
② ［美］D. A. 戴维斯. S. B. 里姆著，杨庭郊，吴明泰等译，刘武等审校. 英才教育［M］. 北京：新华出版社，1992.

所研究领域的逻辑规则划分的知识，并确定一种"问题态度"。

寻找和发现问题是创造过程的第一阶段里非常重要的内容。英国著名科学哲学家波普最早系统地提出科学研究始于问题的观点。有一次，波普在课堂上请学生们观察，学生们愣了一会，问波普要他们观察什么。波普由此引出话题，科学研究不是从观察开始，而是从问题开始，观察是围绕着问题的研究展开的。波普的观点得到了科学界的广泛认同。爱因斯坦曾指出："提出一个问题往往比解决一个问题更重要，因为解决一个问题也许仅是一个数学上的或实验上的技巧而已。而提出新的问题，新的可能性，从新的角度去看旧的问题，却需要有创造性的想象力，而且标志着科学的真正进步。"[①] 尽管并非所有的创造都一定始于问题，正如沃勒斯所说，创造过程各阶段的顺序并非一成不变，而且有时是交叉的。但寻找和发现问题为创造种下了优良的种子。

对问题的选择和评价是创造过程的第一阶段里不能忽视的内容。创造主体往往积极操纵某种想法或资料，如尝试性地对多种想法进行排列或组合，以找出最感兴趣、最有效或能产生美感的想法。常识告诉我们，并非所有的问题都是同等重要的和难度相当的，这就需要有一个评价和选择的过程。英国科学家贝尔纳把评价和选择问题提高到战略起点的地位。他在论述科学研究过程时说："课题的形成和选择，无论作为外部的经济技术要求，或作为科学技术本身的要求，都是科研工作中最为复杂的一个阶段，一般来说，提出课题比解决课题更加困难。如果再加上人力和设备都有一定的局限，则产生的课题之多，是无法一下子全部解决的。所以评价和选择课题，便成了研究战略的起点，要从一大堆课题中挑出带实质性的课题来，而不能把它们同非实质性的课题混杂在一起。"[②] 其他的创造过程同样有评价和选择问题。例如，无论是工农业生产中还是人们的日常生活中都存在着大量的问题，无法一下子全部

---

① 科学学译文集 [M]. 北京：科学出版社，1981.
② 朱志宏. 创造学 [M]. 北京：中国工人出版社，2002.

解决，发明家只会选择既有现实意义又具备条件解决的问题着手解决。因此，评价和选择问题可以使主体集中面对问题，其思考失去了常规状态下的平衡，由此期望得到某种使问题解决的想法以恢复平衡。

这个阶段的关键任务在于熟悉主体领域，全心全意投入艰苦的工作，同时需要有灵活的思想，包括对问题的定义和形成建议。该阶段的主要内容包括：

（1）对需求的分析和观察。

（2）观察、分析难点，并找出问题之所在。

（3）选择和评价问题，确定要研究的问题。

（4）收集数据和资料。

（5）分析相关材料。

（6）消化材料。

（7）通过思想假设积累各种方案。

二、第二阶段 —— 孕育阶段

也称为酝酿或潜伏期，是创造过程中孕育、产生解决问题的创造性思维的阶段，也可以说是创新过程的核心阶段。这是一个在准备阶段与明朗阶段中间所经历的一个阶段，在此阶段，所收集到的各种材料以一种消极的方式储存在大脑中，被一种我们所不知道或很少意识到或根本意识不到的方式进行着一种内在的潜意识的加工和组织。

此时的创新主体或有意识地思考所设定问题以外的其他题目，或停下任何形式的意识思维。后一种酝酿方式通常为较严格形态的智力产生，在出现障碍时是必需的。在孕育过程中，创新主体的注意力、交叉思维、坚韧毅力和勇敢精神等起到关键的作用，能够容忍矛盾观点，也是产生开展孕育的一个条件。只有将不同的观点同时显示在大脑中，才可以发生相互作用，并通过彼此的协调形成一个更高概括层次上的新的意义，或者通过彼此的取舍而形成一个新的意义。此阶段创造主体产生一种良好温馨的感觉，似有某种好事要发生但又尚未到来，它常常出现在已接近得到对问题的创造性答案时。

这一阶段的重点是让思想远离问题，夜以继日地思考；在显意识不工作时，让潜意识仍然不停地工作；让洞察发生，进一步工作以发展思想。这个阶段的主要工作内容包括：

（1）仔细审阅现有的信息。

（2）形成目标解；分析不同解的优缺点。

（3）将分散的材料加以综合分析和整合。

（4）孕育和引出思想火花。

三、第三阶段 —— 明朗阶段

这是一个看到了对问题的解决的阶段。在此阶段，人们有时会感到一种突然产生的直觉上的感悟和清澈的顿悟，问题一下子变得开朗起来。这里所指的"顿悟"（insight）是瞬间对知识的理解领悟，是在"格式塔"变化后对事物间本质关系和规律的理解①。在准备阶段，关键信息已经部分地被提取出来，意识知觉水平之下的某种"力量"使得必需的信息更加容易被个体获取。当有外界刺激作用时，这一被激活的信息就可以轻易被全部提取出来，即所谓的"扩散激活机制"，从而个体理解潜力被激活，出现知识创造螺旋上升的飞跃突变，可用量子能级的跃迁来作为类比这种顿悟机制，它使创造的思想明朗化。

这一阶段是在经历了孕育阶段之后，从洞察再到思想闪耀的关键阶段。明朗阶段可以有意识地控制，但必须有先于或伴随明朗"闪现"的可以称为"暗示"的"边缘意识"的心理事件。正是运用这种"暗示意识"才能一定程度上控制明朗期，或促进暗示所显示的心理过程发生，或保护它们不致被中断。

长期以来，创造者的典型是阿基米德在浴池中发现浮力定理的形象，创造学家也侧重于对这种"灵感"和"顿悟"的研究。对于简单的问题的确只需通过这种灵感和顿悟即可解决，但对于复杂的问题单凭

---

① 褚建勋. 量子学习假说：知识传播与组织学习的复杂适应性探索［D］. 合肥：中国科学技术大学，2003.

灵感和顿悟是远远不够的①。例如，在环境生态学领域，仅仅单个实验就非常费时，实地观察狮子的行为可能需要几千个小时，更不要说还必须处理数以千万计的变量及其数据。因而在处理这些复杂问题时除了少数的灵感和顿悟外，更多的是详细的分析、论证、观察、实验，直至问题逐渐明朗。这个阶段的主要工作内容包括：

（1）产生新思想。

（2）修改和完善。

（3）发明或创造。

四、第四阶段——验证阶段

这一阶段主要是判断创新思想的正确性，是个体对整个创造过程进行反思的过程。在这个阶段，把抽象的新观点落实在具体的操作上，提出的解决方法必须详细、具体地叙述出来并加以运用和验证。

在这一阶段需要通过试验来测试所得的最优解，并通过多次试验完善所得的解决方案。在这个过程中要注意创新思想与已知的概念相互协调。当一个创意形成以后，需要它与已经存在的其他概念构成协调关系，这种过程需要在转化为产品的过程中来完成。比如在狄拉克提出正电子的概念以后，还要进一步地研究它与已知的其他概念之间的协调。在协调过程中出现了冲突时，要么修改所产生的新的概念，要么修改人们习惯上认可的概念。任何一个创意一开始都只是考虑到主要的方面和主要关系，但当这些问题解决以后，其他的一些次要因素就成为了主要问题了，这些方面也是作为有机整体的重要因素，需要加以考虑，不断完善和修正创造的结果。这一阶段还需要通过开发使所得结果具有实用性，需要在社会中得到认可，并且使用它，满足人类社会的需求。

在这个过程中，创新主体的勇敢精神、坚强毅力和自信心都是非常重要的。当一种创造性的成果产生以后，是否发表出来并为其他人所认可就取决于一个人的勇敢精神了。当创造性的成果产生以后，要使其完

---

① 朱志宏. 创造过程之研究 [J]. 山西高等学校社会科学学报，2004. 16：30～32.

善，并与其他概念之间构成协调关系，还需要作艰苦的努力。在创造性的成果转化为产品的过程中会遇到各种各样的困难，会受到各种各样的干扰和打击，这种打击往往会阻碍人们进一步研究的脚步，为此，坚信一定能够成功的自信心就非常重要了。

这个阶段的主要工作内容包括：

（1）进行适宜性的检验。

（2）将结果同有关方面沟通。

（3）假设检验。

（4）进行组织和社会系统的变革以克服创造力的阻碍因素。

尽管对创造过程做出如此明确的划分，但4个阶段之间并非绝对隔绝。比如，在准备阶段，对问题首先作某种尝试性的解决，如果问题得到解决即可直接跳到验证期。只有在问题无法有意识地加以解决时才进入酝酿阶段；4个阶段的顺序也不是一成不变的，有时还可能交叉进行。换言之，创造过程四阶段模式只能作为一种可资借鉴的经验模式，而并非某种必须严格遵循的刻板公式。

第三节　影响创造力的心智因素

影响人的创造力的因素非常复杂，其中既有创造氛围等外部因素，又有人的知识、技能、个性特征、认知风格、工作动机等内部因素，它们相互作用、相互影响，呈现出错综复杂的关系。

一、影响创造力心智要素之一——个性特征

人们对创造力强者的个性品质进行了广泛的分析，虽然人们的描述不同，但的确可以产生一些共同性的东西。J. P. 查普林和T. S. 克拉威克认为，富有创造力的科学工作者具有如下特性组合①：

（1）高度的自我力量和情绪稳定性；（2）对独立和自主的强烈需

---

① 徐春玉. 创造过程的新划分. 发明与革新，2000. 4：10～11.

要，自我满足，自我指导；（3）对冲动的高度控制力；（4）一般智力的优越；（5）一种对抽象思维的爱好和一种在说明中对全面和精致的追求；（6）在意见上有高度的个人优势和强制力量，但在争论上不喜欢个人语调；（7）在思维中拒绝遵奉压力（虽然在社交行为中不一定如此）；（8）在人与人的关系中有一定的距离或超然态度，虽然并非没有敏感性或洞察力，更爱好同事物或抽象观念而不是同人打交道；（9）对于一种"打赌"特别有兴趣，即把自身投入与未知世界的竞争中，只要自己的努力还能够作为决定的因素；（10）对秩序、方法、精确性的爱好，同时具有一种对矛盾、例外和明显混乱所提出的挑战的强烈兴趣。简单地说来，创造力强者会在好奇心、自信心、勇敢精神、坚韧性、注意力等方面表现得强些。

虽然人们总结出了这些个性特征，但这些个性品质特征在创造过程中是如何发挥作用的，在不同的创造阶段到底起到什么样的作用，还需要进一步的研究。创造本身是一个动态的过程，在创造过程的各阶段所遇到的具体问题各不相同，因此，研究中便要努力把握相对稳定的因素。其中，智商、情商和认知风格对创造力均具有不同程度的影响。

二、影响创造力心智要素之二——智商

"智商"作为个人智力水平的数量化指标，最早是 20 世纪初德国心理学家斯特恩提出来的。他认为，通过测验得到的儿童的心理年龄（智龄）除以他实际年龄（实龄）所得商数，可以表示儿童的聪明程度。1916 年特曼在修订斯坦福—比奈智力量表时，称之为智力商数，简称智商，通过以其英文缩写 IQ 为符号，被世界各地广泛采用。他认为：IQ 等于智龄与实龄之比再乘上 100。一个儿童，如果他的心理年龄与实际年龄相等，智商就为 100，表示中等智力水平，其值越高表示儿童越聪明。智龄是一种绝对智力水平，而智商则是相对智力水平。不同年龄儿童的智龄不能进行比较，但是换算成智商后结果就一目了然了。到了 20 世纪 50 年代后期，美国心理学家韦克斯勒依据统计学原理，提

出用离差表示智商的方法，也称为离差智商。例如，一个年龄组团体的平均智商为100，标准差为10或16，高于或低于标准差，就显示着智力的强弱。在20世纪中叶以前，智力测验在世界各地风靡一时，智商被看作是一个人学习、事业能否获得成功的决定性因素。

可是，随着智力测验的日益广泛，智力测验的狭隘性和模糊性逐渐暴露出来，致使人们对智商在人的学业、事业的成功中的决定作用产生怀疑。人们逐渐发现，智商较高的人不一定会取得较高的社会地位及人生成就。反之，智商一般的人，表现不一定会逊于他人。由此促使人们对成功因素进行新的思考。

三、影响创造力心智要素之三——情商

美国耶鲁大学心理学家彼得·塞拉维和新罕布尔大学的约翰·梅耶首次提出了情感智商的概念。他们定义其包括三种能力：区分自己与他人情绪的能力、调节自己与他人情绪的能力和运用情绪信息去引导情绪的能力。1995年10月，美国《纽约时报》专栏作家丹尼尔·戈尔曼在许多神经学专家和心理学家的研究成果基础上对情商做了进一步的阐述。他的著作《情感智商》将情感智商这一研究新成果介绍给大众，该书迅速成为世界性的畅销书。在书中，戈尔曼指出：情绪商数是一个度量情绪能力的指标，它不是天生的，而是由5种可以学习的能力组成：了解自己情绪的能力、控制自己情绪的能力、激励自己的能力、了解别人情绪的能力和维系融洽人际关系的能力。一时间，"情感智商"这一概念在世界各地得到广泛的宣传。

如今，人们面对的是快节奏的生活、高负荷的工作和复杂的人际关系，没有较高的情商是难以获得成功的。情商为人们开辟了一条事业成功的新途径，它使人们摆脱了过去由智商所造成的无可奈何的宿命论的态度。因为智商的后天可塑性是极小的，而情商的后天可塑性是很高的，个人完全可以通过自身的努力成为一个情商高手，到达成功的彼岸。国内一项关于科技工作者的研究表明，科技集体的人际关系好，对

创新目标认识一致，情感融洽，行动协调，齐心协力，能提高创新的效率①。在情商提出以后，经过大量的研究，人们发现，情商可以让智商发挥更大的效应：

（1）情商有利于增强自信心、催人勤奋、勇于进取、百折不挠、取得成功。认识自己的需求、动机、性格、欲望和基本的价值取向，并以此作为自己的行为依据，是一个人立足社会、走向成功的基本情绪智力，也是一种最基本的心理素质。只有清楚、准确地认知自己的情绪，并深刻分析自己情绪所产生的背景和原因，才能根据外部环境的要求，有效地调整自己的情绪状态，准确、有效对自身机体内的情绪信息进行加工，快速做出反应，准确、有效地向他人表达情绪。

（2）通过对情绪的理性控制，有利于促进思维发展、激励人员的创造力。情绪智商本质上是情感与理性（认知）协调发展的结果。情绪智商揭示了个体由情绪引起、激发和促进的心智良性发展的可能性。

（3）善于理解他人，调整人际关系，有利于提高人员的创造力，增加信息量，加强合作。生活在社会和集体中的个人，必然形成一定的人际关系。人际关系是指在人际交往的基础上形成的人与人之间的相互认识、情绪体验与心理反应。良好的人际关系可以从两方面促进人才走向成功：一方面，情绪状态本身影响创新能力的发展，良好的情绪体验，使人才个体心情愉快，促进积极的思维和创新，有助于人才个体创新力的发展；另一方面，良好的人际关系对人才创新方法和技术的学习产生积极的影响。

四、影响创造力心智要素之四——认知风格

随着人类科学技术及文化经济的进步，加上信息发达带来全球化的趋势，实践证明仅仅考虑知识和技能远远不能够说明创造力的问题；仅

---

① 刘凤姣．全面发展，走向成功——从情绪智商的重要性谈大学生的情绪智力开发［J］．山西财经大学学报（高等教育版），2004（9）：24～28．

仅强调对情绪的管理，也不能把人们的思维提升到较高水平和较高层次。智商和情商——不论是分开来说还是合起来说——都不能充分说明人类智力的错综复杂性，不能充分说明人类心灵和创造力的丰富多样性。在影响创造力的个体因素中，个性特征和认知风格则是相对稳定的，而且在创造过程中起着重要的作用。

关于认知风格与创造性关系的研究中，已有许多个体层次的研究，并依据不同的倾向性具有不同的表现。

依据认知活动中的基本态度倾向认为在认知活动中存在着两种基本的态度倾向：适应与创新，由此把认知风格分为适应型和创新型两种。适应型总是倾向于在原有的经验范式内进行修补和延伸；而创新型则倾向于打破旧的范式，尝试新的办法①。

依据个体应付环境要求而在认知活动上的不同表现，归纳出如下两两性质相对的认知风格类型：（1）沉思型对冲动型；（2）场独立型对场依赖型；（3）平稳型对敏锐型；（4）分析考量型对囫囵吞枣型；（5）冒险型对谨慎型；（6）认知繁化型对认知简化型；（7）宽容型对偏执型；（8）统观策略型对集中策略型等②。

依据信息处理方式的不同，划分出对创造性各具不同优势的认知风格类型。左右脑功能化状况和用脑方式的特点是研究创造性认知风格生理机制的重要方面，依据人类信息处理方式把认知风格分为左脑型、右脑型及综合型。右脑型认知风格具有以下特点：善于记忆未经仔细研究的事物，对幻想更感兴趣，喜欢几何，按想象画画，喜欢开玩笑，长于空间记忆，凭直觉预测未来，喜欢随机应变的任务，对产生设想和发明新东西更感兴趣等，左脑型正好相反③。

---

① Kirton, M. J. 'Adapters and innovators: Cognitive style and personality', In S. G. Isak sen (Ed.), Frontiers of creativity research: Beyond the basics, Buffalo, N Y: Bearly Limited, 1987.

② 张春兴. 现代心理学 [M]. 上海：上海人民出版社，1994.

③ Torrance, E. P., William Taggart, Barbara Taggart, Human Information Processing Survey, Scholastic Testing Serv ice, INC, Bensenville, Illinois, 1985.

　　还有研究表明，有两种认知风格有利于创造力：A 型风格，以广泛搜索为特征，集合外围的、不重要的信息，在脑海中"翻来覆去"的大量无规则信息，并能产生一种推动整个创造过程的亢奋的警觉；C 型风格，特征是"压缩搜索，只筛选重要信息，严格集中于关键的一点，并带强制性地去慢慢咀嚼、消化和储存大量信息"①。

　　阿玛布丽（Amabile. T. M.）在其创造力结构模式研究中则将认知风格看成创造技能的组成部分，并归纳出有利于创造的认知风格的特点：（1）打破知觉定式；（2）打破认知定势；（3）理解和欣赏复杂性；（4）尽量保持选择的开放性；（5）延迟评价；（6）善于对信息进行多途径归类；（7）准确记忆信息材料；（8）突破旧版本；（9）有创造性地接受②。在综合学者大量研究的基础上，从专业技术人员的实践特征出发，本书认为"内省"、"容异"和"重构"的认知风格是有利于专业技术人员创造力开发的，下面就 3 个方面做进一步的解释和说明。

1. 对"内省"的认知

　　无论是个人还是组织，我们都很少对我们的一些习惯或原有架构进行反省。我们很少关注自己的内在心灵，而把大部分的注意力聚焦于外在的问题或事物。这样的结果就导致我们迷失了创造和创新的方向。通过自我认知的能力的提升，对自发性的培养，接受"愿景和价值"的激励和职业感的历练，有利于培养我们的"内省"认知，获取创造的动力和支撑。

　　（1）自我认知的能力。心理学上对自我意识的定义是指主体对自我的意识，是意识的一个重要方面，是人的意识区别于动物心理的重要标志。按自我意识的结构要素划分，自我意识是由知、情、意的统一所组成的高级反映形式，可分为认知自我、情绪自我和意志自我。自我认知包括自我感觉、自我观察、自我观念、自我分析与评价等。情绪自我包

①　Prentky, R. A., Creativity and psychopathology, New York：Praeger, 1980.

②　Amabile T. M. Creatiity in context〔M〕Boulder, Co. Westview Press, 1996.

括自尊、自爱、自信、责任感、义务感、优越感等。意志自我包括自主、自立、自制、自律等，主要表现为个体对自己的行为表现的调节以及个体对待他人和自我的态度的调节。而这里所说的自省可以等同于自我意识的认知自我部分。霍德华·加德纳指出："自我认识的能力是一种能敏锐掌握自我内心感受，从生活中得到平静和满足的能力。"自我反省是自我认识的最好途径。

在创意开发过程中的自我意识偏重于对自己在任何既定环境下的感受的了解，它使我们可以接触到我们内心的最深处，达到持续重建自我的目的，并使我们的内心感到平静。如果没有自我意识，我们就无法激励自己前进，无法感知自己的内心，并容易受到日常活动的影响。具有高度自省能力的人会对自己每天的生活进行思考，能忍受孤独和寂静。了解我们内心深处的价值观和目标是创意开发的重点，它能使我们提升并控制我们的动机。

操作实务6-1　自我认知能力的衡量

自我认知能力可以通过以下问题来衡量：

（a）一天的工作结束后，我是否会对当天发生的事情进行反思。

（b）我是否清楚是什么在激励我前进。

（c）周边寂静无声时，我是否会感到不安。

（d）我是否会与自己的命运抗争。

（e）我是否会对我走过的生活道路及目前的选择进行思考。

（2）自发性。自发性的英文单词是"spontaneity"，它和"response"以及"responsibility"具有同一拉丁词根。高度的自发性强调对"现在"（moment）作出反应，并愿意为此承担责任。它意味着我们要像孩子一样真诚地面对每个人、每种状况，卸下我们所有的包袱——孩童时的困惑、偏见、假设、解释——而只是对瞬间做出反应。当然，它并不是意味着我们可以凭一时的兴致就行动，而是要在自我控制的指导下做出可信的行动。

因为我们害怕被嘲笑、害怕被惩罚、害怕向别人展示我们的弱点，所以我们常常带着面具生活，把真实的自我深深地埋藏起来。而具有高度自发性的人会勇于展现自己真实的一面，以自己内心的原则和想法为行动准则，而不会受习惯、传统和权威的过分压制，它通常具有颠覆性①。

操作实务 6 – 2 认知风格的自发性的衡量

自发性程度可以通过以下问题来衡量：

（a）我是否喜欢和小孩子说话、做游戏。

（b）我是否相信这个世界是真诚的。

（c）当某事、某物在某一刻出现在我面前时，我是否会感到一阵狂喜。

（d）我的内心是否有信念在指引自己行动的方向。

（e）我是否会向他人敞开心怀，即使这样容易受到外来的攻击。

（f）我是否会按照自己的直觉做事，即使那样做意味着冒风险。

（3）被"愿景和价值"所激励。很多人都听说过马丁·路德·金，更听说过 1963 年 8 月 28 日他在美国首都华盛顿的林肯纪念堂前发表的《我有一个梦想》，正是他的言辞、激情、愿景使 20 万在场听众重新燃起实现"全世界所有人种都平等相处"的希望之火。这就是真正的愿景所激发的力量。19 世纪法国著名作家雨果说："人类的心灵需要理想甚于需要物质。"俄国作家列夫·托尔斯泰说："理想是指路明灯。没有理想，就没有坚定的方向，就没有生活。"②

通过提升人们的动机，愿景可以带我们进入新的天地。但是愿景的基础是内心的价值观。没有正确的价值观，我们无法使事情发生。我们要有自己的理想，自己的憧憬，这样才能找到能真正激励我们的动机，

① Zohar, D. & Marshall, I. Spiritual Capital – Wealth We Can Live by ［M］. San Francisco: Berrett – Koehler Publishers, 2004：87.

② 宿春礼. 成就比尔·盖茨的 11 条准则 ［M］. 北京：石油工业出版社，2004：26.

并采取行动以实现目标。

　　基本价值可以分为 3 个方面：个人价值（与我们自己的生活有关——如我的朋友、家庭、我的兴趣等），有关人与人之间的关系的价值（即可以定义我们所在的组织以及组织中成员间相互关系的东西——如忠诚、信任），超越个人的价值（那些超越自身和组织界限的价值、那些我们认为具有普遍性的价值，如：生活的神圣感、为我们的后代保护好这个世界、公正等）。如果我们能被"愿景和价值"所激励，那么我们就会受过往那些伟大人物的影响和鼓舞，有自己的远大理想和抱负，并以此为奋斗目标而为之努力。这些理想和抱负不是自私的，而是广博的，它不以金钱或个人利益为目的，目标的收益者并不是个人，而是更大范围内的人或组织。

　　操作实务 6-3　被"愿景和价值"激励的程度的衡量

　　被"愿景和价值"所激励的程度可以通过以下问题来衡量：

　　（a）我是否有自己的理想并为之而努力。

　　（b）历史上（或当代）伟大的领导人（或公众人物）是否能鼓舞我。

　　（c）我是否有帮助他人、服务他人的意识。

　　（d）我做事情是否追求卓越。

　　（e）我是否会思考关于人生的意义、目的，工作或人际关系的意义等。

　　（4）职业感。曾经有一位服装设计师说过：一个人开始一项经营的原因有 3 种。第一种是因为市场中存在未被发现又有价值的市场，一个人看到某件东西存在需求，所以他们决定提供这样的产品；第二个原因是出于个人机会——继承家族产业或有能力或技能提供一种特定的东西，比如服装设计；第三个原因与前两种原因都不同，它的目的仅仅是因为有一种感觉告诉我我必须做，所以我做了，正是这种职业感能使我们将愿景变成现实。"vocation" 这个词的拉丁文意思是

"召唤"，它的原意是牧师与上帝之间的对话。现在它被广泛地用于各种职业中。它要求我们带着感恩的心对待这个世界，并意识到自己得到了他人如此多的恩惠，应该回报他人和社会。拥有高度职业感的人做每件事的获益者不仅仅是自己，而是波及周围的人、社会、国家，甚至整个世界。

操作实务6-4 认知风格的职业感的衡量

职业感可以通过以下问题来衡量：

(a) 我是否对别人对我的帮助和我所拥有的一切心存感激。

(b) 我是否会把我受到的恩惠回报给他人。

(c) 我是否会用某些借口逃避承担令人不愉快的责任。

(d) 我是否想要为社会做出自己的贡献，而实际上我是怎么做的。

(e) 我是否认为我做过的工作对他人、社会有所贡献。

2. 对"容异"的认知

创造需要从关注需求出发，善于从多维的和交叉的视角处理复杂的信息，同时需要通过学习来破旧立新，因此，富有同情心、谦虚和偏爱多样性等认知特点对创造力的构建和培养具有重要的价值。

(1) 富有同情心。在拉丁语中，同情的意思是"感知他人的情绪"。同情不仅仅是了解他人的情绪，而且要体会到他人的情绪，即心理学上所说的移情。当我们看到他人生活痛苦时我们会同情他们的遭遇。可是如果对面站的是我们的敌人，我们还会同情他们的遭遇吗？真正富有同情心的人不仅能感受朋友、陌生人的情绪，而且还能感受与自己观点不一致、甚至自己的敌人的情绪。

心理学研究证明：当A组成员由来自同一家庭或同一组织的成员构成，B组成员由陌生人组成时，A组表现出来的同情心比B组表现出来的同情心更高些。没有同情心的人是冷漠的、玩世不恭的、麻木的、残酷的。他们更多地从自己的兴趣出发或自我主张，而不考虑别人的感受。

操作实务 6 – 5　认知风格的同情心的衡量

同情心可以通过以下问题来衡量：

（a）我是否对所有存在的事物都有一种敬畏之情。

（b）从文章中看到落后国家的生活状况时我是否会感到不舒服。

（c）听到他人担心和苦恼的事情，我是否会起同情之心。

（d）我是否会经常关心他人的心情好不好。

（e）我是否能感受与我意见不同、甚至对我有威胁性的人的痛苦和快乐。

（2）谦虚。谦虚是中华民族的美德。它使我们意识到我们的成就中有多少来自他人的贡献。同时，它也使我们对他人的需求更敏感，使我们能接受这样的假设：我有可能是错的，而别人有可能是对的。进而进行进一步考察，避免独断和自大。

操作实务 6 – 6　认知风格的谦虚的衡量

谦虚可以通过以下问题来衡量：

（a）如果犯了错，我是否会大方地承认错误。

（b）我是否承认我的能力有限，我能做的和我应该做的都是有限的。

（c）我是否认为人们对我的优点的评价都是客观的。

（d）我是否认为我的成功中有一部分是他人的贡献。

（e）即使他人的观点让我感到吃惊，我是否能包容他们不同的建议，承认他们的贡献。

（3）欢迎多样性。在科学研究中有这样的说法：同质的系统具有很好的稳定性，适应性却很差。异质的系统稳定性与差异程度有关，却具有较好的适应性。真正欢迎多样性意味着高度评价他人的不同观点而不是漠视他们的差异。这意味着我们可以将这些差异看作机会。它会丰富我们的经验。一个欢迎多样性的人能客观地听取他人的意见和建议，并对此做出客观的评价，从中吸取有用的意见和建议，丰富自己的观点。一个具有一定差异性的团队对同一问题会有不同的看法，不同看法之间的交流可能会产生很好的想法。一个不欢迎多样性的人可能目光狭隘、自大、独裁。他们通常让人有不安全的感觉。而太过重视多样性会使自己变得肤浅、犹豫、不自信。

操作实务 6-7　认知风格的多样性的衡量

多样性可以通过以下问题来衡量：

(a) 我是否和与我不同的人很容易相处。

(b) 我是否认为解决问题、实现目标有多种方式。

(c) 在聚会中，我是主动认识新朋友还是与熟人闲聊。

(d) 我是否能全面公正地评价与我持不同观点的人。

(e) 交谈时，对于持有不同观点的人，我是否能很好地理解他的观点。

3. 对"重构"的认知

习以为常、耳熟能详、理所当然的事物充斥着我们的生活，使我们逐渐失去了对事物的热情和新鲜感。经验成了我们判断事物的唯一标准，存在的当然变成了合理的，我们的创造性也会慢慢地被扼杀。而再构造的能力使我们能退后一步看问题，不仅仅看到事物本身，而且从更广的空间角度或时间角度来看待问题。通过培养善问的能力，积极面对和利用挫折，具有整体观和场独立性的认知特点，有利于激发专业技术人员的创造力。

(1) 整体观。整体的设想是强调行为要从全体来研究，元素的设想则认为要从特殊的、相对独立的成分来逐个探讨。[①] 孤立地看待整体中各个部分的人容易迷失在细节中，会导致只见树木不见森林的结果。

形成良好的整体观有助于我们意识到我们在团队、社会中所处的位置，意识到我们和其他人一样是同一个系统的一部分，要承担我们所扮演的角色所应承担的责任和义务。整体观的缺失会导致我们孤立地看待问题或事物，导致过分强调竞争。

整体观可以表现我们观察事物之间联系性的能力。它使我们从联系

---

① 郑雪. 人格心理学 [M]. 广州：暨南大学出版社，2001.

的观点和系统的观点看问题。它表现了我们观察到事物之间具有内在联系性的能力。它使我们从有限的界限中看到了无限。拥有较强整体观的人具有较强的直觉，他们视野开阔，对整个小组或情境的内在状况非常敏感。他们乐于承担自己所应承担的职责，并时刻注意整体对他们自己以及其他人的影响。比如：他们会注意到人类活动对环境的影响，并同时注意到人类改造的环境如何反作用于我们人类。传统的观念认为组织只是一台机器，或是人通过规则、实践、文化的简单集合。但这是错误的。整体观使组织内的各个部分、各个人组成一个系统，使组织成为一个复杂的、具有自我组织能力的有高度适应性的系统。

操作实务6-8　认知风格的整体观的衡量

是否具有整体观可以通过以下问题来衡量：

（a）对于表面看起来不同的事物，我是否会寻找它们之间的联系。

（b）我是否从更广泛的角度看待问题或事物。

（c）我是否曾成功预测到他人想说的话。

（d）我是否注意到某些事物或问题之间存在相关性。

（e）我是否会用联系的观点和系统的观点看问题。

（2）场独立性。场独立性是一个心理学的概念。美国心理学家威特金[①]等人，在场依存性的研究中做出了很大的贡献。威特金等人在研究知觉时发现，有些人很难从视野中离析出知觉单元，有些人较易从视野中离析出知觉单元。他根据场的理论，将人划分为场依存性和场独立性两种类型。场依存性的人，比较容易受当时环境中的其他事物（包括知觉人本身的状况）的影响，很难离析出知觉单元；场独立性的人，比较少受知觉当时的情境影响，比较易于离析出知觉单元。许多研究表明，大多数人处于场依存性和场独立性之间，或多或少地处于中间状态。因此，大多数人是相对场依存性的人或相对场独立性的人，但为表述上的简明，也称之为场依存性的人或场独立性的人。

---

① 郑雪. 人格心理学［M］. 广州：暨南大学出版社，2001.

场依存性和场独立性是认知方式中的一个主要的方面，也是研究得最多的方面。威特金指出，场依存性的人和场独立性的人，是按照两种对立的信息加工方式工作的，场依存性的人，倾向于以外在参照（客观事物）作为信息加工的依据；场独立性的人，倾向于更多地利用内在参照（主体感觉）。

场依存性和场独立性具有普遍性和稳定性。认知方式的场依存性和场独立性维度不仅存在于知觉过程中，而且普遍地存在于思维和性格等领域中。场依存性的人，独立性差，并且容易受暗示；场独立性的人，有较大的独立性，并且不易受暗示。场依存性的人，对于需要找出问题的关键成分和重新组织材料的任务感到困难；场独立性的人，比较容易完成需要找到问题的关键成分和重新组织材料的任务。场依存性的人，更多地利用外在参照，用外在的社会参照来确定自己的态度和行为，他们的行为是社会导向的；场独立性的人，更多地利用内在参照，他们的行为是非社会定向的。许多实验表明，个人在场依存性和场独立性连续维度上的相对位置是相对稳定的。人类的认知方式和性格特征在发展上具有一致性。

操作实务6-9 认知风格的场独立性的衡量

场独立性或场依存性可以通过以下问题来衡量：

（a）在陌生人面前，我是否按照我习惯的方式活动。

（b）发生事故时，我是否期望自己独自解决问题。

（c）我是否相信超自然的力量或运气的存在。

（d）我是否很容易被人说服。

（e）讨论时，我是否能把握住自己的立场和观点。

（f）当周围的人都不同意我的观点时，我是否能坚持自己所深信的观点。

（3）倾向于询问"为什么"这样的问题。爱因斯坦说过："我没有什么特别的才能，不过喜欢寻根究底地追求问题罢了。"①

---

① 宿春礼. 成就比尔·盖茨的11条准则 [M]. 北京：石油工业出版社，2004.

当问题没有简单答案的时候，人们通常会感到害怕。答案是在固定范围、固有规则和预料下的成果，而问题则是对范围、规则的质疑，并以此为突破口，寻找新的界限。当人们离开熟悉的环境，人们会感到恐惧，会想方设法寻找与以前相类似的东西以求得安全感。

询问"为什么"这样的问题与我们对事物的理解以及想要刨根挖底的动机有关。如果我们要发现新的关系、新的事物，我们就无法一直将自己囚禁在固有的环境和思维模式下。我们要拒绝接受理所当然的事情，通过质疑他们存在的原因、机理，询问它是否可以得到改善或改变以发现新的东西。询问"为什么"也能使我们摆脱假设、现有的情境，鼓励我们去探究未来。对一个企业来说，询问"为什么"意味着我们应该对自己问这样的问题，如：我们为什么要生产这样的产品而不是那样的？为什么我们要用这种分配系统或这些原料而不是其他的？而对于一个科研人员来说，我们应该问这样的问题：这个问题摆在我面前，它为什么是一个问题？它产生的原因是什么？它有解决方法吗？如果有，除了惯常所用的方法，是否有更新更好的方法？这些问题有利于我们的创新和成长。经常询问"为什么"这样的问题使我们能更好地面对不确定性，因为我们不再害怕改变。

问题是具有破坏性的，他们是对现状的质疑。牛顿通过问问题发现了万有引力，爱迪生通过问问题发现了尿酸可以溶解于某种物质，解决了痛风这个医学难题。很多现象在人们看来都是那么地理所当然，那也正是经常问"为什么"的人会比常人发现更多的东西，取得更大的成就。

操作实务6-10　认知风格的善问能力的衡量

善问能力可以通过以下问题来衡量：

（a）我是否会跳出令我舒服的环境（或界限），尝试新的东西。

（b）如果到了一个新的环境，我是否会把生活安排得和以前一样。

（c）我是否能广泛地收集与问题有关的信息，跳出问题本身来看问题。

（d）我是否能多角度地看一个问题。

（e）我是否会质疑一个事物固有的价值，寻求他们新的存在价值。

（f）我会用相同的方法做类似的事情，还是寻找其他的新方法。

（g）当某一个解决问题的方法行不通时，我是否能很快改变思考问题的方向。

（h）我是否努力理解规则、习俗和事件背后隐含的意义。

（i）当我解释某件事情时，我是否对自己最初的解释感到不满意。

（j）我是否会关注文化和行为的变化趋势及其形成的原因。

（k）我是否会对他人的观点进行思考，并寻求其来源。

（l）我是否会沉湎于思考某一个问题，直到找到答案。

（4）积极面对和利用挫折。挫折发生的时候，我们首先要接受失败这个事实，其次从根本上找到挫折产生的原因，积极面对，积极解决；在逆境中，我们要认清形势，乐观面对，不可以自暴自弃，要积极寻找机遇和突破口，找到新的天地。

挫折是一个比较模糊的概念，它包括不同的含义。在日常生活中，人们既可以把它看成是一种外部条件（即挫折情景或挫折源），也可以将它看成人们对这种条件的反应（即挫折感或心理挫折）。心理学一般是从后者这一维度来考察挫折的，即研究挫折行为。心理学研究表明，人们的行为总是从一定的动机出发达到一定目标。挫折就是在这一过程中遇到不可逾越或克服的困难和障碍时所产生的紧张状态或情绪反应。

挫折情境、挫折认知、挫折反应是与挫折密切相关的3个因素。挫折情境是指人们在有目的的活动中，使需要不能获得满足的内外障碍或干扰等情境状态或情境条件，是客观的。挫折认知是指对挫折情境的知觉、认识和评价，是人的主观范畴。挫折反应则是指主体伴随着挫折认知，对于自己的需要不能得到满足而产生的情绪和行为反应。在上述3个因素中，挫折认知是最重要的，挫折反应的性质及程度，主要取决于挫折认知。挫折产生的动态结构模式如图6-2所示。

```
个体 → 需要 → 动机 → 行为 → 实现既定目标
                          干扰阻碍 → 克服障碍
              无法改换 ← 无法克服   改换目标
              产生挫折              实现新目标
```

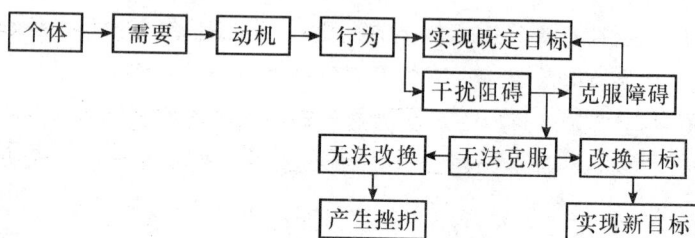

图 6-2　挫折产生的动态结构模式①

挫折产生的动态结构模式包含以下 5 层意思：

（a）个体在需要的基础上产生动机，并引发个体的外在行为。

（b）通过个体的努力，实现既定目标，需要获得满足，不产生挫折感。

（c）个体在实现目标的行为过程中，受到阻碍或干扰，经过努力，克服障碍，实现既定目标，不产生挫折感。

（d）个体遇到干扰或阻碍，无法克服，不得不改换目标，最终实现新目标，不产生挫折感。

（e）个体遇到干扰或阻碍，既无法改换目标又无法克服障碍，最终产生挫折感。因而挫折产生的原因在于：个体在实现既定目标的过程中，遇到无法克服的干扰或阻碍，而又无法改换新目标。

人们对客观事物的认识，是通过主体的主观世界折射而形成的，也就是说面对同样的客观事物，由于个体个性心理的不同而形成了多种多样的主观映象，对挫折这一客观刺激人们的知觉与判断也同样因人而异。对挫折情景能够正确认识、对挫折损失能够作出客观评价的人，往往比那些判断有误、认识偏颇的人更能把握挫折。

积极面对和利用挫折是创造力开发的一个重要特质，它能使我们从错误中吸取教训。它让我们认识到自己的缺点，不是沉浸在其中，而是超越它们。它要求我们有勇气面对自己的缺点和错误，愿意克服因承认错误而要承受的害羞。我们要认识到并不是所有的问题都有解决方法。

①　李海洲，边和平．挫折教育论［M］．南京：江苏教育出版社，1995．

悲伤和挫折能帮助我们建立对生活的信心，并拥有更强的面对不确定性的能力。

操作实务 6 - 11 积极面对和利用挫折程度的衡量

积极面对和利用挫折的程度可以通过以下问题来衡量：

（a）当无法确定事情的结果时，我是否会更坚定我的信念或有更深刻的见解。

（b）我能从过去的失败中吸取教训、得到成长。

（c）当遭到不幸、挫折和反对时，我对我的工作是否仍能保持原有的精神状态和热情。

（d）当心情沮丧、低沉的时候，我是否能快速恢复到良好状态。

（e）由于一些困难，我是否会放弃已经制定的计划。

第四节 影响创造力的环境因素

专业技术人员的创造力不仅受到个体某些因素的影响，还会受到外部情景因素的影响，这些情景因素包括组织的创造氛围和创造性的工作环境，对创造力或创新具有助长或抑制的作用。

一、影响创造力环境因素之一——组织创新氛围

如果一个组织有完整统一的结构、强调多样性、组织内外具有多元的联系纽带、部门之间具有重迭交错的任务分割、强调合作与团队工作、组织成员具有集体的荣誉感与坚定信念 7 个特质，将最有利于创新和创造性活动的发生[1]。Woodman 等人系统性地给出了个体创造力、团队创造力和组织创造力的相互关系（见图 6 - 3）。

---

① Kanfer, R. &Ackerman, P. L. Motivation and cognitive - abilities - An integrative aptitude treatment interaction approach to skill acquisition [J]. Journal of Applied Psychology, 1989: 74, 657 ~ 690.

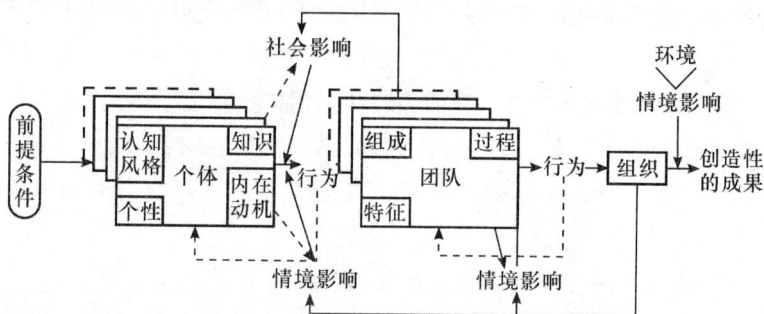

图 6-3 组织创造力中相互作用各方面模型图

资料来源：Woodman，Richard W. Sawyer，John E；Graffin，Rickyw Toward a theory of organizational creativity Academy of Management，The Academy of Management Review；April 1993；18，2 ABI/INFORM Global pg. 293.

布法罗大学的创造性问题解决研究所（CPSI）的 S. G. Isaksen[①]等人概括并发展出一种"组织变革模型"（简称 MOC），这一模型是从组织的变革过程角度来描述创造与创新的。其中，对图形中间组织氛围的评估构成了创造力的"情景态势问卷"。该模型包括：组织外部环境下的组织氛围，组织氛围引发的组织管理过程和心理过程，这些过程决定了组织成员、组织操作和存在的状态。具体来说就是：组织管理过程和心理过程。它包括组织的使命和战略、组织的结构和大小、资源和技术、任务和要求、成员个人技巧和能力、领导行为、组织文化、管理实践、系统性政策和程序，成员个人的需要、动机和风格等。该模型的构架如图6-4 所示。

有助于创造实现的组织氛围应该具备下列条件：

（1）能力的培养，该组织能鼓励组织成员创造能力的培养。

（2）诱因的提供，即组织能提供有助于创新发生的诱因。

---

① Isaksen, S. G., Dorval, K. B., Lauer, K. J. G. Ekvall, et al. Perception of Best and Worst Climates for Creativity：Preliminary Validation Evidence for the Situational Outlook Questionnaire [J]，Creativity Research Journal. 2000, 13（2）：172.

（3）障碍的排除，指组织能够设法移除阻碍创造力和创新发生的各因素。

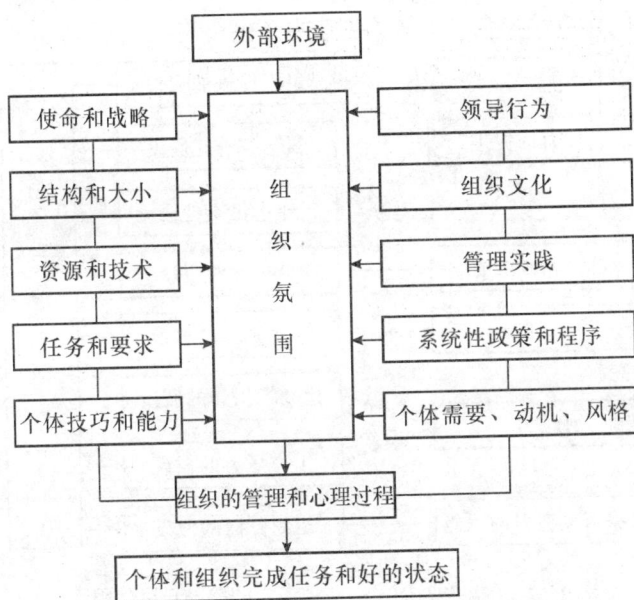

图6-4 Isaksen的组织变革对创造性的影响因素

二、影响创造力环境因素之二——团队创新氛围

团队中的每个成员都会对团队产生影响，同样团队也影响着其中的个体，影响个体的处事方式、工作能力，甚至是思维模式和价值观。创造力作为个人的一种复杂的心智能力，也会直接或间接地受到团队的影响。Amabile的模型①（如图6-5所示）最大限度地将有关创造力的心理学研究成果都包括进去，并涉及到工作环境中与创造力相关的所有重要因素。Amabile的最终目的是通过评估产生创造力的环境，以揭示其中的规律，进而构建理论模型。该模型包括5个方面，即：创造力的促

---

① Amabile, T. M., Conti, R., Coon, H., et al. Assessing the work environment for creativity [J]. Academy of Management Journal, 1996, 39（5）：1154～118.

进或激励因素、自治和自由度、资源、压力、阻碍创造力的组织因素，其中，团队领导的领导风格、团队领导的支持、团队成员的支持、团队交互和团队构成等都会对个体的创造力产生影响。

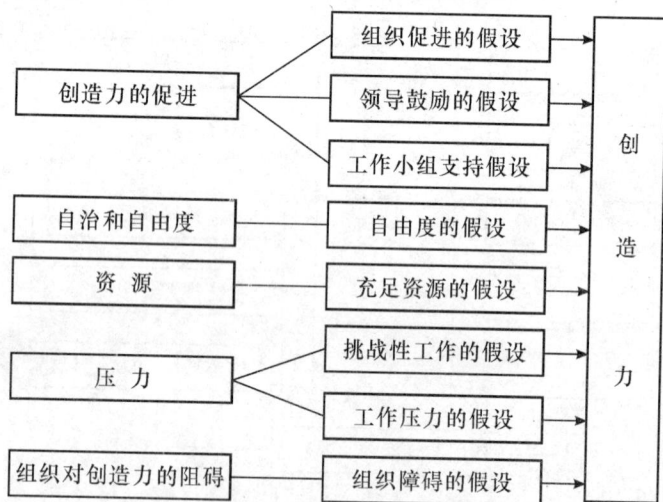

图 6-5 Amabile 的组织对创造力的激励与阻碍因素

1. 团队领导的领导风格和领导支持

许多文献研究了上司的领导风格与员工创造力之间的联系[①]。当上司是指导型的领导风格时，他们关心员工的感受，给员工的工作提供及时而公正的信息反馈，并且鼓励员工表露和坚持自己的观点，员工的创造力会提升。相反地，指令型领导风格的上司往往频繁地监视员工的行为，不考虑员工的具体情况就做出决定，以及总是要求员工们遵守严格的规章和指令，会导致员工创造力水平的降低。内部动机理论认为指导型的领导风格可以推动个体的内部动机，而指令型的领导风格会减少个体的内部动机以及创造力。

---

① Amabile & Conti, 1999；Amabile, Conti & Coon, 1996；Amabile & Gryskiewicz, 1989；Madjar, 2002；Oldham & Cummings, 1996；Shalley & Gilson, 2004；Tierney & Farmer, 2002，2004；Zhou & George, 2003.

高层领导的支持和直接上司的支持都对个体的创造力产生影响，领导者的行为影响下属对于领导支持的感知，进而影响团队成员的创造力。领导的支持通过项目上的直接帮助、下属经验技能发展和增强下属的内部动机对创造力产生影响。如团队领导在实施工作过程中提供明确的战略指导和自治的工作程序等方面的支持；又如支持型的、非控制性的监管等。有助于激发创造力的领导风格应该是：

（1）构建明确的发展愿景，并深入人心。

（2）对员工创造性工作的及时鼓励。

（3）对员工创造性工作的及时和公正的评价和反馈。

（4）加强和员工的创造性工作上的互动和交流，提供智力上的支持。

（5）适当授权，给员工创造性活动的开展以弹性空间。

2. 团队成员的支持和交互

同事的支持和非控制行为也能增进员工的内在动力和创造力。也就是说，当团队的其他成员具有帮助性和支持性时，个体会更倾向于表现出高水平的创造力，因为同事的这些行为增加了员工的内部动力。相反地，当员工的同事没有帮助性、又很富有竞争性、挑衅性时，会降低个体内部动机，并降低创造力水平[①]。但是也有研究显示处于竞争环境中的个体比那些处于非竞争环境中的个体（竞争之间来源于同事），产生的观点的总体创造力更高。

团队成员的沟通与交流、成员间的各种接触，即团队交互（interaction）与创造力之间存在着积极的联系[②]。早在1957年Osbern就提出"头脑风暴"来鼓励和发展团队的创造性观点，这也是团队交互的一种形式，只不过附加了条件——不评判任何观点的错与对。已有研究认为

---

① Amabile & Gryskiewicz, 1989；Cummings & Oldham, 1997；Madjar, Oldham & Pratt 2002.

② Amabile, 1996；Gilson, 2001；Perry-Smith & Shalley, 2003；Woodman, Sawyer & Griffin, 1993.

团队交互对创造力产生影响，主要是由于团队交互影响了团队运作过程，团队运作过程影响了员工创造力；同时，团队交互与团队氛围也有密切的联系，开放、舒适的团队氛围将促进团队交互，进而提高创造力。有研究指出，如果团队成员所感知的环境是舒适的和不具有心理威胁时，那么团队会有更多的交流与沟通，创造力也会有所提升。研究发现当团队中的成员们感知到与其他成员共享观点的一种"安全"氛围时，他们将更倾向于就团队工作和团队建设展开讨论、进行交流，提供更多的意见和建议。如果团队成员感知到其他成员具有"威胁性"，团队交互则不会那么的积极，进而可能影响员工从事创造性活动的热情，最终影响创造力水平的发挥。有助于激发创造力的团队成员的支持和交互作用应该是：

（1）团队成员的相互理解和信任。

（2）团队成员的积极沟通和交流。

（3）团队成员的配合和支持。

（4）针对问题的争论和竞争在一定范围有利于创造性的开发。

3. 团队的异质构成和结构

构成团队的成员的多样化和互异性对团队创造力的开发也具有一定的积极作用。研究表明员工能与多样化的人群进行交流和沟通，是开展创造性活动的必要前提[①]。理论界认为团队的多样化可以促进不同观点的产生，能提高创造性解决问题的能力，在异质性团队中工作的个体的创造力高于那些在单一性团队（非多样化的一种）中工作的个体；新的认知投入、不同人格特质的结合以及新的人际互动有利于提高创造力绩效。团队成员的个体特点会影响团队的互动方式，可使团队沟通及合作变得更容易或更困难。团队成员的个体特点会影响团队其他成员，其中团队成员拥有的工作领域的知识以及资历最为重要。有助于激发创造力的团队构成的特点应该是：

---

① Amabile，1988；Woodman，Sawyer & Griffin，1993.

（1）团队成员具有适中的任务经验。

（2）团队成员具有……与任务及组织相关的知识。

（3）团队成员具有适宜的多样性和异质性。

三、影响创造力环境因素之三——工作任务特性

创造力作为一种可开发的能力，受到许多后天因素的影响。人们在从事具体任务时，会使用一些创造性的方法，产生富有创造力的观点；反过来人们的创造技能得到积累，如此往复。很显然，个体所从事的任务会对个体的创造力产生影响。很多学者都对任务的各种属性与创造力的关系进行了研究。研究表明，任务特征、任务目标、资源的提供、评价和反馈等方面都会对员工的创造力产生影响①。

1. 任务的特征

当个体从事复杂的任务（以高水平的自我管理、绩效反馈、任务重要性和变通性为特征，Hackman & Oldham，1980）时，可能表现出高水平的内在动机和创造欲望，作为对这种动机和欲望的直接反映就是发展创造性观点。特别是复杂的任务还会增加个体参与工作时的兴奋程度以及完成任务的热情，这种兴奋感和热情又能提升个体的创造力。原因可能在于当任务是复杂的、高要求的时（例如，高度的挑战、自治和复杂等性质），员工将更有可能集中所有的注意力和努力在他们的工作上，使得他们更加坚持、更加有可能去考虑异于常规的方法，并最终产生高的创造性绩效。比较简单或者常规的工作，不能从内部动机方面激励员工，也不鼓励员工在工作中尝试新方法、承担风险，这些都减少了员工在工作中发挥创造力的可能性。

任务对创造力的要求会对员工的创造力产生影响。任务对创造力的要求是指员工对于有效地开展工作是否需要以及需要何等程度的创造力的一种感知（Shalley，Gilson & Blum，2000；Unsworth，2001）。研究表

① 陈晓. 组织创新氛围影响员工创造力的过程［D］. 浙江大学，2006. 4.

明，当建筑公司的设计者被鼓励尝试新的设计技术时，设计师们表现出来的冒险精神和尝试新事物的意愿显著地增加了。因此，如果个体感觉到工作需要创造力，这会给予他们从事创造性活动的动机和认可。Shalley（1991；1995）还指出当个体在得到指示，或者被要求，又或者处于实际的创造性目标的任务体系中时，他们很可能、也很有理由在工作任务中尝试新颖的方法和步骤，充分发挥创造力。

在有关任务特征与创造力关系的研究中，自主性也是广泛受到研究者关注的一个方面（Ford & Kleiner, 1987）。关于观念探索和创造力的研究认为，关键是要让员工感受到他们在如何支配自己的时间以及如何开展自己的工作上有一定的自主性。我们必须提醒管理者不能给予员工过度的自主性，例如，完全给予员工安排工作和实施工作的自主性，对于创造力并不是有利的。已经有研究证明了上述的结论，例如，Bailyn（1988）所做的研发人员的研究表明研发人员并不期望得到完全的自主性；相反地，他们更加满意的一种情境是在工作日程已经确定的情况下，能够自主决定用于研究的方法。

2. 任务目标

目标的设置被认为是一项极为有效的"动机技术"，目标的设定会影响员工的自我调整机制（Self – regulatory mechanisms），并进一步影响员工的动机（Kanfer& Ackerman, 1989）。研究表明，目标设定能非常有效地影响工作动机。目标为员工提供了明确的努力方向，增加对工作的关注和投入；目标也会影响员工在工作中应关注什么问题、达到何种程度的努力以及在一项任务中要坚持多久等问题上的认识，进而规范员工的行为。

目标的设定，事实上是管理者在提醒员工"工作中需要什么样的行为或表现，以及组织看重的是什么"。例如，Amabile 和 Cryskiewicz（1987）的研究表明，管理层为员工设定清晰的组织目标是员工在工作中表现出高水平创造力的一个关键性因素。相反地，如果没有给予清晰的目标，员工就不清楚管理层需要的是什么、需要他们怎么做，员工的创造力就会降低。Shalley（1991）的研究也表明，当个体在面对"尽你所能"这样的目标时创造力水平是比较低的；但是过高的目标也会对创造力带来消极影响；只有当目标具有适度的挑战性，个体又被指示"尽你所能"（即高水平的任务自主性）时，创造力水平最高。

此外，创造性目标（creativity goals）的设定与员工创造力存在关联。创造性目标是指员工的产出必须达到既定的创造性（如新颖的、合适的）标准，或者员工在工作中必须努力尝试能产生创造性产出（如多角度思考、环境浏览、数据收集等）的各种活动。研究表明，为员工们设定创造性目标，会使他们在工作中表现得更有创造力。例如，Shalley（1991；1995）发现委任员工创造性目标能有效地增加员工的创造性绩效；如果没有设立创造性的任务目标，设置了任务目标的其他标准，如产品数量，创造性绩效也可能会降低。类似地，Carson 和 Carson（1993）研究表明：与被分配到没有设置创造性目标的工作任务的员工相比，被分配到有创造性目标工作任务的员工在工作中表现出更高水平的创造力。

3. 资源提供

这里所指的资源是广义上的概念，不仅包括实物资源，如材料、设备、资金等；也包括无形的资源，如时间、资讯和信息等。很多研究都表明组织为员工进行创造性活动提供的资源多少与员工的创造力相关联（Amabile，Conti & Coon，etal，1996）。

创造性活动需要花费大量的时间和精力。对于创造力的发挥，时间可能是一项关键的资源。Amabile，Conti 和 Coon 等人（1996）认为任务期限是创造力发挥的一个制约因素。在紧迫的时间期限的情况下，个体会感到巨大压力，常常表现出紧张和焦虑，这会导致内部动机的减弱，并使创造力水平降低。但是，以前的实证研究并没有为上述结论提供直接的证明，对于时间和创造力的关系存在不同意见（如：Amabile，Conti & Coon，etal，1996；Amabile & Gryskiewicz，1989；Carson & Carson，1993；Shalley，1995）。Amabile 和 Cryskiewiez（1989）的研究指出，提升创造力的必要因素中，提到最多的是充裕的时间，以便让员工进行创造性思考、探索不同的观点和方法。Andrews 和 Smith（1996）通过对营销专员的研究表明，个体经受的时间压力与其观点和想法的创造性负相关；即时间越是紧迫，其观点和想法的创造力水平越低。然而，Andrews 和 Farris（1972）发现科学家所经受的时间压力与其创造力有显著的正相关关系。另外，Kelly 和 Mc Grath（1985）发现由给定20分钟时间限制的个体生产出来的产品，比由给定10分钟时间限制的员工生产出来的产品更富有创造力。Amabile，Mueller 和 Simpson 等人（2003）又在最近的一项研究中发现：处于时间压力下的个体，进行创造性思考的意愿显著降低。

除了时间，员工从事创造性活动也需要实物资源。然而，对于实物资源的提供，管理者往往面临着困境，那就是实物资源的提供是创造力发挥的必要条件，但过于充裕的、易获得的实物资源对创造力有消极的影响（Csikszentmihalyi，1997）。比如，当员工开展工作时，手头上并不能马上获得他所需要的所有实物资源，那就更有可能鼓励他们思考其他的工作方法或者发掘现有资源的其他用途，即资源的缺乏实际上会有助于创造力的提高。Drazin 和 Glynn（1999）指出组织应该为员工提供合理的资源数量，这对创造力是有利的。

最后，组织中的人和信息也是非常宝贵的资源。因为，员工在工作中，可能需要他人的指导，也要获得进行创造性活动相关的有用信息；而创造性构想的实施也需要他人的投入和支持（Mumford，Scott & Gaddis，2002）。Woodman，Sawyer 和 Griffin（1993）指出只有在与他人自由地共享信息，并积极地投入决策过程时，个体才能更好地在工作中发挥高水平的创造力。

4. 评价和反馈

已有实证研究表明，预期的有关工作的评价会对员工创造力产生影响（例如，Zhou & Shalley，2003）。这些研究大多数关注于预期的审判式评价（judgmental evaluation）对创造力的影响，审判式评价是指准确地估计个体工作中的创造力水平，并将其水平与一些标准相比较（Old-ham，2002）。少数的研究调查了预期的发展式评价（developmental e-valuation）（例如，一种非判断式的评价或者旨在推动个体技能发展的评价）对创造力的影响（Shalley，1995）。根据内部动机理论的观点，个体经历的审判式评价就好比是行为受到监控。因此，员工们会更多地关注于评价而不是自身工作上的创造力；这将导致内部动机的降低，最终导致创造力的降低。相反地，个体受到的发展式的评价如同来自其他人的支持和信息反馈，因此个体会表现出高水平的创造力。之前的研究所提供的结论总体与上述论断相符：个体期望他们的工作被精确地评价时，他们的创造力水平会降低。此外，不管个体所预期的评价主体（例如，实验者们、专家团体或者他们本人）是谁，这种影响作用都会出现（Barbs，Szymanski&Harkins，1998）。Amabile（1979）指出：不考虑专家的评价的个体，比那些期待自己的美术作品能被专家准确评价的个体，所创作的作品更富有创造力。同样地，Amabile，Goldfarb 和 Brack-field（1990）研究表明期待得到对其作品的准确评价的诗人和抽象画家在创造力上显著低于那些并不期待得到准确评价的诗人和抽象画家。而关注发展式评价的研究得到的结论基本上都表明发展式评价对创造力的积极作用（Shalley，1995；Zhou & Oldham，2001）。在两种评价方式的比较上，Shalley 和 Perry-Smith（2001）的研究表明期待审判式评价的个体创造力显著低于期待发展式评价（例如，专家总结个体的工作，对未来要涉及的可选方法提供建议等）的个体。另外，Zhou（1998）的研究表明对任务的不同评价性反馈方式也会对员工在随后的任务中所表现出的创造力产生影响，发展型评价和反馈（例如，你做得很好、祝贺你、保持好的工作状态等）与控制型评价和反馈（如，你做的很符合要求，但是你要记住，要使我们能使用你的数据你必须保持这个水平的创造力等）相比，能使员工在随后的工作中表现出更高的创造力水平。

第五节　如何汇聚为团队创造力

进入知识经济时代，在知识交叉融合的趋势下，科学技术日趋复杂，建立在"规划"与"合作"基础上的科学体制得到巩固和发展，以组织化方式展开的团体创造行为日渐普及，团队逐渐成为知识创造和技术创新的主体力量。团体创造过程是以知识、技能的共享、交叉、整合为重要手段，它为专业技术人员创造了基于问题情境的知识互动空间，促进团队内互补性知识的转换和整合，从而发挥出更大的知识协同效应和组合优势。因此，将专业技术人员的个体创造力汇聚为团队的创造力有利于专业组织的持续创新和发展。

一、团队创造力的内涵

创造力研究从 1950 年 J. P. Guilford 发表著名的"论创造力"演说开始，对个体创造力的创造技法、测评手段和理论模型的探索取得了不小的进展，但这些研究还是留下了一个关于人与人之间关系和团队作用的缺口[1]。一方面，个体层次的创造心理的研究必须以揭示人的脑神经生理机制为基础，而高度复杂的创造心理的脑机制研究还处在探索过程中，这使得个体创造力的研究如"盲人摸象"难以取得共识。相对个体创造力而言，团体创造行为具有集体协作的特征，并通过团体成员之间的信息交流得以实现，这使得"思维规律"具备了某种程度的可观察性，有利于研究者们摆脱面对人类大脑"黑箱"的困顿。另一方面，许多研究注意到仅用个体差异来解释人的创造力是不全面的，创造力是由社会、文化与个人相互作用而产生的现象，研究外部环境、氛围、社会因素等对创造行为的影响更具有现实意义，并指出当前创造力研究

---

① T. R. Kurtzberg, T. M. Amabile, From Guilford to creativity Synergy: Opening the Black Box of Team – Level Creativity [J]. Creativity Research Journal, 2000 – 2001, 13 (3&4): 285 ~ 294.

需要以团体水平为中心，理解发生于多样性个体成员之中的创造力，探索创造力的所有表现，从个人之间的合作到小团体，再到大而复杂的团体①②。

20 世纪 70 年代初期由美国通用电气公司发起，并由几百家大企业参与支持的"创造性领导中心（CCL）"可视为开展团队创造力研究的最初尝试，该中心从关注领导者创造力角度研究团队创造力，在提高领导者心理素质、发展战略眼光等方面做过大量研究和培训工作，并开发了重要的团体创造氛围测评工具创造氛围评估量表（KEYS）；美国的"国际创造力研究中心（ICSC）"于 20 世纪 90 年代开始团队创造力研究，开发了"情境态势问卷"（SOQ）。此外欧洲的"创造力研究欧洲联合会"（CREA）、"欧洲创造与创新协会（EACI）"也不同程度研究团队创造力问题，开发了团体氛围量表（TCI）。亚洲的日、韩和新加坡都重视团体创新研究，日本学者提出，日本创新成就即应归功于形成团体创造氛围和团体机制，其科技创造更具适应性、融合性和多功能性，都利于形成团队创造力。我国与 20 世纪 80 年代初开始对个体创造力进行研究，近年来的研究主要从科学学研究角度涉及科技团体成因、结构发展动力机制，以及从科学社会能力角度，根据智力常数、集团人数等对科学家集团创造能力评估的研究③，但真正对团队创造力的研究在本世纪初才开始，以对科技团队创造力评估的实证研究为主要方向④，对团队创造力的理论研究才刚刚起步。

由于创造力概念的复杂性，对团队创造力的定义并没有统一。Barlow. M.（2000）认为团队创造力是团体所有成员思考问题角度的一种"顿悟式

① Sternberg. R. J, Lubart. T. I. An investment theory of creativity and its' development [J]. Human Development, 1991, 34：1~32.

② Csikszentmihalyi. M. Creativity：flow and the Psychology of discovery and invention [M]. New York：Harper Collins Publishers, 1996.

③ 王习胜. 国内科技团队创造力评估研究述评 [J]. 自然辩证法研究, 2002（8）：50~52.

④ 傅世侠，罗玲玲. 建构科技团队创造力评估模型 [M]. 北京大学出版社, 2005.

转换"；Brown，R. T. （1989）和 Harrington，D. M. （1990）则认为团队创造力是创造过程、创造产品、富于创造性的人和创造性环境几个方面结合，以及如何相互作用的结果①②；傅世侠等学者（2005）认为科技团队创造力是指科技团体在科学研究或技术开发过程中，通过科学发现或技术发明而表现出来的一种整体特性。虽然这些定义各有差异，但总体上都是从创造过程视角来界定团队创造力，对"团队创造力是团体的创造性品质及其在创造成果中的具体表现"具有共识。

二、团队创造力的评估

从 Woodman，Richard 和 Sawyer 等人 1993 年提出的组织创造力的互动模型以及 West 2002 年的团队创新模型出发，结合 Lucy，Christina（2004），Paul B. Paulus，Amabile 等人的团队创造力理论，并且考虑到知识团队的特点，确定了知识团队团队创造力的简单模型，如图 6 - 6 所示。

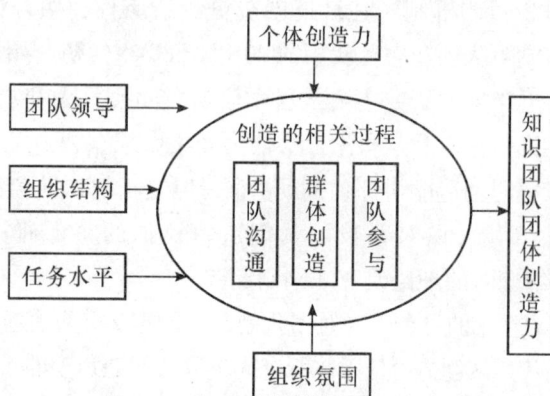

图 6 - 6　团队创造力的构成模型

① Browm，R. T. Creativity：What are we to measure? In J. a. Glover，R. R. Ronning，C. R. Reynolds（Eds.）. Handbook of creativity［M］. New York：Plenum Press，1989，3～32.

② Harrington，D. M. The Ecology of Human creativity：A Psychological Perspective［A］. In M. A. Runco，R. S. Albert，（Eds.）. Newbury Park，Call. 1990，143～169.

知识团队的团队创造力的影响因素是多方面的，人们研究的角度也是多方面的，从内部的资源到外部的氛围；从团队的基本成员到团队的领导；从人物的特征到创造的过程。本书在归纳总结前人研究的基础上，结合知识团队的特性，概括出知识团队团队创造力的主要 5 大因素是：团队成员、团队领导、团队氛围、团队构建、任务水平。

1. 团队成员

Scarbrough 称那些利用自身的知识资源，解决复杂问题的软件工程师、管理咨询人员、金融分析员及科学研究人员等新型人员为知识工作者。J．P．Drucker 认为知识工作者是高水平的组织员工，他们运用通过教育和训练等手段获取的理论性、分析性的知识来开发产品和服务，他们通常具备较强的知识学习和创新能力，并能够充分利用现代技术知识提高工作效率。同时，创新也是组织发展的根本动力。对企业而言，最关键的资源是蕴含在人力资本中的价值创造力，组织的范围由人力资本价值创造力的辐射空间来决定，关键人力资本的缺失和人力资本本身创造力的贬值将改变企业的边界。组织和知识工作者的双向选择，需要双方目标的结合点，这个结合点就是相互认同，而相互认同的基础在于共同的目标——创新。

表 6 - 1　团队成员指标

团队成员	指 标 说 明
领域技能	具备与其任务相关的知识和技能
	能够运用各种创造方法
创造机能	调动各种感觉以感知事务
	富有想象力
	思维灵活，开放
	有独立见解
任务动机	对各自的任务觉得有趣或者有价值

2. 团队领导

伴随着社会的发展，越来越多的组织开始更加重视领导活动的重要性，更加注重开发组织中领导的作用，特别是一些组织或个人对如何才能更好地发挥领导的作用进行了大量的研究和探索。Amabile 认为，团队的领导者是联结个体创造力的关键环节。Rickards 和 Moger 总结道：领导者的干预可以提高团队的创造性绩效，并且促进不同类型的领导者可以为团队产生新颖（有创造力）的结果指出相关过程和实施草案。知识团队的领导对团队创造相关过程的影响可能有两个方面：一方面是作为团队的领导者进行管理活动；另一方面是作为技术专家起到教练和指导作用。优秀的领导者能够创造一种自由、自愿的共同体的组织环境。在比较小的团体内，由于允许有大量的面对面的接触和交流，这一点更容易做到。领导者的业务能力是基础，管理特点则在团队领导的影响力方面发挥重要作用。

表 6 - 2　团队领导指标

团队领导	指 标 说 明
业务技能	团队领导的专业技术水平
	团队领导的创造能力
管理特点	团队领导制定决策的偏好
	团队领导的协调能力
	团队领导的沟通能力
	团队领导对团队成员创造活动的激励

3. 团队氛围

团队氛围是指某一特定团体成员的精神状态和气氛。氛围在某种意义上可以等同于环境，但更强调主观感觉性，可以看作是主体对环境的感受，是一种情境。英语语境下对应的词汇是 Climate，而环境一般用 Environment。Ekvall 对组织氛围的定义是代表组织生活特色的各种态度、情感以及行为的集合。团队氛围研究将团体所能提供的，对创造主体的行为造成最大影响的方面都包含进去。氛围对于团队创造的重要作用，曾在奥斯本和戈登等人的工作中得到一些经验性研究或经验性实证研究的验证，但他们的侧重点或目的还都是为了开发个体的创造力。后来才开始出现关于确定团队创造氛围的因素方面的研究。国外在氛围研究上已经取得很多成果，迄今已经有 6 种测量工具，其侧重点各不相同，但有很多因素还是有很多相似之处。出于影响团队创造过程的角度考虑，本书所研究的组织氛围，包括组织的创新态度、团队政策和学习机制。创新态度指的是组织鼓励创新的政策和积极评价创意和创造活动上的姿态；团队政策是指组织在授予新产品开发团队的自由和自治权利，以及在团队评价考核政策上的管理实践；学习机制是指组织为其成员就专业技能、社会技能和创造技法提供的培训以及创建知识库及共享的技术档案等自主学习途径的程度。

表6-3　团队氛围指标

组织氛围	指标说明
组织的创新态度	组织的管理层面重视创新
	组织对新创意有公平一致的评估
	组织鼓励做出创造性的工作
	组织对风险的容忍性
	组织对失败的容忍性
组织的团队政策	侧重于评价团体绩效
	重视团队中个体的贡献
	给与团队工作的自由自制权
	给项目开发较宽裕的构思时间
组织的学习机制	对任务相关知识的培训
	对创造技能的培训
	对社会技能的培训
	建有网络知识库或只是管理体系
	共享式的技术档案管理

4. 团队构建

从有助于创造力角度来看，多数文献都支持团队创造绩效将随着团队多样化而增长。Payne 提出团队内部的多样化有助于研发团队的创造绩效。Paulus 认为由不同专业背景、知识、技能和能力的人员组成的团队将比成员是相似的团队要更为创新，因为他们将有用的问题的不同方面带入团队。Dunbar 有证据表明包含着多样性但重合的知识领域以及技能的成员的团队特别有创造力。West 提出团队成员知识和技能的多样性对小组创新有多少贡献取决于团队过程的复杂性。如果在组建团队时有意将持各种不同观点的人容纳进去，那么这些团队的人数以及看问题的角度都会有所增加。在这些团队中发生的建设性冲突将会使该团队提出的创意在深度和广度上都得到加强。Kanter 注意到"创造力经常在专业和领域的边界而不是在内部涌现"。Jackson 通过多样化的研究认为知识互补是一种提高创造力的机制。不仅团队成员的知识技能的多样化有利于团队过程，同时团队协作过程需要各种能力结构，团队成员在提供专业知识之外，有意无意地扮演着团队所需的各种角色。组织行为学的研究认为，一个团队想要有效地运作，需要 3 种技能类型的成员。一种是技术专长成员；一种是具有解决问题和决策能力的成员；一种是善于聆听、反馈、解决冲突、协调人际关系的成员。从团队创造的观点出发，团队成员的认知风格类型与工作角色相匹配，关系到个体创造力能否成为团队创造力的构成要素。角色是个人在特定的社会或团体中所占有的位置，也是被该社会或团体所规定的行为模式。团体中每个成员都有自己的角色位置。如果团体需要的角色与个人的角色愿望及能力水平达到最佳符合，就能使环境氛围协调，集体富有活力；否则，就有可能销蚀团队创造力。

表 6 - 4　团队构建指标

团队构建	指标内容
团队构建	团队成员知识及技能的多样性
	团队成员的角色定位
	团队的群体规范
	团队成员对创造性成果的一致性评价
	团队成员间的信任
	团队的目标和愿景清晰并获得共享
	团队内部对创意的开放程度
	团队内部有安全感，人际间没有威胁

5. 任务水平

富于挑战性的工作更能激发团队成员的创造力。根据马斯洛的需求层次理论，人的最高需要是自我价值的实现，人只有在低层次的需求满足之后才会有高层次的需求。知识团队的成员大多接受过较高的教育，具有自己的工作设想和理念，所以，具有一定挑战性并能发挥他们特长的工作更容易积激发他们的创造力。任务特征对专业领域知识的相关性大就会使成员发挥自己的专业特长，从而更有利于知识团队成员发挥创造性。成员所承担任务的相互依赖性大，有利于成员之间的互动，在协作讨论中易出现创造性的观点。

表 6 – 5　任务水平指标

任务水平	指标说明
任务特征	任务具有挑战性
	任务对专业领域知识的相互依赖性
	成员所承担任务的相互依赖性

三、团队创造力开发策略

在知识经济时代，知识团队这种形式的组织运作方式会越来越普遍。由于知识员工的特点，更新以往的观念和方式方法，用新的方式来开发知识团队的团队创造力显得尤为重要。通过创造平等和谐的团队氛围，构建学习型团队，建立团队成员的共同愿景，培养有魅力的团队领导，建立团队心理契约等途径来加强知识团队的管理，提高知识团队的能力，充分发挥知识团队的效能。比较常见的开发策略有以下几点。

1. 建立学习型团队

知识员工作为企业的创新主体，面对日趋激烈的市场与团队内外环境的竞争，只有不断地加强学习，更新知识与观念，提高自身综合素质才有可能在强手如林的团队成员中脱颖而出。团队管理者构建学习型团队，在团队中创造学习、竞争的氛围，提供团队成员相互学习、相互交流、共享知识、共同进步的机会，对知识员工的个人价值实现与个人职业生涯发展会提供更多的帮助。在学习型团队中，知识员工应消除戒备性思维，放弃害怕别人学习超过自己的想法，应该认识到，一个人的知识技能是有限的，复杂艰苦的团队工作依靠个人的技能是无法完成的，只有敞开心扉，与人分享，在与团队成员相互学习的过程中，提高自身的学习能力、人际交往能力与创新能力，从而为自己在团队中的发展打下坚实的基础。学习是创新的源泉，只有不断地充实新的内容，才会创造出更新、更有价值的东西。

2. 构建团队心理契约

所谓团队心理契约是指知识团队领导与知识员工之间对一系列相互的心理期望的理解与认可，这些期望是团队内部契约双方相互知觉但非明确表达的，不被其他团队共享的一种心理需求。它具有主观性、动态性、双向性、应变性等特点。团队目标的实现需要知识员工的相互支持和全力以赴，而仅靠商业契约是难以达到的。心理契约既然是一种契约，它必须包含甲乙双方的心理期望。甲方是团队，团队负责人是团队的代表。乙方是团队的知识员工。甲方对乙方的心理期望是：发挥全部的潜能、承诺团队目标的实现、相互支持、诚实和全力以赴等；乙方对甲方的期望是：有意义的目标、尊重专长、信任、工作具有挑战性、公平、能够自由发表意见、容忍失败、获得信息、努力得到回报、能够得到帮助、工作具有趣味性等等。从知识员工的特点可以看出，与商业契约不同的是，知识团队的心理契约的主控方不是甲方而是乙方。如果你聘用了最优秀的人才，使他们拥有自己的尊严并受到尊重，对他们进行投资并充分支持他们个人的发展，创造最有利于积极性发挥的组织环境，那么这些人将竭尽全力发挥自己的才干来回报你。团队管理者应尽量满足员工的心理期望，以建立心理契约，让员工竭尽全力发挥自己的潜能。因此，一个良好的心理契约不仅有利于提供一个良好的氛围环境，而且有利于成员保持一个愉悦的创造心情。

3. 营造易于形成团队创造力的组织氛围

团队氛围的营造是一贯的，自始至终必须保持一定的延续性和一致性。对于组织的创新态度和团队政策来说，被员工感知需要一定的时间，组织态度和政策只有在较长时间内保持一致，才能影响到他们的行为。

营造易于形成团队创造力的组织氛围。知识团队的成员主要由知识员工组成，氛围在很大程度上受人际关系影响。对知识团队而言，人际关系最大的挑战是信任、热心和尊重。要确保团队成员得到这种信任、热心和尊重，让团体处于开放的状态，让团体与外界保持有益的物质、信息和人才的交流。比如：尽可能允许团体成员计划自己的工作和期限，允许使用他们的创造性方法和技术进行实验，认同员工创造性的努力，视他们为创造性个体，为创造性的工作做好预算等。由于其特殊地位和价值，科技团体绝对不能实行大一统或学阀式的封闭管理模式，追求所谓的步调一致，思想统一是很多管理者懒惰无能的表现。即使做出了一定的成绩，也会彻底扼杀科技团体最珍贵的品质——创造性，进而走向死寂。

4. 选拔具有创新管理特点的领导

一位有凝聚力的团队领袖对知识员工来说至关重要。随着传统的管理等级制度的削弱，组织越来越呈现扁平化，人与人的影响在组织中变得越来越重要。优秀的知识团队管理者是通过影响力而不是权力来进行管理的。

首先，团队领导具有较高的自身管理能力。创造团队的领导需要扮演好反馈工作信息，解决冲突、协调人际关系的角色，因而有很好的沟通和协调能力。团队领导需要知人善任，了解成员的创造特点和认知风格。在大多数管理人员都没有学习过如何营造创造氛围或是与团队创造性地展开合作的情况下，团队领导需要除参加管理技能的培训外，参加创造力管理和创造方法的培训。

其次，团队领导充分授权和民主化决策。不管团队领导自己的决策能力有多高，在团队工作方式下还是应该让成员参与决策过程。作为团队的一分子，团队领导应该参与团队创造活动，但不要把自己视为解决问题的专家。授权给团队成员，然后通过集体来讨论解决方案能够提高团队的参与和沟通水平。让团队成员从一开始就参与制定工作目标和决定工作步骤，从而让他们觉得团队的成功与之息息相关。给团队一些时间来筛选出最佳的合作工作方式。一旦团队成员对目标和各自的分工上达成一致，他们对团队的投入水平和工作效率将更高。

再次，团队领导要致力于培养团队成员的技术技能和人际关系能力，并且有意识地选拔具有创新技能的成员。

5. 选拔并培养具有创造能力的团队成员

早期主要是对一些在建筑、数学、艺术及科学的领域上具有创造力的人进行分析，泰勒综合多种研究后，发现创造力的人格具有较多的自主性，自我满足，有独立的判断力，当其发现多数人的意见错误时，也敢于提出异议，对本身的非理性方面持开明的态度，敢于承认。

创造者同时比较稳定，但有统治和决断力，积极而自制；敏感、内向，又有无畏的精神。随着研究对象的扩大，克尼洛综合各家研究，总结出有关创造性人格的 12 项特征：具有中等以上智力、觉察力、流畅力、变通力、独创力、精密力、怀疑心、坚毅力、游戏心、幽默感、非依从性及自信心。创造是一种能力，也是一种过程，和个人的人格特质有关，可由创造者的行为或作品以客观的标准来加以评价。这一点为我们测量创造力基提供了理论依据。

此外，创造型的成员必须有充实的知识经验背景，创造是个体从原有的基础上加以扩展与引申。创造的成果要有独特性与新颖性，但必须与社会实践相结合，具有一定实效性。

思考题

1. 结合所在组织创造活动，分析应该具有的创造力的类型。

2. 如何理解创造的四阶段模型对于创造活动的作用。

3. 分析个人的个性特征和认知风格，对自己的创造能力进行评价。

4. 结合所在组织的创造活动，分析阻碍创造力的因素有哪些，如何改进。

5. 对所在团队的创造力进行评估，指出存在问题和提出改进措施。

案例分析6——如何开发团队创造力

杰克·韦尔奇曾在通用公司实施"解决（work-out）方案"计划。他们定期举办企业内各阶层员工参加的讨论会，会议议程有3项：（1）开动脑筋，思考新办法；（2）各自岗位可取消的多余环节和程序；（3）共同解决出现的问题。有3万名员工参加过这一活动。员工们来自不同岗位，在开放的氛围下，讨论非常热烈。飞机发动机制造厂的一次讨论中，半小时内就提出108个问题。虽然让有关领导大汗淋漓，但所提建议为该厂后勤部门节约了20万美元。

通过创新，建立个人、组织乃至国家的竞争力已为越来越多的有识之士所认同。组织创造力有赖于员工个体创造力的发展，但并不是个体创造力的简单相加。就像许多小磁针，每一个针的磁力很强并不必然能使整个磁场的磁力增强，只有他们的正负极都在同一方向上时，整体的磁场才是最强的。通用电气公司就将创造力的开发由个人推进到了组织。

首先，通用公司具有开放的组织文化。一种开放的、鼓励参与的组织文化氛围，对于迅速激发组织创造力是必不可少的。这种文化氛围，保证参与者不以曾有过的失误为耻，不受他人的打击；保证讨论者不因其提了意见受到排挤或被"穿小鞋"；保证大家的讨论对事不对人，针对将来而不是过去。创意在最初被提出时，大都是非常脆弱的，它包含着许多明显的缺点和漏洞，即使是提出创意者本人，也多带有试探性。这时，如果遭遇批评，提出者的自信心就会遭受打击，自我防卫的需要占主导地位，创造性思维的通道被阻塞，难以产生新的灵感；即使有新的想法，也不会轻易提出。面对这种局面，周围的人也容易想到"沉默是金"的良言。通用公司具有开放的组织文化能够促进组织成员的讨论和反省行为，并保证一个宽松、平等、公开的环境，使员工的创造力能够得到最大限度的开发。

其次，通用公司的创意研讨会是开发团体创造力的重要方法。创意研讨会正像激光产生的原理一样，1个原子激活2个原子，2个激活4

个，4 个激活 8 个……而且所有参与者都向着一个方向，结果产生巨大的能量。通用公司的创意研讨遵循两条原则：（1）保留判断的原则。思考创意时，人们都有立即直觉下判断的倾向，但这种倾向妨碍了人们创见的产生。保留判断的原则有利于激发创意。（2）量变产生质变原则。如果向某个目标集中发射大量子弹，目标被击中的可能性便会增大。创意的产生也是这样，创意量越大，从中获得优秀创意的可能性也就越大。量是产生好的创意的必要条件之一。很少有人在一开始就能获得最好的创意，科学研究的结果表明，最初所产生的创意，很像是最好的创意，而实际上只是一种似是而非的东西。

通用公司注意到团体创造力能够产生更高效益。一个成员所提出的创意，会引发其他成员的想象力，刺激其他成员产生创意，正如弗烈特·夏普所说的那样："如果确实融入创意发表会中，个人的灵感，可在别人卓越的创意上点火，引发更多创意的火花。"在人们都真正投入的情况下，团体联合的想象力比独自一人时增加 65%~93%。通过"解决（work-out）方案"计划使通用公司获得创新的发展机会和空间。（改编自 http：∥www. ge. com. cn.）

讨论题

1. 通用公司团体创造力的开发具有哪些特色？
2. 结合所在单位的创造活动特点，为团体创造力开发提供好的建议或措施。

第三部分　创新能力培养与提高的技能篇

导　读

如果说创新素质是创新的灵魂，那么创新技能就是驾驭创新灵魂的工具。科学社会学创始人贝尔纳说过："良好的方法使我们能更好地发挥和运用天赋才能，而拙劣的方法则可能阻碍才能的发挥。"创新和创造过程既是一个客观的实践过程，又是一个微观的心理过程，其复杂程度很大，必须有正确的途径和良好的方法，尤其在现代科学技术发展突飞猛进，新领域问题不断增多、难度增大的情况下，掌握有效的培养创新能力的方法就更为重要了。

专业技术人员在具备审视创新的战略视野、关注市场需要和客户需求的基础上，还需要利用创新技法来把握灵光乍现的创新思维，更需要探寻技术学习的路径，掌握知识创造的规律，将潜移默化的隐性知识加以转化，利用交叉融汇的知识结构突破固化的思维模式，只有这样我们才能够看到牛顿眼中的苹果，徜徉于爱因斯坦的相对论世界。当然，倘若把创新喻作开掘财富的金斧，那么创新者手中掌握的智力资本则是这些创新财富的保险箱，更是创新者的护身符，因此，了解和掌握知识产权的保护和利用也是专业技术人员必备的创新技能。本篇章对上述内容作了如下的展开，为创新能力的培养探寻有效的方法。

创新技法是建立在创造心理和认知规律基础上的一些规则、技巧和方法，它们大多是以原则、诀窍和思路形式，来指导人们克服消极的思维定式，促进非逻辑思维的流畅性、灵活性和独创性的展示。其中分析型技法、非分析型技法和TRIZ的方法是应用广泛的创新技法，在使用过程中应根据不同对象，灵活选择并综合应用各种技法和手段。

技术学习是提高企业和专业技术人员创新能力的基石，是专业技术人员提升创新能力的必经之途。要提高技术学习的成效，需要从扩展技术学习源、加强技术学习内容的吸收和提升技术学习层次等方面入手，每个方面都和企业本身的知识管理、学习行为等息息相关。

创新的过程离不开知识产权的保护和激励。在专业技术人员创新过程中，知识产权为创新成果提供了法律保护平台，同时也影响着整个创新过程的实施。因此，专业技术人员在关注将以往的创意如何转化为能够创造出价值的产品和服务的同时，还应该扩展视野，通过专利战略等知识产权管理方式来提升创新能力和保护创意。

第七章 激发创新能力的方法

本章要点

- 创新技法的概述
- 分析型创新技法
- 非分析型创新技法
- TRIZ 理论及方法

导读案例 7——弗莱明的新发现

1928 年，英国细菌学家弗莱明研究各种葡萄球菌的变种时，在实验桌上放着一部分培养皿，由于常常打开盖子，培养液难免被空气中的微生物所污染。

一天，弗莱明发现，在培养皿边缘生长了霉菌，在这霉菌的周围葡萄球菌不仅不能生长，而且连离它较远的葡萄球菌也被它溶解掉。细心的弗莱明及时抓住这一现象进行深入细致地研究，终于发现了一种新的抗菌素——青霉素，并获得诺贝尔医学奖。

但是，日本科学史家发现，早在弗莱明发明青霉素以前，日本的科学家古在由直在实验室中也同样观察到了葡萄球菌被污染的霉菌所吞噬的现象。然而，古在由直却不加研究而轻易地认为这是一种常见的普遍的现象：由于被污染的霉菌迅速地繁殖，消耗了培养皿中的养分，导致葡萄球菌的消失。殊不知，就是这种习以为常的一念之差，使古在由直丧失了新发现的机会，也失去了国际科学界最高奖赏的机遇。

因此，在创造和创新过程中，掌握创新的思维规律和创新的技法，有利于找到创新的捷径。弗莱明在对待培养液被污染的问题上，运用了把熟悉的事物有意识地看作陌生的，然后按照新的理论来加以研究的创新技法，从而获得新的发现。可以，只要坚持按照事物发展本身"千差万别"的特点、"千丝万缕"的联系、"千变万化"的过程去认识事物，研究事物，就会真切地感到处处留心皆有创新的可能。（改编自许庆瑞主编.研究、发展与技术创新管理［M］.北京：高等教育出版社，2000.11）

第一节　创新技法的概述

科学社会学创始人贝尔纳说过："良好的方法使我们能更好地发挥和运用天赋才能，而拙劣的方法则可能阻碍才能的发挥。"创新和创造过程既是一个客观的实践过程，又是一个微观的心理过程，其复杂程度很大，必须有正确的途径和良好的方法，尤其在现代科学技术发展突飞猛进、新领域问题不断增多、难度增大的情况下，掌握创新技法就更为重要了。

一、创新技法的概念

创新技法是人们进行创新和创造活动时所运用的具体方法和实施技巧，它是根据创新思维的发展规律而总结出来的一些原理、技巧和方法[①]。创新技法是创造方法、创造经验、创造技巧的总和，它是完成创新和创造活动的强有力武器和必要手段。合理地利用创新技法可以启发人的创造性思维，有利于创新成果的产生，可以使人们的科技创新实践少走弯路和不走大的弯路，能够提高人们的创造力和创造成果的成功实现的概率。

创新技法在实践运用中主要遵循以下 4 种原则[②]。

1. 迁移原则

迁移是指以前所获得的知识、经验和技能对后来所学的新知识、新

---

①　彭耀荣，李孟仁.创造学教程［M］.广州：中南大学出版社，2001.6.

②　苏玉堂.创新能力教程［M］.北京：中国人事出版社，2006.3.

技能和解决问题的影响，它包括正迁移和负迁移两种。迁移原则在实际应用中，具体表现为 5 个方面：原型启发、仿生移植、相似原理、对应联想和模拟类比。

2. 组合原则

组合是按照一定的技术原理或功能目的，将现有的科学技术原理或方法、现象、物品重新安排，以获得具有统一功能的新技术、新形象、新产品。组合类型主要有同物组合、异类组合、概念组合、重组组合、共享与补代组合和综合。

3. 分离原则

组合是创新，分离同样是创新。分离是将某一物品拆分开来进行创新研究的手段和方法。

4. 还原原则

还原原则是把创新对象的最主要功能抽离出来，进行研究的手段和方法。

应用这些原则的基础是要求创新者注意 3 个问题：一是要注重掌握基础知识和基本技能；二是要提高分析问题和解决问题的能力；三是要发展自己的概括能力。

二、创新技法的分类

迄今为止，国内外创造学家已总结归纳出了创新技法已有近 400 余种，常用的有 100 多种，但还没有对名目繁多的创新技法进行明确的分类。

（1）我国东北工学院、国家科委人才资源研究所创造力课题组将创新技法分为提出问题的方法、解决问题的方法和程式化的方法。

（2）日本著名创造学家高桥诚把自己精选的 100 种技法分为 3 种大类，分别是扩散发现技法、综合技法和创新意识培养技法。

（3）日本电气通信协会在所编的《适用创造性开发技法》中，把常用的 29 种技法分为 6 类，分别是自由联想法、强制联想法、分析法、设问法、类比法和其他方法。

（4）著名的创新管理专家许庆瑞按照创新思维的规律将创新技法分为分析法和非分析法，分析法是应用逻辑思维的方法激发人们的创造力，包括特性分析法、排列组合法、类比法明法、缺点列举法、情报分析法、检核表法、需求研究法、监视法、分析比较法等；非分析方法是按照非正统的方法思想，激发人们的想象力，使人们的思想从逻辑思维的过程中解脱出来，其根本出发点是交叉和融合，包括智力激励法、综摄法、仿生学法、类比发明法、联想发明法、模仿创造法等①。

（5）前苏联的学者 Altshuller 和他的团队，以及数十家研究机构和大学，分析了世界近 250 万份高水平的发明专利，总结出各种技术发展进化遵循的规律模式，以及解决各种技术矛盾和物理矛盾的创新原理和法则，建立起 TRIZ 理论体系，构建一个由解决技术问题，实现创新开发的各种方法、算法组成的综合理论体系。TRIZ 理论将特殊的问题归结为一般性问题，然后应用 TRIZ 带有普遍性的创新理论和工具寻求标准解法，在此基础上演绎形成初始问题的具体解法，这种从特殊到一般的方法，充分体现了科学的问题解决思想，富有可操作性。

事实证明，应用创新技法可以拓展创新思路，更好地获得创新成果的实现。然而，在创新过程中，生搬硬套某种技法并非良策。应视不同对象，根据不同对象，灵活选择并综合应用各种技法和手段。方法提供的只是一些应遵循的基本原则，指出必要的步骤，而不能仅仅拘泥于这些创新技法。本书依据创新思维的规律和创新实践的特点，将创新技法分为分析型技法、非分析型技法和 TRIZ 方法进行分别的介绍。

第二节　分析型创新技法

分析型创新技法是应用逻辑思维的方法激发人们的创造力，本节重点介绍特性列举法、希望点列举法、缺点列举法、成对列举法、主体附

---

① 许庆瑞. 研究、发展与技术创新管理 [M]. 北京：高等教育出版社，2000. 11.

加法、焦点法、排列组合法、形态分析法、检核表法、和田十二法、5W1H法等。

一、特性列举法

这个方法用于具体事物的创造发明和革新，主要是对发明对象的特性进行分析，将其一一列出，然后探讨能否革新以及怎样革新。

应用特性列举法可按下列程序进行：

第一步，选择一个目标比较明确的发明或创新课题，列举出发明或创新对象的特性。可以分为名词特性、形容词特性、动词特性。名词特性主要包括发明或创新对象的全体、部分、材料、制造方法等；形容词特性主要包括发明或创新对象的性质、状态；动词特性主要包括发明或创新对象所具有的功能。

第二步，从各个特性出发，通过提问、诱发出用于创新的创造性设想。这时可以采用智力激励法（详见非分析创新技法），产生多种设想，然后通过检核、评价，挑选出经济效益高、行之有效的设想来。

在运用特性列举创造法时，对事物的特性分析得越详细越好，这样有利于从各个角度提出问题，得到众多的启示。采用主体附加法和焦点法与特性列举法综合使用效果会更好。

操作实务7-1 特性列举法示例

例如创新者为改革一把水壶，先将水壶的特性分别列举如下：

(1) 名词特性包括：

全体——水壶。

部分——水壶柄、壶盖、蒸汽孔、壶身、壶口、壶底。

制造方法——焊接法、冲压法。

(2) 形容词特性包括：

性质——轻、重。

状态——美观、清洁。

(3) 动词特性包括：

功能——烧水、装水、倒水。

二、希望点列举法

希望点列举法是通过提出来的种种希望，经过归纳，确定发明目标的创造技法。它可以把旧事物的缺点乃至整个旧事物看成是缺点，设想一种新颖的产品加以创造。希望点列举法是从发明者的意愿提出的各种新设想，它可以不受原有物品的束缚，所以是一种积极主动的创造技法，这种技法常用于新产品的开发上。希望点列举法的实施形式灵活多样，常用的有以下 3 种。

1. 书面搜集法

按事先拟定的目标，设计一种卡片，发动用户和本单位的职工，请他们提供各种想法。

2. 会议法

召开 5～10 人的小型会议约 1～2 小时，由主持人就革新项目或产品开发征集意见，激励与会者开动脑筋，互相启发，畅所欲言。

3. 访问谈话法

派人直接走访用户或商店等，倾听各类希望性的建议与设想。

由以上方法收到各种意见和希望，再进行分析研究，制订可行方案。具体程序为：

（1）对现有的某个事物提出希望。

（2）评价所产生的希望，找出可行的设想。

（3）对可行性希望作具体研究，并制订方案、实施创造。

三、缺点列举法

缺点列举法是抓住事物的缺点进行分析，以确定发明目标的创造技法。它属于被动性创造技法。缺点列举法的特点是直接从社会需要的功能、审美、经济等角度出发，研究对象的缺陷，提出改进方案，显得十分简便易行。此法主要是围绕着原有事物的缺陷加以改进，一般不改变原有事物的本质与总体。它一方面可用于老产品的改造上，可用在对不成熟的新设想、新产品作完善工作，还可用于企业的经营管理方面等。缺点列举法的步骤如下：

（1）尽量列举出某一事物的缺点，需要时可事先广泛调研究，征集意见。

（2）将缺点加以归类整理。

（3）针对所列缺点逐条分析，研究其改进方案或能否缺点逆用、化弊为利。

需要指出的是，在具体运用缺点列举法作创造发明时，可以是个人进行思考，也可集体研究，还可借助调查等方式。可采用如下方法：

（1）会议法。召开一次缺点列举会，会议由5～10人参加，会前由主管部门针对某一事物，选择一个需要改革的主题，让与会者围绕此主题尽量列举各种缺点，越多越好。另请一人将提出的缺点记录在一卡片上编号，之后从中排选出主要缺点，并针对这些缺点制定出切实可行的革新方案。一次会议的时间约1～2小时，会议的主题宜小不宜大。

（2）用户调查法。企业中改进产品时，使用缺点列举法可以与征求用户意见结合起来，通过销售、售后服务、意见卡等渠道广泛征集。"用户是上帝"。他们提出的意见有时是生产设计人员所不易想到的。

（3）对照比较法。将同类产品集中在一起，从比较中找缺点，甚至对名牌产品吹毛求疵，找到可以改进之处。用这种方法开发新产品起点高，步子大，容易一举成名。

四、成对列举法

成对列举法是把任意选择的两个事项结合起来，成对列举其特征，或者把某一范围内的事物——列举，依次成对组合，从中寻求创新设想的技法。它既具有特性列举法务求全面的特点，又吸收了强制联想法易于破除框框、产生奇想的优点，因而更能启发思路，收到较好的效果。使用成对列举法要遵循两个规则：

其一，必须十分明确所要解决的问题。这样可以确定所列举事物的类别。

其二，要把所列出的事物、因素的所有组合都加以研究，即使是一些初看是莫名其妙的组合也不要轻易舍弃。成对列举法可采用两种方式进行。

第一种方式是将两个不同事物的属性或子因素一一列出。其中一个事物为焦点物（发明物），另一个事物是触发物（参照物）。如图7-1所示。考虑事物 A 的属性①能否与事物 B 中的每个属性配对组合，再继续考虑 A 的其他属性同 B 的每个属性的配对结合，依次全部组合，可以产生大量新设想。在所有可能结合的方案中，进行评选。最后分析上述所有组合的可行性。

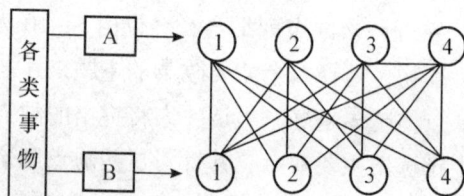

图7-1　成对列举法的第一种方式示意图

第二种方式是列举，把某一范围内所想到的所有事项依次列举出来；强迫联想，任意地选择其中两项依次组合起来，想象这种组合的意义；对所有组合作分析筛选。如果要设计新式多功能家具，可以先列举各种家具及室内用具，然后两两配对组合，最后对所有方案进行分析。分析这些设想中的组合能否构成可行的方案。

五、主体附加法

主体附加法是指在原有的设想中补充新的内容，在原有的产品中增加新的附件的方法。运用这一方法进行创新，主要是以原有的产品和设想为主体进行附加，设想在其中只起完善补充和利用主体的作用，附加物既可以是已有的产品，也可以是国家主体特点为主体专门设计的附带装置。主体附加法的步骤：

首先要有目的、有选择地确定一个主体，运用缺点列举法全面分析主体的缺点，再运用希望点列举法对主体提出希望，进而考虑能否在不变或稍加改变主体的前提下，通过增加附属物来克服或弥补主体的缺陷，考虑能否利用或借助于主体的某种功能，附加一种别的东西使其发挥作用。这种技法适用于对产品不断完善、改进时使用。附加与插入除了可更好地发挥主体的技术功能外，有时还可增加一些辅助功能或多功能用品。运用主体附加法往往可使主体获得多种附加功能而成为多功能用品。但作为多功能物品的设计，应该全面考虑，权衡利弊，否则会事与愿违。

六、焦点法

焦点法是以一个预定事物为中心，依次与罗列的各元素一一组合构成联想点的创新技法。焦点法是强制联想法，它既可以是发散式结构，也可是集中式结构。发散式主要用于新产品、新技术、新思想的推广应用，集中式主要用于寻求某一问题的解决途径。焦点法的步骤为：

（1）选择焦点，就是把希望创新的事物，或者准备推广的思想技术，填入一个中心圆圈内。

（2）列举与焦点无关的事物或技术。可以从多角度、多方面罗列，尽量避开与焦点事物相近的东西。将所选内容逐一摘录后，逐一填入环绕焦点四周的小圆圈内。

（3）强行连接中心圆与小圆圈，得到多种组合方案。

（4）充分想象。对每种组合提出创造性设想。

（5）评价所有的设想方案，筛选出新颖实用的最佳方案。

七、排列组合法

排列组合法是指按照一定的技术原理或功能目的，把现有的科学技术原理或方法、现象、物品作适当的组合或重新安排，从而获得具有统一整体功能的新技术、新产品、新形象的创造技法。排列组合的具体类型很多，大致可归为5种主要类型。

1. 同物排列组合

同物组合就是若干相同事物的组合，其目的是在保持事物原有功能或者原有意义的前提下，通过数量的增加，来弥补功能的不足，或获取新的功能、产生新的意义，而这种新功能或新意义，是原有事物单独存在时所不具备的。同物组合的对象是两个或两个以上的事物，或者是同一类事物，参与组合的对象在组合前后基本原理和结构一般没有根本的变化，具有组合的对称性和一致性的趋向。最简单的同物组合，如情侣表、红蓝两用圆珠笔、鸳鸯火锅、鸳鸯豆腐等。据说，日本松下电器公司就是靠发明双插座发财起家的。

2. 异类排列组合

两种或两种以上不同领域的技术思想的组合，或不同物质产品的组合叫异类组合，或不同物质产品的组合叫做异类组合。异类组合的对象来自不同的方面，一般来讲，组合对象之间没有主次关系，参与组合的对象从原理、成分、构成、功能和意义等多方面互相渗透，整体变化非常显著，异类组合是异类求同的创新，其创新性很强。

根据参与组合的对象不同，异类组合可分为以下6种：

（1）原件组合。原件组合是把本来不是一体的两种或两种以上的事物适当安排在一起。现在市场上有许多产品，都属于原件组合的创新成果。如收音机、音乐贺卡、香味橡胶等。

（2）材料组合。材料对产品性能有着直接的影响，有些还要求材料具有相互矛盾的特性，利用材料的组合就可以解决这个问题。比如：钢筋混凝土、塑钢门窗、混纺毛线等。

（3）功能组合。这是将某一物品加以适当改变，使其集多种功能于一身的组合。许多实用科技设计竞赛获奖作品，都是设计奇巧、使用方便、替代性强的多功能产品。

（4）方法组合。在处理技术和生产工艺中，把两种以上独立的方法组合起来，也会有新的成果，我国科技工作者在研究中发现，当单独用激光或超声波对水作灭菌处理时，都只能杀死部分病菌。如果先后用两种方法处理，仍有相当部分细菌不死，如果两种方法同时使用，细菌就全军覆没。这就是"声光效应"。

（5）技术原理与技术手段的组合。技术原理和技术手段的组合，可以使已有的原理或手段得到改造或补充，甚至形成全新的产品。例如：喷气式发动机、晶体电子显微镜和速效止痛治疗器的发明。

（6）现象和现象的组合。现象组合是指把不同的物理现象组合起来形成新的技术原理，导致新的发明。

3. 概念排列组合

概念组合是以命题和词类进行的组合。创造发明有时就是由若干个特殊信息命题重新组合而成，有人曾总结了一条组合规则：如果两个命题中有能表示一定意义的连贯相通的文字，将其相同部分去掉，但不改变剩余部分的结构顺序，再结合在一起，就能得到一个新的并且对其正确性可以判断的命题结论。另一种是将选定的课题与尽可能多的一系列有关的动词相结合，以触发新的思想。

4. 重组排列组合

在事物的不同层次分解原来的组合，然后再按新的目的重新安排，这就是重组组合。

重组组合在同一件事物上实施，组合过程中一般不增加新东西，主要是改变事物各组成部分的相互关系。

5. 共享与补代排列组合

有些物品的构成中常会有一些完全相同的零部件，设法将这几种物品组合集成，使其相同的部件共享共用，这就是共享组合。通过对某一事物的要素进行摒弃、补充和替代，能形成更为实用、先进、新颖的组合。共享组合使相同的部件共用，既方便又节省，补代组合通过对要素进行摒弃，补充和替代，能形成更为实用、先进、新颖的事物。

八、形态分析法

形态分析法是一种利用系统观念来网罗组合设想的创造发明方法。这一方法是美国加州理工学院 F. 兹维基教授创造的。它提供了形式化的科学手段。其思路是先把技术课题分解成为相互独立的基本要素，找出每个要素的可能方案或形态，然后加以组合得到各种解决技术课题的总构想方案。当问题比较复杂、要素及形态较多时，组合的数目便会激增，评价、筛选的工作量就会很大。因此，要求使用者能专注主要矛盾选取基本要素，并具有敏锐精确的评价能力。形态分析法的步骤主要如下：

第一步，必须能十分确切地说明所要解决的问题或所要实现的功能，这是有效运用形态分析法的前提。

第二步，分析需要创新的对象，确定它有哪些基本要素或基本参数，要求各基本要素相对独立并尽量全面考虑。

第三步，寻找每个要素的可能解决方案。要求尽量全面，既要列出当时技术条件下可达到的或在允许时间内可达到的方案，也要列出有潜在可能性的各种手段和方法。

第四步，综合与选择方案，根据上面的分析结果列出形态矩阵，一般为二维结构。"列"代表独立要素，"行"代表各因素的具体形态。

操作实务 7-2　形态分析法示例

以儿童服装设计为例，首先明确问题：为儿童设计新颖别致的套装。

其次，分解独立要素：对于儿童服装来说，可分解所用材料。

第三，找出每一独立要素的解决途径，如原"材料"可以具体选用棉、麻、纤维、毛、真丝等。

第四，列出形态法分析表，按其行列进行组合，共可获得多种方案。

第五，形态组合也可以绘成立体图，这样比较直观，但只适用于独立要素在 3 个以下的情况，否则不易清晰表达。

九、检核表法

检核表的根本作用在于正确、有效地把握创造发明的目标与方向。由创造工程的奠基人奥斯本创造的检核表中有 75 个问题，归纳整理后成为 6 类问题、9 组提问。

6 类问题分别为：由现状到目的（转用）、由目的到现状（代替）、质量的变化（改变）、组合排列（调整、颠倒、组合）、量的变化（扩增、缩减）、借助其他模型（启发）。

9 组问题分别为：能否他用、能否借用、能否改变、能否扩大、能否缩小、能否替代、能否调整、能否颠倒、能否组合。

对 9 组提问分别解释如下：

（1）能否他用：材料、方法、原理等现有的事物是否还有其他用途，或稍加改造能否扩大它们的用途。具体创新时，可以从多个角度加以扩散思维，如：思路扩展、原理扩展、产品应用扩展、技术扩展、功能扩展、材料扩展和系列配套。

（2）能否借用：现有的事物能否借鉴移植别的思路与技术，能否模仿别的事物，如何模仿，现有的发明创造能否引入其他方面的创新成果。

（3）能否改变：现有的事物能否从颜色、味道、声响、形状、结构等方面作适当的变化或改变。

（4）能否扩大：现有的事物能否通过增加一些东西，如延长时间、长度，增加寿命、价值、强度、速度和数量而使其扩大。

（5）能否缩小：现有的事物能否缩小，能否取消某些东西，使之变小、变薄、压缩、减轻、分开、流线化等，这是一个与能否扩大相反的创造途径。

（6）能否替代：现有的事物有无代用品，以别的原理、别的能源、别的材料、别的元件、别的工艺 、别的动力、别的方法、别的符号、别的声音等来代替 。

（7）能否调整：现有的事物能否作适当的调整，如改变布局、改变型号、调整规格、调整计划等。重新安排，更换程序看似简单，只要运用得当，也会产生不同寻常的创新。

（8）能否颠倒：现有的事物能否从相反的角度重新考虑，能否正反颠倒、主次颠倒、位置颠倒、作用颠倒等。

（9）能否组合：现有的事物能否加以适当的组合，或作目的的组合、原理组合、材料组合、形状组合、方案组合、部件组合、功能组合等。

操作实务 7 - 3　检核表法示例

利用检核表进行暖瓶的创新开发。

序号	核问题	创新思路	创新产品
1	能否他用	用于保健	磁化暖瓶、消毒暖瓶、含微量元素的暖瓶
2	能否借用	借助电脑技术	智能暖瓶——会说话、会做简装提示
3	能否改变	颜色变化、形状变化	变色暖瓶——随温度而能变色 仿形暖瓶——按个人爱好特制
4	能否扩大	加厚、加大	双层暖瓶——可放两种饮用水 安全暖瓶——底部加厚不易损坏
5	能否缩小	微型化、方便化	迷你观赏暖瓶——可装饰房间
6	能否替代	材料替代	以钢、铜、石、竹、木、玉、布、骨等材料制作外层
7	能否调整	调整其尺寸、比例工艺流程	新潮另类暖瓶
8	能否颠倒	倒置不漏水	旅行时随身携带不漏水、实用、方便
9	能否组合	将容器、量具、炊具、保鲜等功能组合	多功能暖瓶

十、和田十二法

和田十二法是由我国创造学者许立言、张福奎对奥斯本检核表法进行深入研究之后，结合我国的创造发明和上海和田小学创造教学的实际，与和田小学共同提出来的。1991 年，由上海创造学会正式命名为"和田十二法"。这种创新技法，是结合我国创新的具体情况和少年儿童的特点，对奥斯本检核表法加以改造、提炼的结果。

和田十二法具体内容如下：

（1）加一加：可在这件东西上添加些什么吗？需要加上更多时间和次数吗？把它加高一些，加厚一些，行不行？把这样东西与其他东西组合在一起，会有什么结果？

（2）减一减：可在这件东西上减去些什么吗？可以减少些时间和次数吗？把它降低一些，减轻一些，行不行？可以省略、取消什么吗？

（3）扩一扩：把这件东西放大、扩展，将会是怎样？

（4）缩一缩：把这件东西压缩、缩小，将会是怎样？

（5）改一改：这件东西还存在什么缺点？还有什么不足之处需要加以改进？在使用时是否给人带来麻烦或不便？有解决这些问题的办法吗？

（6）变一变：改变一下颜色、形状、气味、味道或音响会怎样？改变一下次序会怎样？

（7）学一学：有什么事物可以让自己学习、模仿的吗？学习其原理、技术，会有什么结果？模仿其形状、结构、会有什么结果？

（8）联一联：某个事物的经过，与它的起因有什么联系？能从中找到解决问题的办法吗？把某些事情或某些东西联系起来，能帮助自己达到什么目的吗？

（9）代一代：有什么东西能代替另一件东西？如果用别的零件、材料、方法等，代替另一种零件、材料和方法，行不行？

（10）搬一搬：把一件东西搬到别的地方，还能有别的用途吗？一个想法、技术、道理，搬到别的地方，也能用得上吗？

（11）反一反：如果把一件东西、一个事物的正反、上下、左右、前后、横竖、里外，颠倒一下，会有什么结果？

（12）定一定：为了解决某个问题或改进某件东西，为了提高学习、工作效率，防止可能发生的事故或疏漏，需要规定些什么吗？

和田十二法是利用信息的多义性和消息的可塑性，启发人们进行概括性联想，这种联想能找到事物之间深层所具有的共同成分和性质，使事物之间能建立起某种联系，从而能加快推理的过程和解决问题的速度，有助于激发创新者产生大量的创造性设想。

十一、5W1H 法

5W1H 法是由美国陆军首创的。这种创新技法，是通过对某种先行的方法或者现有的产品提出 6 个问题，构成设想方案的制约条件，并设法满足这些条件，以获得创新方案。这 6 个问题是：为什么（Why）、做什么（What）、何人（Who）、何时（When）、何地（Where）、如何（How）。

运用这种方法的步骤是首先对创新对象从 6 个角度提问，然后把发现的疑点、难点列出来进行分析，再寻找改进措施。需要指出的是，5H1W 法的问题的性质不同，设问检查的内容也不同，例如：

为什么（Why）：为什么发光？为什么漆成红色？为什么要做成这个形状？为什么不用机械代替人力？为什么产品制造的环节那么多？为什么要这么做？

做什么（What）：条件是什么？目的是什么？重点是什么？功能是什么？规范是什么？要素是什么？

谁（Who）：谁来办合适？谁能做？谁不宜加入？谁是顾客？谁支持？谁来决策？忽略了谁？

何时（When）：何时完成？何时安装？何时销售？何时产量最高？何时最切时宜？需要几天为合适？

何地（Where）：何地最适宜种植？何处做才最经济？从何处去买？卖到什么地方？安装在哪里最恰当？何地有资源？

如何（how）：怎样做最省力？怎样做最快？怎样效率最高？怎样改进？怎样避免失败？怎样求发展？怎样扩大销路？怎样改善外观？怎样方便实用？

对于最后一问 How，有时可扩展为两个问题：怎样（How to）与多少（How much），此即 5W2H 法。如多少（How much）：功能如何？利弊如何？效果如何？安全性如何？成本如何？销售额如何？

第三节　非分析型创新技法

非分析方法是按照非正统的方法思想，激发人们的想象力，使人们的思想从逻辑思维的过程中解脱出来，其根本出发点是交叉和融合，本节重点介绍智力激励法、综摄法、类比法、移植法、仿生学法等。

一、智力激励法

智力激励法又叫"头脑风暴法"（brain storming），就是让一组人员运用开会的方式，通过相互启发，相互激励，相互补充，在短时间内极大地调动各人的创造力，引起连锁反应和共振效应，产生尽可能多的创造性设想。智力激励法遵循以下原则。

1. 自由畅想原则

要求与会者敞开思想，不受任何已知真理、规律、条件的束缚，不受熟知的常识的束缚。要善于从多种角度或反面去考虑问题。要坚持开放性的独立思考，畅所欲言，敢于大胆提出自己的看法。

2. 以量求质原则

奥斯本认为，在设想问题上越是增加设想的数量，就越有可能获得有价值的创造。一般来说，最初的设想不可能最佳。有人曾以实验表明，一批设想的后半部分的价值要比前半部分高78％。

3. 延迟批评原则

在讨论问题的过程中，过早地进行批评、过早地下结论，就等于把许多新观念拒之门外，这是不足取的。开始形成的新观念是不完全的、脆弱的，要留出足够的时间使之逐步完善；一种观念还可引出另外的设想来。据权威人士说："推迟判断在集体解决问题时可多产生70％的设想；在个人解决问题时可多产生90％的设想。"可见这条原则的重要。

延迟批评包括自谦性的表白、否定性的评论以及肯定性的赞语。

4. 综合改善原则

奥斯本曾经指出："最有意思的组合大概是设想的组合。"会议鼓励与会者借题发挥，对别人的设想补充、完善而形成新的设想。会后对所有设想还要作综合改善的工作。

5. 限时限人原则

会议时间通常限定为30分钟到1小时，人数10人左右。如果时间太长容易使人疲劳、精神松弛。人数太多则不易集中，有些人发言机会少。反之，信息激励联想反应不充分，难以得到大量的设想。

智力激励法的实施步骤如下：

（1）准备阶段。这一阶段主要包括产生问题、组建小组、通知与会者会议的内容、时间和地点。在会议举行前的两三天，主持人在发出邀请通知时，应同时附上一张备忘录，上面注明会议的主题和涉及的具体内容，并列出几个希望与会者进行畅想的例子。

（2）热身活动。会前要进行一些活动，调节气氛。热身活动内容可多种多样。应使与会者很快地忘掉自己的工作和私事，形成热烈、轻松的良好气氛。

（3）明确问题。通过与会者对问题的分析陈述，使与会者全面了解问题，开阔解题思路。

（4）介绍问题。由主持人向与会者简明扼要地介绍所要解决的问题，然后可让与会者简单地进行讨论，以取得对问题的一致正确的理解。介绍问题时，主持人必须掌握简明扼要的原则，只提供与问题有关的必要信息。

（5）重新叙述问题。用不同的方式来表述问题，以加深对问题实质的理解，使问题的重要方面不致被遗漏。同时，启发多种解题思路，为提出设想做准备。在此要鼓励与会者从多方面、多角度去审视问题，然后对每一方面都用"怎样……"语句来表述。所有新的提问方式，都要由记录员记下，顺序编号，置于醒目的地方，让与会者随时从中启发思维，全面考虑。执行这一步骤时应注意两点：其一，不要急于提出具体的设想；其二，鼓励与会者尽可能多地对问题提出重叙形式。

（6）选择最富启发性的重叙形式。重新叙述问题之后，通常就可以围绕其进行畅谈。但有时为了使会议效果更好，能优先考虑问题的最重要方面，需对重新叙述的问题作分析选择。选择可以由主持人或问题提出者选择，也可由与会者全体选定。

（7）自由畅谈。按照会议原则，针对上述确定的问题进行畅谈。

（8）加工整理。会上提出的设想大都是未经过仔细斟酌和认真评论的，有待加工完善之后才有实用价值。必须加以整理，使之条理化。

（9）设想的增加。在畅谈会的第二天，由主持人或秘书以电话或面谈方式收集与会人员在会后产生的新设想。

（10）评价和发展。为了便于评价，最好先拟定一些评价指标。参与评选发展设想的人员，最好是对问题本身负有责任的人。人数应该是奇数，经验证明最好是5个人。

以上是运用智力激励法的一般步骤，具体实施时可依不同情况而有所变化。

操作实务7-4　智力激励法实施注意问题

1. 讨论题的确定很重要，出题不当则智力激励法难以成功。要特别注意以下几点：

（1）讨论题要具体、明确，不要过大，如有大问题可分解成小问题逐一讨论。

（2）讨论题也不宜过小或限制性太强。

（3）不要同时将两个或两个以上问题混淆讨论。

（4）主持人要注意使那些首次参加智力激励会议的成员尽快熟悉这一会议的特点。

（5）会议的基本目的在于收集大量不同的设想，以便使问题的解决找到许多可行的"答案"。

2. "行——停"即3分钟提出设想，然后5分钟进行考虑，三五分钟反复交替，形成有行有停的节奏。

3. "一个接一个"是指与会者按照座位顺序轮流发表构想。如果轮到某人时，其还没有新构想，可以跳到下一个人。新想法会一一出现。

4. 会上不允许私下交谈，以免干扰别人的思维活动。

5. 参加会议的成员应定期轮换。

6. 会议参加者有男有女会促进讨论。

7. 领导或权威在场，成员会有一种约束感，不利于设想的提出。但在充分民主的气氛下，并不一定要排除领导或权威的参加。

8. 主持人应按照每条设想提出的顺序编出序号。

二、综摄法

综摄法是以已知的东西为媒介，将毫无关联、不同的知识要素结合起来，以打开未知世界之门，从而激起人们的创造欲，使潜在的创造力发挥出来，产生众多的创造性设想的方法。

综摄法的两个基本原则是：

1. 变陌生为熟悉（异中求同即异质同化）

所谓变陌生为熟悉就是在头脑中把给定的陌生事物与以前熟悉了解的事物进行比较，借此把陌生的事物转换成熟悉的事物。戈顿认为，人的机体本质上是保守的，任何陌生的东西或概念对其都是威胁。当碰到陌生的事物时，人的心理总是设法将它纳入一个可接受的模式中去，以便逐步理解。例如，计算机领域里的术语"病毒"、"黑客"等都是利用人们较熟悉的语言来描述计算机专业的事物或现象，其实质就是"异质同化"的典型事例。

2. 变熟悉为陌生（同中求异即同质异化）

对已有的各种事物，选用新知识或从新的角度来观察、分析和处理，使看得习惯了的东西变成看来新鲜的东西，把熟悉的事物变成陌生的事物。例如，拉杆天线本来是用在收音机上的，将它换个新位置去应用，便出现了可伸缩的教鞭、照相机的伸缩三角架、可伸缩的旅行手杖等。

综摄法在以小组集体创新时，要求由不同知识背景、不同气质的人组成小组，相互启发，集体攻关。小组一般由 5～7 人组成。小组成员的特点应是跨学科、超领域，广泛交叉渗透。这就是综摄法创造技术更好发挥作用的重要因素。实施综摄法的全过程分为 9 个阶段：

（1）问题的给定——向负责解决这一问题的人说明问题。

（2）变陌生为熟悉——尽全力分析问题，将揭示出以前没有暴露的要素。

（3）问题的理解——分析问题，抓住要点，消化给定的问题。

（4）操作机制——发挥各种类比的作用。

（5）变熟悉为陌生——问题的理解看上去是陌生的。

（6）心理状态——关于问题的理解达到超脱、迟延、思索等心理状态。

（7）把心理状态与问题结合起来——把最贴切的类比与已理解的问题作比较。

（8）观点——得到新见解、新观点，将解决已经理解的问题。

（9）答案或研究任务——观点付诸实践或变为进一步研究的题目。

三、类比法

类比法指不同的事物或现象在一定关系上的部分相同或相似。主要有 5 种类比方式。

1. 直接类比

直接类比是指从自然界或已有的成果中，寻找与创造对象相类似的东西来做比较，如古代的巧匠鲁班发明锯子就是从草割破手指而得到的启发，武器设计师通过分析鱼鳃启闭的动作，设计成枪的自动结构等，针对要解决的问题，用具体形象的东西作类比描述，使问题形象化、立体化，能为创新拓宽思路。

2. 拟人类比

拟人类比又称感情移入、角色扮演。在创造发明活动中，发明者把自己设想为创造对象的某个因素，并由此出发，设身处地作想象。例如，机器人的设计主要是从模拟人体动作入手的。

3. 象征类比

某一事物与其象征意义的联想关系对创新具有启发作用，例如：橄榄树枝象征和平，玫瑰象征爱情，绿叶象征生命等，象征类比在建筑设计中应用非常广泛，现代建筑设计大多注重象征含义的体现，以增加更多的文化内涵。

4. 幻想类比

幻想类比也叫做空想类比或狂想类比，它是变已知为未知的主要机制，它无明确定义，幻想类比就是利用幻想来启迪思路。

在上述 4 种类比中，直接类比是基础，其他 3 种类比是由此发展而成的。这 4 种类比各有特点与侧重，它们在创造创新活动中相互补充、渗透、转化，都有着不可或缺的作用。

5. 动作类比

动作类比法是以某些事物完成的共同动作为线索，在能够完成相同动作的事物之间进行类比，从而导致侧向移入或侧向外推等创造性设想产生的技法。动作类比法的原理是问题的提出者一般不直接地如实描述问题，而是抽象出其中带有普遍性的"动作"问题，把问题转化，以开阔思路。它要求将动作进行抽象，以摆脱专业的束缚，从而获得突破性的创新。动作类比对于技术创新具有特别重要的作用。

抓住事物能共同完成的动作，以动作来作为类比的基础，以此为出发点，向各个领域、各个方面去寻找所要借鉴的原型，这会为创新提供很多思路。

动作类比技法的具体实施步骤如下：

（1）提出问题——提出了一个发明需求。

（2）抽取关键动作——要提出解决此问题的关键方式，通常以一个动词或动宾词来表述。对同一问题可以抽象出几个不同的动词（词组），并分别对应一种手段，以便有更多的类比结果。

（3）搜寻所有能实现这一动作的各种装置——搜寻时可以个人凭经验，进行多向发散思考或查阅资料书刊，也可以是小组讨论，相互启发补充。

（4）选出最合适的一个——从装置或物质当中逐项进行评价选择，找出最为合适的一种或几种作为类比原型。

（5）技术处理——根据发明物的具体要求，将原型做一些交换，尽可能吸收它的原理而对其机构作适当的调整。

（6）得出发明物——按上述设想制作模型，并反复试验与实地试用，修改完善成为一件创新产物。需要说明的是，为了能提高这一技法的使用效率，个人可以自编一本简易的手册，以备创新时用。

四、移植法

移植法是指将某个领域的原理、技术、方法，引用或渗透到其他领域，用以改造或创造新的事物的方法，移植法也称渗透法。移植法是一种侧向思维方法，它通过相似联想、相似类比，力求从表面上看来好像是毫不相关的两个事物或现象之间发现它们彼此存在的联系。创新实践表明，许多创造活动都可借助于移植，在科学技术发明史上，移植创造法造就了大批"外行"发明家，最早的自行车是医生发明的，现代复印技术是由一位专利律师发明的，圆珠笔是一位画家和化学家发明的。移植法可采用以下几种方式。

1. 方法移植

科学方法移植的先驱笛卡尔以高度的想象力，借助曲线上"点的运动"的想象，把代数方法移植于几何领域，使代数、几何融为一体而创立解析几何。照相术被移植到印刷排字中，便形成了先进的照相排版技术。现代管理方法中的行为学派，是将心理学原理移植到企业管理方法中而形成的。

2. 原理移植

无论理论还是技术，虽然领域不同，但常发现一些共同的基本原理，因此，可根据不同的要求和目的作移植创造，如红外辐射是一种很普通的物理过程，凡高于绝对温度零度的物体都有红外辐射，只是温度低时辐射量极微弱而已。这一原理移植到其他领域如军事领域、医学领域等可以产生新奇的成果。

3. 功能移植

功能移植是指把激光技术、超声波技术、超导技术、光纤技术、生物工程技术以及其他信息、控制、材料、动力等一系列通用技术所具有的技术功能，以某种形式应用于其他领域的方法。

4. 回采移植

许多被弃置不用的陈旧事物，只要运用现代技术加之以新材料、新技术进行改造，往往会导致新的创造。

五、仿生学法

通过模拟生物结构或功能原理而导致发明创造的途径称为仿生学法或生物模拟法。创新者向生物索取技术原理，所涉猎的内容非常广泛，具有光明的前景。纵观人类的发展史我们不难看出，人类从仿生学的角度所进行的发明创造是很多的，例如从鸟类到飞机，从蝙蝠到雷达，从贝壳想到建筑等。同一事物从不同角度观察可获得各种不同的启迪。再如，从蜂蜜的久藏而不变质是否能找到一种食品保鲜的新方法。现在甚至有人在研究蜂群的组织分工，以期在管理学上有所借鉴。根据仿生学的研究成果，向生物索取技术原理大致有如下几个方面。

1. 控制仿生

控制仿生主要通过研究模拟生物的体内稳态（反馈控制）、运动控制、动物的定向与导航、生态系统的涨落及人际系统的功能原理，来构思和研制新的控制系统，例如，人们根据蜜蜂的复眼能够利用偏振光导航的原理，发明了用于航空和航海的非磁性"偏光天文罗盘"。这种罗盘对于不能使用罗磁盘的高纬度地区，显示出了极大的优越性。

2. 信息仿生

信息仿生主要是通过研究、模拟生物的感觉（包括视觉、听觉、嗅觉、触觉），智能以及信息贮存、提取、传输等方面的机理，构思和研制新的信息系统。国外的研究者根据青蛙眼睛的视觉功能，研制成功了虫检测仪模型，人们还以不同物质的气味对紫外线的选择性吸收为信息，研制成了"电子警犬"，用它来做检测，其灵敏度高于狗鼻子的1000倍。

3. 力学仿生

力学仿生主要通过研究模拟生物的机械原理以及结构力学的原理，构思和研究新的系统（包括机器、装置、力学结构以及人工脏器等）。例如，人们根据鱼类、鸟类的身体形状的流体力学特性，研制了各种各样的船舶和空间飞行物。

4. 技术仿生

技术仿生主要是通过模拟生物的独特功能进行技术上的创新，在隧道工程中得到广泛使用的"构盾施工法"，解决了在泰晤士河底修建隧道的难题。

5. 原理仿生

原理仿生主要是通过模仿动物的运动原理而设计出新型产品。前苏联科学院动物研究所研究了地球上许多动物的运动后，模仿其运动原理设计研制了各种新颖的交通工具：根据蛇的爬行原理设计并改善履带车的噪声，按蜘蛛的爬行原理设计出军用越野车，利用企鹅奔跑的原理设计了雪地汽车，还准备参照袋鼠的运动方式来设计一种可以跳跃障碍的越野车。

6. 化学仿生

化学仿生主要是通过研究模拟生物酶的催化作用、生物的化学合成和能量转换等，来构思和创造高效催化剂等化学产品、化学工艺以及新材料、新能源等。人们为宇宙飞船设计的所谓"宇宙绿洲"——生态循环系统，就是通过模拟生物"电池"、光合作用转换的原理以及自然生态系统所创造的。此外，在通过化学途径的人工模拟酶、人工模拟光合作用等方面，也正在酝酿着新的重大突破。

仿生技法的实施大体分为3步：

（1）根据生产实际提出技术问题，选择性地研究生物体的某些结构和功能，简化所得的生物资料，择其有益内容，得到一个生物模型。

（2）对生物资料进行数学分析，抽象出其内在联系，建立数学模型。

（3）采用电子、化学、机械等技术手段，根据数学模型，最终实现对生物系统的工程模拟。

第四节　TRIZ 理论及方法

一、TRIZ 理论概述

TRIZ 是俄文"创新问题解决理论"的词头缩写，起源于前苏联，英译为 Theory of Inventive Problem Solving，缩写为 TIPS。1946 年，以前苏联海军专利部 G. S. Alt shuller 为首的专家开始对数以百万计的专利文献加以研究，经过 50 多年的收集整理、归纳提炼，发现技术系统的开发创新是有规律可循的，并在此基础上建立了一套体系化的、实用的解决发明创造问题的方法，即为 TRIZ 理论①。它可以帮助企业掌握先进设计技术，开展新产品创新设计，从而使企业在激烈的市场竞争中立于不败之地。经过 50 多年的发展，TRIZ 已经成为解决技术问题或发明问题的强有力的方法学，应用该理论已经解决了许多国家企业新产品开发中的难题。到目前为止，该理论被认为是最全面、系统地论述解决发明问题、实现技术创新的理论，它被美国及欧洲等国称为"超发明术"。研究表明，不同领域的问题解决往往遵循共同的规律，同一条创新规律往往在不同科学和工程领域反复应用。TRIZ 理论包含的具有普遍性的创新方法和规律，就是经过对大量发明的分析和研究，提升和归结出来的，多年来，TRIZ 学者已经将其广泛应用到不同领域，其中包括机械、电子、生物、化工、管理以及社会等方面。

TRIZ 理论的主要内容包括②：

1. 产品进化理论

发明问题解决理论的核心是技术系统进化理论，该理论指出技术系统一直处于进化之中，解决冲突是进化的推动力。进化速度随着技术系统一般冲突的解决而降低，使其产生突变的唯一方法是解决阻碍其进化

---

① 檀润华. 创新设计——TRIZ: 发明问题解决理论 [M]. 北京: 机械工业出版社, 2002.
② 徐起贺. 现代机械产品创新设计集成化方法研究 [J]. 农业机械学报, 2005 (3).

的深层次冲突。TRIZ 中的产品进化过程分为 4 个阶段：婴儿期、成长期、成熟期和退出期。处于前两个阶段的产品，企业应加大投入，尽快使其进入成熟期，以便企业获得最大的效益；处于成熟期的产品，企业应对其替代技术进行研究，使产品取得新的替代技术，以应对未来的市场竞争；处于退出期的产品使企业利润急剧下降，应尽快淘汰。这些可以为企业产品规划提供具体的、科学的支持。产品进化理论还研究产品进化模式、进化定律与进化路线。沿这些路线设计者可较快地取得设计中的突破。

2. 分析

分析是 TRIZ 的工具之一，是解决问题的一个重要阶段。包括产品的功能分析、理想解的确定、可用资源分析和冲突区域的确定。功能分析的目的是从完成功能的角度分析系统、子系统和部件。该过程包括裁减，即研究每一个功能是否必要，如果必要，系统中的其他元件是否可以完成其功能。设计中的重要突破、成本或复杂程度的显著降低往往是功能分析及裁减的结果。假如在分析阶段问题的解已经找到，可以移到实现阶段。假如问题的解没有找到，而该问题的解需要最大限度地创新，则基于知识的 3 种工具———原理、预测和效应等都可以采用。在很多的 TRIZ 应用实例中，3 种工具要同时采用。

3. 冲突解决原理

TRIZ 主要研究技术与物理两种冲突。技术冲突是指传统设计中所说的折中，即由于系统本身某一部分的影响，所需要的状态不能达到。物理冲突是指一个物体有相反的需求。TRIZ 引导设计者挑选能解决特定冲突的原理，其前提是要按标准参数确定冲突，然后利用 39×39 条标准冲突和 40 条发明创造原理解决冲突。

4. 物质———场分析

Alt shuller 对发明问题解决理论的贡献之一是提出了功能的物质———场描述方法与模型。其原理为：所有的功能可分解为两种物质和一种场，即一种功能由两种物质及一种场的三元件组成。产品是功能的一种实现，因此可用物质——场分析产品的功能，这种分析方法是 TRIZ 的工具之一。

5. 效应

效应指应用本领域特别是其他领域的有关定律解决设计中的问题，如采用数学、化学、生物和电子等领域中的原理解决机械设计中的创新问题。

6. 发明问题解决算法 ARIZ

TRIZ 认为，一个问题解决的困难程度取决于对该问题的描述或程式化方法，描述得越清楚，问题的解就越容易找到。TRIZ 中，发明问题求解的过程是对问题不断地描述、不断地程式化的过程。经过这一过程，初始问题最根本的冲突被清楚地暴露出来，能否求解已很清楚，如果已有的知识能用于该问题则有解，如果已有的知识不能解决该问题则无解，需等待自然科学或技术的进一步发展。该过程是靠 ARIZ 算法实现的。

ARIZ（Algorit-hm for Inventive Problem Solving）称为发明问题解决算法，是 TRIZ 的一种主要工具，是解决发明问题的完整算法，该算法采用一套逻辑过程逐步将初始问题程式化。该算法特别强调冲突与理想解的程式化，一方面技术系统向理想解的方向进化，另一方面如果一个技术问题存在冲突需要克服，该问题就变成一个创新问题。ARIZ 中冲突的消除有强大的效应知识库的支持。效应知识库包括物理的、化学的、几何的等方面的效应。作为一种规则，经过分析与效应的应用后问题仍无解，则认为初始问题定义有误，需对问题进行更一般化的定义。应用 ARIZ 取得成功的关键在于没有理解问题的本质前，要不断地对问题进行细化，一直到确定了物理冲突，该过程及物理冲突的求解已有软件支持。

综上所述，由于 TRIZ 将产品创新的核心———产生新的工作原理过程具体化，并提出了规则、算法与发明创造原理供设计人员使用，它已经成为一种较完善的创新设计理论。

二、TRIZ 的工具方法

TRIZ 理论解决创新性问题的思路在于它采用科学的问题求解方法，具体办法就是将特殊的问题归结为 TR1Z 的一般性问题，然后应用 TRIZ 带有普遍性的创新理论和工具寻求标准解法，在此基础上演绎形成初始问题的具体解法。这种从特殊到一般的方法，充分体现了科学的问题解决思想，富有可操作性①。

实现创新就是要解决前人没有解决的问题或者矛盾。为了更好地应用矛盾解决原理解决具体的矛盾，TRIZ 理论包含了著名的矛盾解决矩阵。矛盾解决矩阵的行和列分别是在大量专利分析基础上总结出来的 39 项标准参数，用这 39 项标准参数中的两项分别表示矛盾体中的两个方面，也就是使系统性能改善的特性和导致系统性能恶化的特性，那么在矩阵中这两项标准参数所在行列的交叉点就对应着实践证明最为有效的矛盾解决原理，基于这些矛盾解决原理的启发我们就可以寻求具体解决的方案。

通过一个实例看一下是如何应用矛盾解决原理解决实际问题，实现创新的。生活中我们常用扳手拧紧或者松动螺栓，这时经常会出现螺栓棱角被磨损的问题。为了方便地拧紧或者松动螺栓，又不损坏螺栓，我们采取的方法一般是通过减小扳手卡口和螺栓的配合间隙，增加螺栓的受力面，来减少对棱角的磨损。但结果是提升了制造精度，提高了制造成本。要解决这样一对矛盾，可以用 39 项标准参数中的两项来描述该矛盾。通过矛盾解决矩阵我们就可以找到对应的矛盾解决原理，如不对称原理、维数变化原理等。那么应用其中的空间维数变化原理，我们就会有这样一个解决方案：在扳手卡口内壁开几个小弧。因为经过分析我们知道，扳手之所以会磨损螺栓，就是因为作用力都集中在棱角上，是作用在一条线上，现在经过增加几个小弧，使作用力加到螺栓的棱面上，有效地解决了棱角磨损问题。这项技术（如图 7 - 2 所示）已经成

---

①　刘华. 基于 TRIZ 理论的产品概念设计方法及应用［D］. 南京理工大学，2005. 5.

为美国的一项专利，美国的 METRCH 公司基于这项技术开发出一系列扳手，获得了巨大利润。

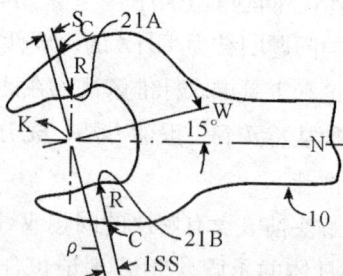

图 7－2　METRCH 扳手外观尺寸图

　　通过上面的例子可以看出，经过深入分析，螺栓被扳手磨损的问题被定义为 TRIZ 理论中的典型矛盾，结果应用矛盾解决原理使得问题得到有效的解决，整个过程变得有序和可操作，大大提高了创新问题的解决效率和质量。相对于传统的创新方法，比如试错法、头脑风暴法等，TRIZ 理论具有鲜明的特点和优势。它成功地揭示了创造发明的内在规律和原理，着力于澄清和强调系统中存在的矛盾，而不是逃避矛盾，其目标是完全解决矛盾，获得最终的理想解决办法，而不是采取折中或者妥协的做法。对问题本质有深入准确的认识是创新性解决问题的前提。对于复杂的问题，只有屏除干扰因素，发现问题的根本所在，才可能更有效地解决问题。但人们在解决实际问题的过程中，总是受到思维定式等因素的束缚，需要一些科学的方法帮助我们全面系统地了解问题情境。TRIZ 理论中的创造性思维方法一方面能够有效地打破思维定式，扩展创新思维能力，同时又提供了科学的问题分析方法，保证按照合理的途径寻求问题的创新性解决办法。实践证明，运用 TRIZ 理论，可大大加快人们创造发明的进程而且能得到高质量的创新产品。它能够帮助设计师系统地分析问题情境，快速发现问题本质或者矛盾，能够准确确定问题探索方向，不会错过各种可能，能够帮助设计师突破思维问题，打破思维定式，以新的视野分析问题，进行逻辑性和非逻辑性的系统思维，还能根据技术进化规律预测未来发展趋势，从而开发出富有竞争力的新产品。

三、TRIZ 的应用前景

TRIZ 解决发明创造问题的一般方法是，首先将要解决的特殊问题加以明确定义；然后，根据 TRIZ 理论提供的方法，将需要解决的特殊问题转化为类似的标准问题，而针对类似的标准问题已总结、归纳出类似的标准解决方法；最后依据类似的标准解决方法就可以解决用户需要解决的特殊问题了。

TRIZ 是专门研究创新和概念设计的理论，已建立一系列的普适性工具帮助设计者尽快获得满意的领域解，不仅在前苏联得到了广泛的应用，在美国的很多企业特别是大企业，如波音、通用、摩托罗拉等公司的新产品开发中也得到了应用，取得了可观的经济效益。TRIZ 理论广泛应用于工程技术领域，目前已逐步向其他领域渗透和扩展。应用范围越来越广，由原来擅长的工程技术领域分别向自然科学、社会科学、管理科学、教育科学、生物科学等领域发展，用于指导各领域矛盾问题的解决。Rockwell Automotive 公司针对某型号汽车的刹车系统应用 TRIZ 理论进行了创新设计，通过 TRIZ 理论的应用，刹车系统发生了重要的变化，系统由原来的 12 个零件缩减为 4 个，成本减少 50%，但刹车系统的功能却没有变化。Ford Motor 公司遇到了推力轴承在大负荷时出现偏移的问题，通过应用 TRIZ 理论，产生了 28 个问题的解决方案，其中一个非常吸引人的是利用小热膨胀系数的材料制造这种轴承，克服上述问题，最后很好地解决了推力轴承在大负荷时出现偏移的问题。在俄罗斯，TRIZ 理论的培训已扩展到小学生、中学生和大学生，其结果是学生们正在改变他们思考问题的方法，能用相对容易的方法处理比较困难的问题，使得其创新能力迅速提高。由于 TRIZ 理论既适用于产品设计，也适用于零部件设计，因此，在机械创新设计课程中引进 TRIZ 理论已经成为课程进化的必然要求①。

---

① 徐起贺. TRIZ 理论的主要内容、特点及发展动向［J］. 河南机电高等专科学校学报，2007（5）.

思考题

1. 什么是创新技法？创新技法的原则有哪些？
2. 结合工作实际，应该如何应用这些分析型创新技法？
3. 结合工作实际，应该如何应用这些非分析型创新技法？
4. 讨论 TRIZ 理论在创新实践中的应用价值。
5. 讨论在创新实践活动中如何综合应用这些创新技法。

能力训练 1　创造性的钥匙

目的：表明解决一系列复杂问题时有过这种创造过程。

简述：志愿者用多种工具努力去得到原本够不着的一串钥匙。

材料和设备：凳子、带有 5 把钥匙的钥匙环（内径 2.5 厘米）、带子、一把标准的拖把或扫帚、多种儿童玩具。

时间要求：最少 45 分钟，最多 90 分钟。

基本程序：

第一步：把游戏的材料和设备放在参与者看不见的地方，然后选择两个参与志愿者并把他们带出房间。告诉他们一会儿你将请他们其中一个回房间解决一个简单的问题，并指派一个时间记录者。

第二步：培训者告知志愿者要进行游戏的内容：志愿者必须用所提供的多种工具去获得钥匙。在这个过程中，理解和预测创造性行为的产生和发挥作用。

第三步：培训者将材料拿出，把凳子放在房间的前面，把钥匙放在凳子上，重要的是把钥匙环向上垂直于天花板，从志愿者的角度看，钥匙环正像字母 O。然后，在距离凳子 1.8 米的地板上放上一条 1.2 米的带子。这个带子应该垂直于房间的前墙。最后把拖把或扫帚放在带子的旁边，在凳子的另一边。

第四步：培训者告知志愿者其任务是取得这个钥匙，不能跨越这条线（指带子），也不能让钥匙落到地上。志愿者可以使用拖把帮助自己获得钥匙。

第五步：记录时间，开始请第一个志愿者完成此次任务，并总结任务过程。

第六步：重新开始任务时，在拖把旁边放些儿童玩具，如塑料球棒、一组多米诺骨牌、一个网球、一个塑料杯和一些泡沫块，越多越好，拥有这些不能轻易解决问题的工具，使创新性的发挥会更有兴趣。

第七步：请第二个志愿者取得这个钥匙，不能跨越这条线（指带子），也不能让钥匙落到地上。志愿者可以使用拖把和这些儿童玩具帮助自己获得钥匙。

第八步：记录时间，开始请第二个志愿者完成此次任务，并总结任务过程。

注意事项：培训者在游戏过程中需要作的工作是制造一些障碍，把创造性推向极限直到找到理想的解决方法，这样会使志愿者的创造过程充满了乐趣。

讨论题

1. 两个志愿者的哪些方面是可以预料的？他们的哪些方面又是令人吃惊的？

2. 志愿者以前的经验在他们的行为中发挥了什么样的作用？

3. 你看到了挫折的标志了吗？你观察到消退有什么影响吗？

4. 无关的玩具到底有没有减慢第二个志愿者的寻找行为？为什么？

5. 这个训练表明了多重控制刺激可以刺激创造性，但是它们也能延迟解决方法的出现。它是怎样表明这个道理的？

6. 这个训练怎样阐述等待的重要性？

第八章　重视技术学习能力的培养

本章要点

- 专业技术人员技术学习的内涵和特点
- 专业技术人员技术学习能力的培养
- 专业技术人员知识管理平台的创建
- 专业技术人员技术学习能力的拓展

导读案例8——"技术学习"推动三星崛起

创新成功的关键是获得技术能力并在技术不断变化的条件下把这些能力转化为产品和工艺创新的过程，换句话说，一个组织技术进步的基本源泉是该体系技术能力的增长，韩国著名企业三星的创新成功就是最为明显的例证。

韩国三星集团的成功就在于能够自主创新，而它的优势也来自于自身开发的产品。舆论对三星的崛起的传播给人瞬间成功的错觉，实际上，在此之前三星一直在诸多技术领域内偷艺，三星坚持不引进成套技术，而是通过多种渠道获取非成套技术，并派出工程师到世界多个国家的先进企业中进行技术学习，对技术的学习可以说到了痴狂的程度，高强度的技术学习导致了三星的崛起。三星电子现在拥有研发人员17 000多名，超过职员总数的30%，研发投入超过销售额的8%。2001年获得美国专利数达到1450项，超过索尼，居全球第五位。

企业的技术学习不只是注重表面的"术"的学习，而对技术进步的"道"也必须深切把握，这正是韩国三星集团成功的秘密。（改编自 http://www.samsung.com）

第一节 专业技术人员技术学习的内涵和特点

专业技术人员创新能力的培养不仅需要利用创新技法来把握灵光乍现的创新思维,更需要探寻技术学习的路径,掌握知识创造的规律,利用交叉融汇的知识结构突破固化的思维模式,将潜移默化的隐性知识加以转化,只有这样我们才能够看到牛顿眼中的苹果,徜徉于爱因斯坦的相对论世界。因此,技术学习是专业技术人员提升创新能力的必经之途。

一、技术学习是提升创新能力的基石

"中国制造"的产品已经走遍全球,但是产品的核心技术受制于人依然是组织面临的日益突出的问题。以汽车产业为例,我国汽车工业起步于 1953 年,当时在消化吸收基础上搞自主研发,曾经打出过相当不错的品牌,形成了自己的设计队伍和研发平台。然而近 20 年来,轿车组织纷纷与外国合资,虽然现在有了号称世界第三的轿车市场,可被合资品牌占去了 90%,而我们偌大的市场非但未能如愿换来自主轿车开发能力,还拖散了自己的研发队伍,荒废了技术创新的平台。尽管历史地看,当时的合资应该说也不失为起步阶段的一个合理选择,但由于没有哪一家技术的提供方愿意让出对技术改进的全部控制权和市场的选择权,因此,中国汽车企业只能接受这样的现实,即放弃系统的技术学习的权利及出口产品的权利,这足以说明"市场换技术"往往不能如愿[①]。而韩国的三星集团则坚持不引进成套技术,而是通过多种渠道获取非成套技术,并派出工程师到世界多个国家的先进组织中进行技术学习,高强度的技术学习导致了三星的崛起。由此可见,组织发展的实质是获得技术能力并在技术不断变化的条件下把这些能力转化为产品和工艺创新的过程,换句话说,一个组织技术进步的基本源泉是技术能力的

---

① 沈海华. 技术学习对创新绩效的影响因素分析 [D]. 浙江大学,2006. 3.

增长。

实践反复证明，关键领域的核心技术是买不来的。不掌握核心技术，不具备强大的自主创新能力，就很难在国际竞争中把握机遇，甚至可能丧失发展的主动权。因此，技术引进的目的决不是仅仅追求短期的经济利益，而是要通过对引进技术的消化吸收有效提升产业发展的创新能力，提高国家的整体竞争力。后起国家的经济发展必然从引进先进国家的技术开始，但是，技术的获得并不仅仅取决于是否存在外国技术的来源，而且最重要的是取决于后起国家能否愿意发展自己的技术能力。技术是买不来的，只有靠自己的努力学习才能发展起来。因此，技术学习是提高专业技术人员创新能力的基石。

二、技术学习的内涵和特点

Teece et al.（1990）将学习定义为一个过程，通过这个过程，重复和试验能使任务完成得更好更快，并可能识别新的产品机会。技术学习过程是一个组织性转化过程，无论是通过个体团队，还是组织的整体将技术、管理的经验融合在一起从而改进决策机制并加强对不确定性和复杂性的管理（Carayannis, 1994, 1998）。从这个角度来看，技术学习能够使得组织从事更大范围的以技术为基础的战略和活动（Carayannis, 2002）。有效的技术学习可以通过扩展战略行为的范畴、改进管理能力，选择最适合组织环境的战略，从而为组织带来竞争优势。

国内部分学者认为技术学习指的是组织利用内部外部有利条件，获得新技术的行为（谢伟，1990），他也认为技术学习的过程模式，即技术引进—生产能力—创新能力的模式。赵晓庆（2003）认为，技术学习是从组织外部环境搜索和获取对组织有用的技巧知识进行消化吸收，将其纳入到自己的技术轨道或者重建技术轨道，从而增强组织整体技术能力的过程。

Mechael Albu（1997）构建了学习循环理论，认为企业通过技术学习获取技术能力，技术能力可以产生和管理技术变化，并将经验反馈给技术学习，从而提升技术能力（如图 8 - 1 所示）。

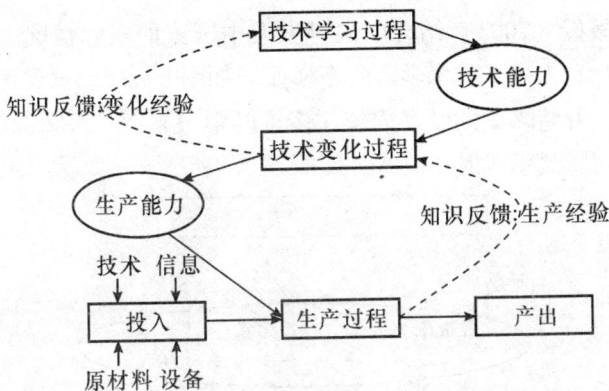

图 8-1　技术学习循环模型

Carayannis 教授（1998，2000，2002）提出了技术学习的 3 个层次理论（如图 8-2 所示），即：技术学习的战略、战术、操作层。他认为操作层技术学习主要是通过"用中学"来学习新的东西；战术层技术学习则是学习运用经验，并改进决策模式；战略层技术学习则是学习新的战略，完善公司的远景。他还将技术学习定义为"一个过程，技术驱动的企业通过该过程创造、修复和升级它的潜力并在其显性和隐性资源的存量基础上规定了能力方向"[1]。（来源：Carayannis，1998.）

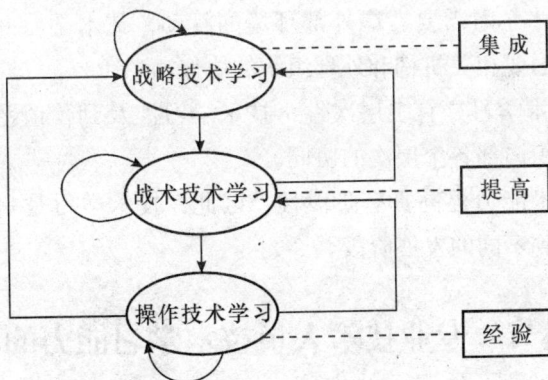

图 8-2　技术学习三层次结构

---

[1]　阮秀庄. 技术学习中组织记忆对创新绩效的影响因素分析 [D]. 浙江大学出版社，2007. 5.

陈劲教授（2003）结合中国等发展中国家的实际情况，综合学习的基本理论，提出了技术学习的新模型（如图8-3）。该模型融合3层技术学习，并将多重的学习内容、多重的学习来源、多重的学习主体、多重的学习方式纳入其中。

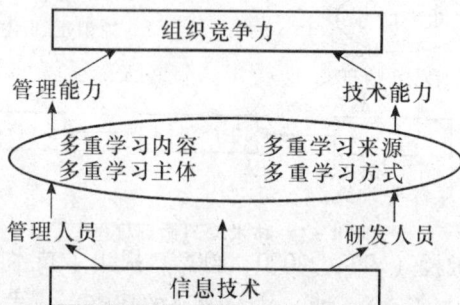

图8-3　技术学习模型

（来源：Chen. J. 2003.）

综上所述，可以总结出专业技术人员技术学习具有5个重要的特点：

（1）技术学习是有目的行为。

（2）技术学习是有风险的，并且也是需要投入的。

（3）技术学习需要考虑外部环境的互动，技术学习并不是在真空中进行，它需要相关机构和外部组织的协作。

（4）技术学习具有多层次性，技术学习涉及到价值链上的各个阶段，需要组织内部各个层次的协同。

（5）技术能力提高具有阶段性，因此，技术学习是一个长期的过程，它涉及到不同的发展阶段。

第二节　专业技术人员技术学习能力的培养

专业技术人员技术学习能力培养的关键环节是探寻技术学习源。技术学习源是指进行技术学习时所获取知识技术信息的来源。技术学习源的获取不仅与组织自身相关，还涉及外部环境中教育与培训系统的作用、公共科技设施，还有研究开发机构的作用等有关因素，因此，技术学习源可以分为内部和外部的学习源。内部学习源包括组织内部 R&D 部门及营销、生产等其他部门；外部学习源包括商业来源（顾客、供应商、竞争对手、咨询公司等）、教育与研究机构（学校、科研机构等）、一般信息源（学术会议、期刊、展览会等）、以及政府计划的作用等。积极拓展技术学习源可以为专业技术人员的创新活动带来丰富的机会，拓展学习源也要从内外两大部分入手。

一、获取创新的内部学习源

就组织内部技术学习源而言，张刚（1998）、陈劲（2000）指出高层管理者、组织内部 R&D 部门、组织营销部门、生产部门等都是组织的信息源（学习源）。尤其要指出的是，来自组织内部的学习源并不是孤立的，正如 Von Hippel（1988）指出的那样，内部学习源主要来自于对 R&D 部门及销售部门的关注。内部学习源来自于各个部门之间的互动，在互动中产生交流各类知识，尤其是隐性知识的传播，更多依靠的便是此类沟通（很多部分还是非正式沟通）。

产品创新始于构思形成，即系统化地搜寻新产品主意。为了找到几个好主意，组织一般都要进行许多构思。统计表明，100 个新产品构思中，有 39 个能开始产品开发程序，17 个能通过开发程序，8 个能真正进入市场，只有 1 个能最终实现商业目标。对新产品构思的搜寻必须系统进行而不能随意化。否则，尽管组织会发现许多构思，但绝大多数与组织所在的行业不对口。组织高层管理机构可通过审慎地定义创新战略来避免这种错误。许多创新构思来自组织内部。组织可通过正规的调研活动找到新构思。还可撷取科学家、工程师和制造人员的智慧。还有，组织的高级管理人员也会突发灵感，想出一些新产品构思。组织销售人员是又一个好来源，因为他们每天都与顾客接触。丰田公司声称它的职员每年提出 200 万项构思，每个职员大约 35 条建议，并且其中 85% 的建议得到了贯彻执行。

对于内部学习源来讲，组织应该加强研发部门与生产部门、市场部门、管理层等公司其他部门的联系。这种联系应该是正式沟通和非正式沟通相结合的。正式沟通可以是例会制度。而非正式沟通主要依靠公司组织的一些文娱体育和休闲活动来展开。

知识链接 8 - 1 3M 公司技术学习源的获取

3M 公司营销 60 000 多种产品，从沙纸和胶粘剂到隐形眼镜、心肺仪器和新潮的人造韧带；以及从反射路标到不锈羊毛肥皂垫和几百种胶条，如创可贴、防护胶带、超级捆绑胶带，甚至还有一次性尿片、再扣紧胶带。3M 公司视革新为其成长的道路，视新产品为其生命的血液。公司的目标是：每年销售量的 30% 从前 4 年研制的产品中取得（公司长期以来的目标是 5 年内 25%，最近又前进了一步），这是令人吃惊的。但是更令人吃惊的是，它通常能够成功。每年，3M 公司都要开发 200 多种新产品。新产品并不是自然诞生的。3M 公司努力地创造一个有助于革新的环境。它通常要投资约 7% 的年销售额，用于产品研究和开发，这相当于一般公司的两倍。

3M 公司鼓励每一个人开发新产品。公司有名的"15% 规则"允许每个技术人员至多可用 15% 的时间来"干私活"，即搞个人感兴趣的工作方案，不管这些方案是否直接有利于公司。当产生一个有希望的构思时，3M 公司会组织一个由该构思的开发者以及来自生产、销售、营销和法律部门的志愿者组成的冒险队。该队培育产品，并保护它免受公司苛刻的调查。队员始终和产品呆在一起直到它成功或失败，然后回到各自原先的岗位上或者继续和新产品呆在一起。有些冒险队在使一个构思成功之前尝试了 3 次或 4 次。每年，3M 公司都会把"进步奖"授予那些新产品开发后 3 年内在美国销售量达 200 多万美元，或者在全世界销售达 400 万美元的冒险队。

在执着追求新产品的过程中，3M 公司始终与其顾客保持紧密联系。在新产品开发的每一个时期，都对顾客偏好进行重新估价。市场营销人员和科技人员在开发新产品的过程中紧密合作，并且研究和开发人员也都积极地参与开发整个市场营销战略。

二、拓展创新的外部学习源

组织还应该大力拓展外部学习源。这是组织的重中之重。大量经验研究指出，组织与科技界的接触是非常重要的，它日益依赖于组织外部的科学技术。广泛利用外部科研机构、专家和顾问是创新成功的主要因素之一。

1. 向客户学习

谈到组织的外部学习源，首先映入眼帘的是客户。现代的客户是各个组织的上帝。大量定制化服务的产生致使客户成为组织创新、学习的一个重要来源。已经有许多学者探讨过客户在创新中的作用（Leonard-Barton，1995；Smith & Reinertsen，1998；Dyer，Gupta & Wilemon，1999；Von Hippel，1988，et al）。Von Hippel（1988）区分了组织内外部学习源的同时，还将用户作为创新和学习的重要源泉进行了深入研究。他通过大量的实证研究发现用户和供应商也是创新的主要源泉，他指出创新源是富有变化的，在一些领域，创新用户开发出多数创新；在另一些领域，与创新相关的零部件和材料供应商是典型的创新源；而在某些领域，常识是对的，产品制造商是典型的创新者。Shapiro（2003）也提出应该倾听用户并聘雇用户参与到组织的研发、营销等过程中，与其达成伙伴关系共同创新。他还发展了"领先用户"法，进一步提出从"背离用户"和"潜在用户"中寻找学习的源泉。

知识链接8-2　万向集团如何向用户学习

万向集团在技术创新中非常重视用户的意见。科技开发人员常定期走访用户，听取他们的意见，对产品进行改进。用户参与在万向的技术创新中发挥了巨大作用。例如减震器公司在开发夏利前后减震器产品时，让用户免费试用（万向的许多新产品都采用了这一方法，如万向节、等速万向节等），从观察用户使用的情况和用户提出的意见中，找到了改进产品的灵感，产生了创新思想。夏利减震器是一种难度很大的新产品，国产产品退货率达30%。这是因为夏利车底盘系统的特点和路况差、负载重的实际情况造成的。万向花费两年时间才开发成功这个产品，并将退货率控制在3%以内。开发过程几经周折，最后，经过对用户使用情况的大量观察，开发人员突然发现问题不在内部结构上，而是汽车变形造成的外部空间尺寸的失效。于是，他们决定根据汽车的新旧（变形）程度来匹配减震器的性能，对底盘的偏移进行测量，自动调节安装角度。就这样攻克了这个技术难关，取得了技术创新的成功。开发过程中，用户参与起了很重要的作用，虽然并未直接提出意见，但用户的使用情况启发了开发人员的思路，让他们经过原因思考、理论分析、定量计算，最后得出关键的创新思想。

2. 向供应商和销售商学习

组织还需要向供应商和销售商学习。全球制造的出现，组织的内外部环境发生了深刻的变化，市场竞争日益激烈，全球经济及用户需求的不确定性及个性化增加，高技术迅猛发展，产品生命周期缩短，产品复杂程度不断提高。面对这种复杂多变的环境，组织如果要不断进行技术创新，提高竞争力，就必须将供应商和销售商纳入到学习的范围内。

销售商和供应商也会有许多好的新产品构思。销售商接近市场，能够传递需要处理的消费者问题以及新产品可能性的信息。供应商能够告诉组织可用来开发新产品的新概念、技术和物资。例如克莱斯勒公司通过引入供应商获取技术学习源，取得了很好的新产品开发成效，缩短产品开发周期和降低开发、制造成本。许多研究表明创新的组织为了获得成功，必须与上游或下游组织形成横向或纵向的联系，供应商和销售商是技术学习的必要来源之一。

3. 向竞争者学习

竞争者也是新产品构思的又一好来源。组织观察竞争者的广告以及其他信息，从而获取新产品的线索。它们购买竞争者的新产品，把产品拆开，观察产品是怎样运作的，分析产品的销售，最后决定组织是否应该研制出一种自己的新产品。例如，福特在设计其高度成功的捷豹牌汽车时，拆看了50多种竞争品牌的汽车，一层一层地寻找可以复制或改善的地方。捷豹采用了奥迪的加速器踏板"触角"，丰田 Supra 车型的油耗表，宝马牌轮胎和千斤顶储存系统，以及其他 400 种类似优点。福特在 1992 年重新设计美洲虎汽车时采用了同样的方法。

4. 产学研合作

产学研的合作是组织获取技术学习源的重要途径。可是就目前而言，国内这种合作基本上是不理想的。产学研的脱节导致了各种技术商业化的可能性大大降低，各种技术束之高阁。而组织却无暇顾及那些先进的技术，依然在原有技术的领地内徘徊。可见，将高校与国内的研发机构纳入组织的技术学习源是非常必要的。当然，作为组织的学习源还涉及到了竞争组织、分销商、国际会议等。国内外的会议可以为组织带来各种技术最前沿的信息，通过这些学术会议，组织可以触摸技术的脉搏，牢牢把握发展的方向。而竞争组织也不失为组织的一个学习对象。因为通过对竞争情报的关注，竞争者的资源和能力分析，竞争者的可用信息技术分析可以有效地整合组织内外部乃至全球资源，比竞争对手更快更有效地为顾客创造新的价值，使公司在众多组织中脱颖而出获得超群的收入来源。

如要增加外部学习源，组织可以做以下几点：

第一，加强和客户的有效沟通，这个有效沟通，不止停留在以往的纯粹和被动的客户服务上，而是立足于通过解决客户的问题和需求而得到技术上的突破的目的上的客户沟通交流。

第二，加强产学研联合，开展中长期研究与开发。与各大高校、研究所共同组建"技术创新中心"，从而可以集中产业资本、人才资源、科技资本优势，充分发挥名厂、名校、名所的综合实力，其运行是以项目为基本载体，以实现高新技术的产业化为目的。联合技术创新中心的工作包括：开展关键技术研究、前沿技术攻关、高新技术推广应用，以及高层次人才的培养，在政策上营造出优良的小环境。

第三，积极开展国际交流，合理利用外部资源。中国是世界制造基地，如何从制造变成创造，显然应该向国际组织看齐。所以在技术创新中，组织应该关注国际市场的动态，瞄准世界行业的发展态势及时调整自己的对策。在产品研制过程中，中国组织严格按照国际标准以及国际质量认证体系的要求来设计和建造产品，使自己的产品向世界级水平靠拢。同时，它可以在一些产品的研制过程中，通过向国外研究院外包设计，或者与国外研究机构和公司联合创新的方式，合理地利用外部力量来增强自己的技术创新能力，例如请国外技术专家到组织进行技术合作。

知识链接 8 -3　优质组织如何拓展外部技术学习源

我国广东省的一些大型技术组织在模仿国外组织的同时，广开学习源。TCL 集团、康佳集团主要模仿日本及欧洲组织的同类产品，当国际市场有新型彩电问世，它们即可以在 3 个月内模仿生产出类似产品，科龙公司、万宝公司和广轻集团也有很强的模仿能力。与此同时，它们积极寻找其他的创新源，TCL 集团、康佳集团都设立了技术中心，从 3 个方面获得技术信息：

（1）利用各种机会获得国外最新技术信息。

（2）公司的市场销售人员和调研员所获取的市场技术信息。

（3）设计人员定期走访市场而获取技术信息。

科龙公司在日本设立了研究所，中兴公司在上海和南京都设立了研究所。并且，以上公司都与大学、研究所联合开发技术，建立自己的研发力量。在管理方面，TCL 集团委托中国综合开发院作为长期的咨询结构，为集团公司组建一个专家智囊团，在政策的把握、方案的制定、产业的取向等方面进行科学的决策。

三、技术学习源的国际化

国际经济的一体化迫使许多公司开始对技术在组织发展中的作用进行重新考虑。任何公司都无法完全从内部获得他们所需要的所有技术。"在合作之上进行竞争"已成为组织发展的主旋律。于是，研究开发和技术管理越来越全球化。在一些技术密集型产业，如制药、电子等，为获得全球竞争优势，跨国公司都争相在国外新建研究所。例如，佳能（Canon）在 5 个国家的 8 个研究所进行 R&D 活动，摩托罗拉（Motorola）拥有位于 7 个国家的 14 个研究所。甚至以集中控制著称的日本公司也开始分散研究开发机构于世界各地。与此相对应，各公司用于国外的 R&D 预算占 R&D 总预算的比重也与日俱增。

　　各跨国公司根据自己的历史和现实条件，以及发展战略，形成了各具特色的研究开发网络，并以此来获取全球性的创新源。根据各研究开发机构的特点和研究开发网络的协调方式，研究开发网络可以分为星型网和蛛网两种（如图 8 - 4 所示）。星型网的典型特点是有一个协调中心，一般是位于公司本部的中央研究机构，它负责各研究机构之间知识的回流、处理和分流，各研究机构之间的关系一般通过它来协调。蛛网的典型特点是各研究机构之间可以进行直接沟通和知识交流，但更高一

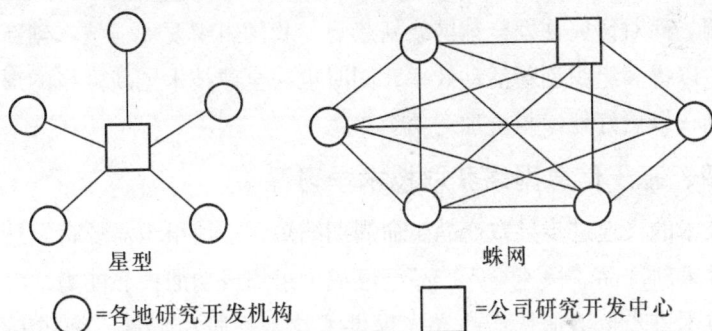

星型　　　　　　　　　　蛛网

◯＝各地研究开发机构　　　◻＝公司研究开发中心

图 8 - 4　创新网络全球化示意图

级的交流和整个网络的协调一般还是通过中央研究机构。根据研究开发机构的使命，可以分为技术搜索型、当地开发型和实验研究型。技术搜索机构的使命主要是监测当地技术进展和监测当地市场状况，一般建于技术高度发达的环境中。例如，华为公司在美国硅谷、爱立信公司（Ericsson）在美国加州，都建有这种技术搜索机构。当地开发型机构主要是为公司分布于世界各地的生产和营销机构提供技术支持，把公司研究开发中心或其他研究开发机构开发的产品针对当地情况进行适应性开发，有时也进行搜索活动，为公司的研究开发提供市场与技术信息，例如宝洁公司（Procter & Gamble）在广州、贝尔公司（Bell）在上海建立

的研究所。实验研究机构的主要使命是为公司开发基础性、通用性产品和工艺技术，为全公司研究开发网络提供技术支持，开发的技术可以通过各种途径为其他研究开发机构所用，又分为专业性研究所和综合性研究所两种类型。专业型研究所全权负责开发某一技术领域在全球运用的新产品和新工艺，一般有较强的研究开发与创新能力，例如，北方电讯（Northern Telecom）在北美的一个研究开发中心集中进行公司大部分开发，各地研究所再在此基础上进行当地化开发。而综合性的研究所负责开发可以为全球各研究机构运用的基础性技术或通用技术，为全球研究开发机构提供技术支持，是公司研究开发力量最强的研究所，例如，西门子公司（Simens）总部的研究开发中心，负责研究规划和各研究机构的协调。面对研究开发全球网络新趋势，我国组织要加强技术创新网络建设，以提高组织创新活动效率，同时也为全球技术创新网络的形成奠定基础，以更好地参与全球竞争。

四、基于信息网络获取技术学习源

技术的飞速进步导致产品生命周期缩短，迫使组织需要持续地、快速地导入新产品。快速导入产品已经成为组织成功的核心能力之一。当然，技术进步也给加快产品导入提供了技术手段和工具，例如 Internet 和 Intranet 技术大大增进了公司内部、公司与顾客之间的沟通，从而可以缩短产品导入市场的时间。利用 Internet 技术增进沟通、缩短产品开发周期是非常有前途的，可以使组织的所有部门实现信息共享。

最近，已经出现许多有关 Internet 将在公司和个人日常生活中扮演重要角色的描述。现在，通信技术进步对缩短产品推向市场的时间起到了前所未有的作用。而 Internet 是这个领域最重要的工具之一。通过 Internet，可以提供产品信息，也可以收集有价值的用户和市场数据。Internet 是一种廉价、快速、广泛传播数据的手段。连通 Internet 的公司可以：通过图文、声音并茂的多媒体向全球提供大量有关自己产品的信息；处理信息需求；通过 Internet 获得业务伙伴和客户的反馈信息；运用 Internet 接近顾客，做市场研究。Internet 与 Intranet 的交织发展，将促成公司新型的信息系统解决方案。现在 Internet 的基础技术飞速发展，这些技术进展也可以用于 Intranet 的实现。Intranet 是 Internet 范式与标准与公司现有网络、服务器、台式机的集成，以构建更加有效的经营管理系统。Intranet 采用现有的 Internet 技术，能够使公司从多方面受益。

沟通问题的解决，要求技术能够做到以下几点：能够在需要的时刻，提供所需要的信息；保证信息是最新的；确保信息出来的口径一致；由最初准备和发布信息的人自己维护信息。

在新产品创新过程中集成 Intranet/Internet 技术，组织可以从中获得一些便利。由于 Internet 技术具有广为接受的、包含 E-mail 和超文本的标准界面，所以它能为组织实现许多功能。利用它，可以定期把文件传输到组织的各个角落，就目标、进度、计划安排、检核表等各个方面沟通信息。最简单的，通过 E-mail 可以交流最新的信息。进度报告可以得到动态维护。部门之间的公报、信息公告牌和信息页可以贴在网上，被很多人访问。营销部门可以在网上张贴需求种类与目标，工程部门可以在线讨论。

另一个有希望的领域是"在线工程师设计环境"。这能够使在一栋大楼里或全国各地工作的工程师们形成虚拟团队。运用超文本语言，可以使 NPI 进程更加流水线化。这个全球各处都可以靠近的平台可以允许多位工程师加入在线设计。Lochhead Martin 公司最近就投入 300 万美元，开发这样一个系统提供给工程师进行设计。像惠普这样进行软件设计的公司，把一些软件对象放在 Intranet 上，以避免一些重复设计工作。软件开发商 J. D. Edwards 公司，也应用 Intranet/Internet 技术来减少不同办公地点之间的旅行，加速产品开发。

超文本使个人和组织可以提供格式化的文件。虽然有时对非技术人员比较可怕，但对那些专业人员来说，只是小菜一碟。这种能力可以使营销部门把一些详细的设计要求、改动和发展趋势提供给开发团队。为了实现所有成员之间的沟通，集成这些系统是必要的。通过引入一个同用的计算机界面，可以增进小组之间交流的速度和精度。这些信息可以使工程师在设计过程中，对设计要求有更为正确的理解和灵活性。

知识链接8-4　韩国获取国外技术的途径

先进的科学技术的发展使得通过非传统途径或非正式联系进行的技术转让和合作活动空前增多。在当今市场，间接的技术转让方法日趋先进。韩国已成功地建立并实行了一套吸收、获取国外技术的方法。

一、直接的海外活动

（1）海外技术培训。韩国的公司经常派员工到国外的公司进行实地培训。这使韩国的技术人员能接触外国公司的技术、运作和业务。

（2）设立海外分支机构。在海外设立销售、生产和研究开发分支机构是跨国公司扩张的核心内容。韩国的公司也不列外。韩国的大牌企业集团都在积极设立海外分支机构，以占领市场以及利用当地较低的生产成本和优良技术。

（3）设立海外研究中心。韩国政府及企业集团设在海外的研究中心大都位于先进国家，如美国和日本，所以能够获取新开发的技术，并利用当地有经验的科学家。

二、国际合作

论坛、基金会和学术交流的基本目的都是为了增进公益，但它们往往会带来技术转让或合作的积极结果。

（1）国际论坛和基金会。韩国政府从资金上支持建立科技论坛，以此作为促进韩国商业科技机构与美国高技术公司之间进行技术转让的途径。论坛和基金会的作用是，便于与从事特定技术工作的美国科学家接触，因而有助于韩国补救其关键工业部门的弱势；外国公司和个人有机会了解韩国有关商业惯例和重点，从而推进韩国的全球化计划。1994年，韩国工业联合会成立了韩美工业与技术合作基金会，其任务是要促进与美国的技术和工业合作，进一步提高韩国公司的国际竞争力。该基金会寻求建立韩美合资项目，以促进美国公司转让技术。

（2）优秀中心。由国外著名研究机构在韩设立并管理的优秀中心使韩国研究人员有机会与国际知名科学家一道利用优良设备进行研究。韩国科技研究所制订的一项计划呼吁建立一批优秀中心，将先进国家特别是美国的一流科学家吸引到韩国来。

（3）学术交流。几乎每个国家都在与其他国家开展学术交流，交流遍及各个研究领域，韩国也不例外。韩国经常派学生和研究人员到国外攻读高级学位或学习具体领域的知识。不过，与很多国家相比，学术交流对韩国而言更具国策色彩。韩科技部已将公派出国攻读博士学位的人数从1994年的182人增加到1995年的250人。

（4）与国外大学的技术联系。韩国的集团与国外的大学建立产学合作关系，共同进行先进技术的研究。与国外大学扩大联系有助于韩国各集团更快地提高其产业实力。LG集团耗资1000万美元，与麻省理工、斯坦福和普渡等32所国外大学进行合作研究。电子与电信研究所与斯坦福大学联手开发韩国多媒体工作站所需的操作系统。项目完成后，该所将把有关技术转让给三星、LG、现代和大宇集团进行商业化。

三、韩国公司与外国公司间的合作

韩国公司和外国公司达成的合作协议长期以来一直是韩国基础设施和商用技术的一个来源。与国外知名公司建立战略技术联盟使韩国的集团得以更快地进入新市场，有机会获得更多的尖端技术。

（1）战略合作。战略合作是一个过程，它要找出本国的技术差距，寻求国外先进技术，然后使这项先进技术的拥有者与韩国公司建立合作关系，最终转让技术。韩国鼓励技术的拥有者与韩国公司建立合作关系，最终转让技术。韩国有很多鼓励技术转让的措施，其中包括出资支持技术的商业化、提供厂房设备、提供其他技术或促成当地市场的准入。韩国政府时常介入战略合作的各个过程，特别是在找出本国科技结构的弱点，寻找愿意为商业目的转让技术的外国公司和贴补技术转让费方面较为活跃。

（2）国际合作研究开发。战略合作还包括参加国际合作研究。由于这类研究最初的重点是竞争前技术，公司较愿意与其他公司分享其技术。韩国这类国际项目的增多表明了这种合作的成功。韩国国家科技咨询委员会要求政府制订一项专门的资助计划，以促进韩国的产、学、研机构共同参与国际高技术研究。

四、国外专利

（1）低成本专利。冷战结束和俄罗斯开放市场使许多国际制造商能以低于全球市场的价格购买到基础研究成果和专利。韩国的公司和研究机构已利用这一时机，购买俄罗斯专利，获取所需技术。与此同时，韩国公司也在积极地从美国专利代理商手中购买专利。

（2）对外国公司的投资。1995 年 7 月，LG 集团购买了齐尼思公司57.7%的股份。齐尼思拥有 HDTV 专利技术，这将使 LG 电子获益匪浅。以获取专利技术为目的对外公司控股的韩国公司决非 LG 一家。1995 年和 1996 年上半年，韩国公司就对 8～10 家外国公司实现了全部收购或少数股权投资。

五、雇佣国外专家

韩国大企业喜欢雇佣国外专家，以此作为一种间接的技术转让方法。韩国航空航天工业的知名专家中，很多曾在美国参加过先进的航空项目。科技部计划雇佣国外科学家和工程师作为其下属研究机构的固定员工。该部目前正在实行一种招聘制度，从 4 万名海外韩裔科技人员中招聘所需人才。

六、国外数据库

韩国政府企业认识到，数据库是一种卓越而又价廉的技术来源。利用数据库，韩国可在有限的时间内获得大量的科技信息。韩国工业与技术研究所投资 750 万美元，改良了其检索系统。该所还与由美、德、日公司运行的科技网络等国际数据机构建立了联系。此外，韩国政府还为研究人员利用欧、日科学技术数据库创造了条件。

第三节　专业技术人员知识管理平台的创建

一、显性知识与隐性知识

显然，技术学习必须要回答的一个问题是，学什么？从知识是否可表述的角度，知识可以被分为显性知识和隐性知识。根据现在的一般观点，显性知识是指那些可表述出来而能成为公共物品的知识，无论其已成为文字或是尚存在于某些人的头脑中；而隐性知识是不能或难以表述的，或者即使以很大的成本将其表述出来，也会损害其精髓，隐性知识属于经验、诀窍和灵感的范围，本质上是意会性的。由于隐性知识的难以度量性，它是不可模仿的，因而其重要程度也往往大于显性知识。

基于此，技术学习的内容可以大致分成：科学知识、技术知识、经验知识、技术诀窍。科学知识指的是系统性的理论知识，它是比较基础的内容。技术知识指的是与技术相关的一些知识，更多侧重在应用层面，例如一些操作层面的事实。经验知识和技术诀窍是从实践中的产生的隐性知识。

从下面可以发现，组织的技术学习是多方面的学习综合而成的，不仅仅有显性的一些技术知识，还有一些隐性的非技术因素的学习，包括管理方面的学习。这里尤其重要的是那些隐性知识的学习。隐性知识的吸收直接决定了技术学习的成效。由于隐性技术知识的获得需要大量的研发与制造实践，需要一个不断纠错的过程，发展中国家的研发水平总体来说起步较低，隐性技术知识的存量也相对较少，所以技术追赶要以理解与运用国外主流技术为基础，跨国公司是发展中国家隐性技术知识的重要来源。组织技术学习的核心任务之一是积累隐性技术知识，充分消化现有技术，在消化的同时更有效率地学习，更快地创新，才有追赶的可能。

组织不仅仅要重视显性知识的吸收，还要注重隐性知识的吸收，并注意保持两者的相互转化。显性知识和隐性知识不是静止不变的，它们可以相互转化。野中郁次郎和竹内宏高（1995）提出了显性知识和隐性知识相互转化的4种模式（如图8-5所示），即共同化（隐性到隐性）、外化（隐性到显性）、结合（显性到显性）和内化（显性到隐性），而组织内的知识正是通过这种循环转化而形成了一个螺旋形上升的创造过程。所以，组织技术学习的内容应该是全面的，而且尤其要注重隐性知识的积累。不可置疑的是，隐性知识的积累过程需要更长的时间和努力。同时又要加强显性知识的积累和转化。只要组织知识不断流转，那么不仅可以积累各种知识，更能创造出新知识。

表8-1　组织技术知识构成及获取途径

	类型	内涵	示例	获取途径示例
显性技术知识	知是（Know-what）	关于某学科规律和事实的知识	化学配方、原料产地、机器用途	读书、查看数据库、吸纳受过科学训练的劳动力
	诀窍（Know-how）	足够好地可进行有效竞争地完成一项任务的能力，属于知道怎么做的累积的技能和知识	设计经验、组织创新经验	程序化学习
	知奥（Know-why）	理解系统各个关键变量之间的相互关系和相互作用的程度	技术活动流程、组织规章制度	组织学习
隐性技术知识	有目标的创造（Care-why）	联系两个或更多学科来创造全新功能的能力	创造力、研究与开发能力	能力学习（研究开发中学）
	直觉与综合（Perceive how and why）	理解或预见不可直接衡量的各种关系的能力	判断力、战略能力	组织学习、组织间学习

表 8 - 2　技术知识的特性及其管理意义

特性	管理意义
专用性	组织必须进行技术知识战略工作以促进技术知识在适用于企业的轨道上发展
隐含性	重视隐性技术知识的作用和管理；积极促进隐性技术知识向显性技术知识转变
生成性	创造知识网络和共享文化以利于知识生成
累积性	重视技术知识的持续性积累和储备
路径依赖性	组织慎重制定技术知识战略，既要有效利用自身的技术知识基础，保持长期竞争优势，又要避免技术道路越走越窄的技术锁定困境
组织依赖性	组织引入外部技术知识时需要：考虑自身的技术知识结构和格式；提供外部知识与内部知识的联结模式；有技术桥梁人物对技术知识进行格式化
转移成本	培育知识共享的文化；提高自身的吸收能力
收益的难以独占性	知识产权的保护

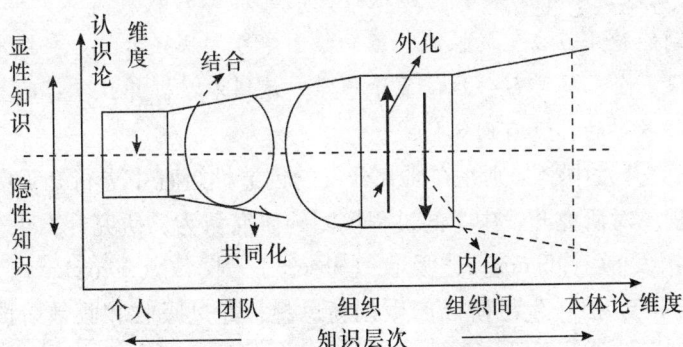

图 8 - 5　知识管理的螺旋模式（来源：野中郁次郎等，1995）

二、知识学习的 4 种方式

根据学习特点和前人研究，知识学习包括多种形式，主要有"干中学"、"用中学"和"研究开发中学"、"组织间学习"4 种方式。"干中学"和"用中学"已为人们所熟知，主要体现于生产过程中重复操作效率的提高，是操作知识的积累。与世界先进技术的企业相比，我国企业尚处于技术能力积累的初始阶段，企业的研究和发展能力普遍较弱。在此阶段，干中学、用中学是学习的主导模式，对创新能力提高具有特别重要的意义。

知识链接 8-5　万向集团的"干中学"和"用中学"

万向集团在技术创新中注重让技术人员放手去干，让他们在实践中得到锻炼、提高技术创新能力。干中学、试错中学习对万向的技术创新具有重要意义。以减震器研究所为例，1997 年才成立，投入了 1.1 亿的资金，其中 8000 万元左右为进口设备。相对设备起点，人员技术水平的起点不够高。但为了进入减震器的市场，除了聘请国外减震器的专家，万向不惜投入大量开发经费，用于开发人员作试验和改进。例如对油封的一次改进，出错损失达 20 万元左右，经过很多次改进，投入达400 万元。在减震器的开发过程中，大的改图达 6 次（将整套图纸换掉），小的改进则不计其数。就这样，使开发出的减震器从 1~2 天就坏，达到能跑 4 万公里的性能。万向集团学习方法显示了：在技术发展起步阶段，企业的学习往往依靠干中学、试错中学，并且学习的具体形式是多种多样的，没有固定模式。

"研究开发中学"则是在研究开发的创造性过程中进行知识吸收的学习过程。对研究开发中学的过程模型的研究认为，研究开发可分为 4个阶段：发散（diverge）、吸收（absorb）、收敛（converge）、实施（implement）。其中发散阶段产生创新思想，经过吸收和收敛阶段产生解决方案，实施阶段执行解决方案。与此对应，"研究开发中学"可分为连续循环的 4 个阶段：具体的体验、沉思的观察、抽象的概念化、积极的实验。该模型在研究开发活动和学习过程之间搭起了理解的桥梁，正是在此基础上，可以认为研究开发是一个学习系统，进行循环往复的持续的学习（如图 8 - 6 所示）。

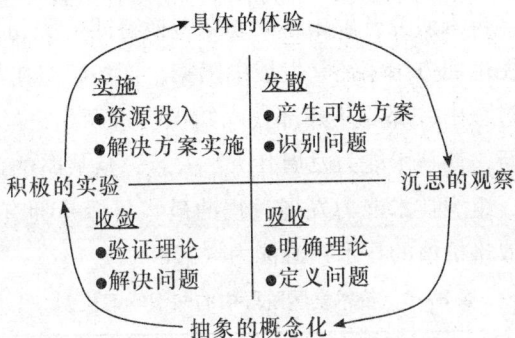

图 8 - 6　"研究开发中学"过程模型

研究开发不仅是一个知识整合与创造的过程（发散阶段），也是一个对整合与创造后的知识不断再学习的过程。而且，研究开发所产生的新知识有许多是企业特有的隐性知识，是竞争对手所难以模仿的，这些知识的吸收和学习不仅使技术能力的量得以积累，也使其质得到提高。所以，研究开发中学属于能力学习层次，对企业技术能力的提高比干中学和用中学更为重要。

与前 3 种学习方式相比，组织间学习具有更多的战略性，一般是在战略性合作的过程中，组织向合作伙伴进行知识的吸收，提高自身技术能力。组织间学习涉及的知识不仅包括显性技术知识，还包括许多隐性的技术知识，因此，能有效提高企业的技术能力。尤其是，战略性合作中合作双方的吸收过程就是一个组织间的学习过程。组织间学习的有效性取决于与两个组织在以下几方面的相似性：（1）知识基础；（2）组织结构和补偿政策；（3）主导逻辑（文化）。合作者在基础知识、低管理正规性、研究集中、研究共同体等方面的相似性有助于组织间学习的进行。

对于发展中国家而言，国外技术的引进被认为是改善自主技术能力，调整产业技术结构和发展经济的有效方式。因此，发展中国家的技术发展呈现出从技术引进和吸收，到技术改进，再到自主技术创新的发展道路。一些学者研究认为在这3个阶段中的学习主导模式呈现从干中学，到用中学，再到研究开发中学的动态转换特征（陈劲，1994）。

事实上，无论西方国家还是发展中国家，许多组织在其技术能力从弱到强的发展过程中，都要从外部技术知识引进开始，经过消化吸收，再经过自主创新，使技术能力发展壮大。并且，从战略的角度来看，为获取竞争优势，组织技术能力发展过程的最终目标是拥有具有独特性、难以模仿性和战略价值的技术核心能力（表8-3）。

表8-3　技术发展阶段中的知识学习机制

技术发展阶段	技术引进	消化吸收	自主创新	核心整合
主导技术能力	技术监测能力、技术引进能力	技术吸收能力	技术创新能力	技术核心能力
主导知识类型	Know – what	Know – how	Know – why, Care – why	Perceive – how, Perceive – why
知识来源	外部	外部	内部	内外部结合
主导学习模式	用中学	干中学	R&D 中学	组织间学习
组织学习层次	程序化学习	程序化学习	能力学习	战略性学习
主要途径	技术引进（购买硬件、购买软件）	内部 R&D	内部 R&D	合作 R&D、内部 R&D

三、创建知识管理的平台

从以上的分析可以知道，企业如果要掌握国外技术、真正建立自己的核心竞争力而不是依靠低成本劳动力来占领市场，就必须要学习领先企业的隐性知识。显性知识可以通过市场来购买，但是隐性知识只能通过自身的学习来掌握。如何掌握隐性知识又是非常困难的事情。因为许多技术诀窍在企业中对外是不公开的，它是作为企业保护技术的形式而存在的。其中，将企业的核心技术员工送到国外领先企业中进行学习，如当年很多的韩国企业 LG、三星、现代汽车等，都是将自己的工程师送到国外的研发机构中进行长期的培训学习。只有深入这类领先企业研发体系中，企业才有可能接触、了解、掌握这种技术诀窍，从而才有可能将它们引入到公司自身内部来。

公司还要注意内部隐性知识的固化和传播。企业内部存在很多技术诀窍、经验知识等隐性知识。公司应该鼓励员工将这些技术诀窍和经验知识固化下来，并与公司员工分享。要做到这些，就必须要加强知识管理。那么如何进行知识管理呢？应该从以下几个方面进行全面的知识管理。

第一，是内部知识的交流和共享，这是知识管理最普遍的应用。公司要充分利用内部信息网进行知识交流，利用各种知识数据库、专利数据库存放和积累信息，从而在企业内部营造有利于员工生成、交流和验证知识的宽松环境，并制定激励政策鼓励员工进行知识交流，通过放松对员工在知识应用方面的控制、鼓励员工在企业内部进行个人创业来促进知识的生成。

第二，是企业的外部知识管理，这主要包括：供应商、用户和竞争对手等利益相关者的动向报告；专家、顾客意见的采集；员工情报报告系统；行业领先者的最佳实践的学习等。企业应该建立电子化的知识管理库，其中一部分专门用来储存供应商、客户、竞争对手的信息。并且要求该系统能够进行实时更新，允许各个工程师上传最新的信息，并有专门的人员负责相关整理和更新。而且，该信息可以通过知识管理库在整个公司各个部门之间实现共享。这类信息的更新和共享可以帮助企业追求更高的效率。

第三，公司应该设立知识主管，为其信息系统部门重新确定方向，使该部门成为知识传递部，并在研发中心成立知识管理小组。根据领先企业的实践经验，知识主管的主要职责有 3 个方面：制定知识政策来约束组织的知识管理活动，使组织的知识流有序地流动；提供决策支持，向决策者提出决策建议；帮助员工成长。

知识链接 8 – 6　优质企业如何创建知识管理平台

惠普公司的做法值得借鉴。通过正式与非正式的网络，惠普建立起技术人员之间的共同语言和交流框架，建立宽松和开放的文化氛围，促进知识共享；采用团队合作的形式，进行技术人员之间有效的交流和沟通，促进知识的传递和成员之间的深度对话，降低协作成本，有利于组织知识的形成与反馈；重视技术人力资源的管理，加强培训，激发技术人员的积极性。促进技术人员的自我知识更新和相互交流合作。

我国许多企业也在实践中形成了一些行之有效的做法，如昆药的"技术创新年会"和"技术创新论文集"。昆药从 1998 年起开始召开全企业范围的技术创新年会，要求企业中各个部门、各个岗位的人员对针对自己平时在生产、管理或研发工作中的创新经验进行总结。最后，昆药根据所收到的技术创新论文的质量，选编了一本《昆药集团技术创新年会论文集》，其中收集了 124 篇论文，其中 43 篇全文收录，35 篇收录了中英文摘要，46 篇收录了论文标题和关键词，内容涉及企业改革、党建、管理、营销、科研、技术、质量、生产等各个层面，是各项创新工作的总结和升华，比单纯的学术论文和理论研究更具有实际指导意义。昆药的技术创新年会每年召开一次，每年出版一本技术创新论文集。而且，为了鼓励全体员工参与，昆药还把论文数量作为员工以后评选先进、评定职称以及提拔的主要标准之一。

第四节　专业技术人员技术学习能力的拓展

一、改进战略层技术学习

根据 Carayannis（1998，1999，2000，2002）提出了三层次技术学习的框架结构：操作层技术学习、战术层技术学习、战略层技术学习。

操作层技术学习指的是，企业通过实践来积累知识、技巧、经验。操作层技术学习是中短期的学习，它的焦点在于企业员工对于刚引进的技术、设备的掌握。该层面的学习直接导致了技术能力在某些方面的提高，例如，生产设备的引进，从而引起生产能力的大幅提高。

战术层技术学习是一个中长期的学习过程。它是通过改变技术决策系统，或者为现有决策系统增加新的规则，来建立企业决策的一个新应急模式。通过该层面的学习，往往会导致企业流程再造。战术层技术学习使得企业能够在当今复杂的企业环境中，通过更加有效的方式，找到新的组织机会。在这种新机遇下，企业通过整合企业现存的核心能力，从而使得自己能够在全新的环境中获得更加明显的竞争优势。

在战略层面上的技术学习，企业通过对新战略的学习，对所处环境的重新界定，发展了认识，对自己的经营领域、运作理念有了新的想法。因此，企业会为自身的决策系统重新定义一些原则，例如企业对哪些是惯例而哪些又是例外有了新的界定。或者，企业会对自己的经营领域和理念进行重新定义。由此可见，战略层技术学习是企业长期的学习，其焦点在于重新塑造企业的一些组织性的东西。战略层技术学习会涉及到以下内容：扩展、重塑企业对自身战略环境的局限性、潜力的认识。战略层技术学习是为企业跃迁到一个新的竞争领域而服务的，它的结果往往是改变企业的游戏规则，或者创立一些全新的产业领域。

企业如果无法进行操作层技术学习，那么它将会很快被竞争对手击败，乃至从市场上消失。因为，如果企业不能开展操作层技术学习，就无法发展新的技术能力，更无从谈起与竞争环境匹配的问题，当然也就无法保持竞争优势了。企业如果无法进行战术层技术学习，它可能在短期内具有一定的竞争力，但是从中期发展来看，企业对于新战略的采用将无能为力。企业如果缺失了战略层技术学习，那么从长期角度来看，由于企业无法保持持续的学习过程，那么它的竞争力必然受到削弱，从而企业无法掌控绩效方面跃迁的时机。

多层次的技术学习可以有效提高技术能力和创新绩效。因此，企业应该加强各个层次的技术学习。尤其是战略层的技术学习在中国企业中存在普遍缺失的现象。所以，应该加强企业的战略层技术学习。为了加强战略层面的技术学习，公司应该一方面向各个分公司的员工宣传战略，让公司的远景深入每个员工的内心，从而更能够从公司的战略高度展开自己的工作。另一方面，公司的领导层应该不断地从各种公司的前车之鉴中学习经验，并努力争取在与跨国企业的交流沟通中学习他们的经营管理理念。从而洞察产业前沿趋势，作出合理的决策。

二、加强团队和组织的学习力度

组织的技术学习应该是全方位的，从个人、团队和组织各个层面都应该加强学习。虽然在常识上个人才会学习，但是目前看来组织学习更加重要。一般来说，所谓个人学习就是个人获取知识及技能的过程。团队学习便是建立在以团队为主体上的学习，通过团队内部的沟通互动，对知识和技巧进行提升。组织学习与个人生物有机体一样，也是一个通过获取和应用知识而获得组织行为的持续改进的过程。组织学习是一种在由组织制度形成的社会关系中进行学习的社会过程，它是一个包含学习和组织两个概念的隐喻，它俨然是一个能够学习，处理信息，反思经历，拥有大量知识、技能和专长的主体；组织学习是关于有效地处理、解释、反应组织内部的各种信息，进而改进组织行为的过程。可以这么说，如果一个组织的潜在行为发生了变化，我们就说这个组织是在学习。从系统论的角度来看，组织学习是一种系统。很多专家和管理者发现，组织学习往往要受到组织的结构、流程、文化和技术等子系统的制约，换言之，要更好地推动组织学习的进行，必须从上述各个方面全面变革组织，从而为组织创造一个有利于学习的内部环境。

知识链接 8 - 7 彼得·圣吉倡导的学习型组织

彼得·圣吉在《第五项修炼》中的提出学习型组织的概念，强化组织的学习能力。他认为学习型组织可以同时进行主动学习和被动学习，并成为竞争优势持续性的来源。根据圣吉的看法，为了建立学习型组织，管理人员必须做到以下几点：

（1）采用"系统思考"。

（2）鼓励自我掌握人生。

（3）挑战现有的心智模式。

（4）建立共同愿景。

（5）促进团体学习。

其中系统思考是最基本的，它可以将其他的 4 条原则融合在一起，并进而成为浑然一体的理论和实务。

为了实现组织的技术创新、知识创新，就必须要加强知识的转化。而要实现这一转化就必须依靠不同主体的学习。可见，组织的技术学习必然要强调多主体的学习并进，缺一不可。

目前组织内部员工的学习主要以个人学习为主，但是，团队学习就相对略少了，组织学习更是甚微。所以组织必须要加强组织学习的力度。而且，组织学习的重要性日显突出。以日本为例，日本组织内部的组织学习机制的形成可以追溯到 20 世纪五六十年代引进国外技术时的经验，不是简单地复制而是加以吸收和改进，其基本做法是行之有效的反求工程（Reverse Engineering）。正是这种组织内部的组织学习机制使得日本处于追赶型的经济时，在引进、吸收和赶超相对定形的技术上拥有无比的优势。

组织在加强内部的组织学习机制之外，还要建立外部组织学习机制，后者则是以产业网络为基础的。这种网络是由客户、供应商、厂家、研究机构及其他所有相关人员组成的动态系统，该系统甚至把资金提供者、行业协会、政府和非政府机构等涵盖在内。

三、优化技术学习的激励机制

深化技术学习还需要有良好的环境氛围和激励机制的建立。因此，企业应该改善技术学习环境，致力于激发专业技术人员学习的积极性。技术学习的环境主要是指学习活动的层次以及范围，以及影响内容和学习过程的环境条件，其中领导层对学习的支持程度、资金的支持程度以及激励机制最为重要。

领导对学习的支持在很大程度上影响着企业的学习氛围。尤其是在中国企业内，如果领导对学习不闻不问，那么员工对学习所持的或有或无的态度会直接导致学习效果的不良。领导对学习的重视、支持，往往可以得到员工积极响应，员工就会形成一种学习的意识。这种意识不断的加强，使得员工能够在工作中、闲暇时，也有一种要学习的上进心。

资金的保证主要是指企业应该对学习投入相当的资金。资金的花费主要体现在两个方面，一个是软件方面，例如对员工的培训，邀请外来的学者专家开展讲座，派送员工参加展览、会议等；另一个是硬件方面，例如有没有建立网络系统，使得员工可以进行网上学习，有没有定期的信息剪报提供给员工等。

激励机制也是很重要的一块。目前企业内部的学习主要是自发式的，没有强制性的措施，那么如何才能激发员工的积极性，使得员工有足够的动力进行学习呢？这显然依赖于激励机制。如果没有良好的激励机制，即使员工进行了某项培训，也只能是效果甚微。目前许多企业在培训、学习上相应的鼓励、考核措施不够，使得培训、学习无法落到实处。所以，建议建立相应的考核激励制度，结合员工在实际工作中的表现，采用定性和定量两方面的方法考核技术学习的成效。

思考题

1. 如何理解技术学习的多层次性？分析所在单位的技术学习的特点。

2. 如何理解技术学习的多重学习源？如何拓展内外部的技术学习源？

3. 如何理解知识学习的 4 种方式？讨论所在单位的知识学习的特点。

4. 如何理解技术学习的多主体性？怎样加强组织学习的力度？

5. 讨论技术学习源的国际化趋势，如何基于信息网络获取提升技术学习。

案例分析 7——技术学习的成与败

2001 年，中国惠普的 CKO（首席知识官）高建华带领中国惠普建立了一个知识管理委员会，中国惠普的知识管理活动开展了起来，其中牵涉到技术学习方面的内容无疑是重点之一。在一系列的学习活动中，中国惠普的技术人员分地区、按兴趣，自愿组合成不同主题的读书会；同时举办经验互动分享，分享经验的同时诞生新的思想和创意；推动了惠普商学院的建立和各种内部培训活动的开展；应用 IT 手段建立知识分享系统，总结一系列成功和失败案例知识库，供员工在发展客户时借鉴和作为展示范例。同时，惠普在内部设有自学网页，供员工自学、检查自己在业务上的掌握程度。

　　尽管这些活动的进行得到了中国惠普高层的大力支持，但最终还是以渐渐冷淡到偃旗息鼓而结束。相比之下，惠普总部在同样的技术学习活动开展上顺利且成效显著得多。惠普总部有 3 项效果最显著的项目：(1) "培训师交易站"，引导员工查找内部专家的 "Convex" 向导和"惠普网络新闻"。(2) "培训师交易站" 知识库，是为教育者提供培训主题的讨论数据库、培训的文档集合资料库。(3) " Convex " 专家互联网络，是将已离开惠普研发部门的老专家、老工程师以网络联接起来，并以 "专家地图" 的形式在系统中展示。这样，新手就能轻易地凭借 Convex 系统与专家沟通。Convex 系统关注的焦点是，如何去创建一个容易被大多数人所理解的、准确反映实验室中广泛的知识领域、并易于管理的数据库知识目录的列表。"惠普网络新闻" 是惠普最早启动的知识管理项目之一，就是为计算机生产部门的经销渠道提供有关惠普的生产知识。

　　尽管失败的原因是多方面的（如活动开展期间适逢惠普合并康柏的重大组织变动），但咨询界对中国惠普此次失败的解释普遍有以下几种观点：(1) 技术学习活动开展在人心未定之时，开展强制性色彩过浓，如让技术人员写出相关技术开发经验等信息，使员工会认为公司管理层们想要监控员工，即使写出部分内容，也会出现很多水分。中国惠普的此次活动开展过多地从愿望、而不是从解决实际工作问题的需求出发，并未成为员工自觉的工作行为。(2) 中国惠普内部的信息流通不畅顺。在中国惠普，业绩出众的部门有高度自治权，几乎不存在内部组织对信息、资源或者跨部门员工的共享。虽然惠普在企业文化上是开放共享的，但是很少有部门愿意把时间和财力投入到这种"融合"的努力当中。可以说，中国惠普的这个技术学习活动的开展从形式上已经满足了扩展技术学习源、重视隐性知识的管理和吸收；扩大技术学习主体等，但最终还是因为组织里面一些长期积累的问题，如员工对学习的积极性、交流沟通的渠道等问题使活动最终失败。对于中国惠普这样实力雄厚的企业来说也在技术学习的开展上遇到考验，可以看出在技术学习中组织内部的某些因素似乎发挥着重要的影响作用。（资料来源：阮秀庄.技术学习中组织记忆对创新绩效的影响因素分析［D］. 浙江大学出版社，2007. 5）

讨论题

1. 比较惠普总部和中国惠普公司技术学习的一系列变革举措，试分析中国惠普技术学习不成功的原因。

2. 试分析有哪些组织内部的因素阻碍了中国惠普公司技术学习活动的有效开展。结合所在单位实际，讨论如何开展技术学习活动。

第九章　创新成果的保护和运用

本章要点

- 知识产权与知识产权战略
- 知识产权的管理和运作
- 专利战略的运用

导读案例9——IBM 的"引狼入室"

一位研究美国专利发展史的观察家曾指出："在一个新行业中，企业能否取得行业领导地位关键取决于专利较量的结果。"但有趣的是，当许多跨国公司的专利保护正越来越严格，企业之间涉及专利的纠纷层出不穷时，IBM 公司却宣布开放自己的大量专利。2004 年 IBM 公司向软件开发商免费开放了 500 项软件专利，2005 年又向卫生和教育产业软件标准设计者授权免费使用其全部专利。IBM 究竟为什么会有这种"引狼入室"的做法呢？

IBM 所看重的全局利益则是成为未来全球产业标准中的长期主导地位。从很多产业发展的经验来看，人们不在乎哪一种技术更先进，只关心哪一种技术是主流。一项技术开放得越早，就越有可能成为主流，从而成为产业的标准。而谁建立标准就意味着取得主导地位。IBM 的专利开放战略正是痛定思痛的结果，实施专利开放战略等于在行业领域内设置了很高的进入壁垒，能够有效遏制竞争者的进入，也能为自己确立市场地位赢得先机。当然超强的科技实力也是 IBM 放弃局部利益的大前提。

再者，IBM 的产品部门各自独立，从技术研发到产品制造基本上都处于相对独立的状态，其最直接后果是，IBM 在许多自己的产品中并没有应用自己发明的新技术，至少不是最先应用这些技术。这既导致了技术的浪费和闲置，也丧失了许多推广技术的机会。专利开放可以吸引更多技术和市场的追随者，这些追随者在 IBM 专利的基础上开发形成大量衍生技术和产品，为 IBM 的技术和产品培育更广阔的市场，推动其成为市场主流。另外，由于 IBM 公司的专利开放是根据自身发展需要，有计划、有步骤、有策略地推进，对追随者的技术和产品开发具有一定的引导性，追随者获得技术的同时往往也实现了 IBM 对某些技术进行推广的战略企图，推动了 IBM 在产业新标准制定中主导地位的建立。（资料来源：http://www.edu-edu.com.cn）

第一节　创新成果保护的利器——知识产权

创新是产业发展、生产率增长以及人们生活水平提高的基本推动力，是解决科技经济脱节和推动企业技术进步的最根本手段，是一个国家兴旺发达的决定性因素。全球经济变革也对创新提出新的要求：一方面创新从依赖于数据、信息，转而更借助于知识和智慧，同时需要各类知识的动态转换与流动。创造性是知识区别于数据、信息的显著特征，未来创新更需要创造性和深思熟虑。另一方面创新也依赖于人类学习能力的不断提升和动态调整。由于当代创新需要的各类知识包括了诀窍（know-how）、知奥（know-why）和识才（know-who），这些知识的掌握需要新的学习机制和新的激励方式才能实现。因此，创新的过程离不开知识产权的保护和激励。

一、知识产权的内涵

国内的定义一般为："知识产权是基于智力的创造性活动所产生的权利"或"知识产权是指法律赋予智力成果完成人对其特定的创造性

智力成果在一定期限内享有的专有权利"等。以上这些定义都普遍地注重"权利"这个概念，因为知识产权并不是由智力活动直接创造所得，而是通过法律的形式把一部分由智力活动产生的智力成果保护起来，正是这部分由国家主管机构依法确认并赋予其创造者专有权利的智力成果才可以被称为是"知识产权"。知识产权就是如同某一项私有财产，拥有者具有排外的使用权。因此，知识产权的定义可以表述为：在科学、技术、文化、艺术、工商等领域内，人们基于自己的智力创造性成果和经营管理活动中的标记、信誉、经验、知识而依法享有的专有权利①。

知识产权可分为两大类：第一类是创造性成果权利，包括专利权、集成电路权、植物新品种权、版权（著作权）、软件权等；第二类是识别性标记权，包括商标权、商号权（厂商名称权）、其他与制止不正当竞争有关的识别性标记权利（如产地名称等）。就当前各国企业对知识产权的利用情况来看，知识产权主要包括以下 3 个重要的方面：专利权、商标权和版权。下面简单地介绍一下这 3 个方面的内容和大致类别。

1. 专利权

专利权是国家知识产权主管部门给予一项发明拥有者一个包含有效期限的许可证明，在法定期限内，这个许可证明保护拥有者的发明不被别人获得、使用或非法出卖，同时也赋予拥有者许可别人获得、使用或者出卖这项发明的权利。按照发明类型的不同，专利权分为 4 种类型：物质、机器、人造产品（如生物工程）和过程方法（如商业过程）。在我国，专利的起步较晚，因此，包含的内容还不是很全面。现有我国专利法规定的专利权有 3 种：发明专利权、实用新型权和外观设计权。

（1）发明专利：发明是对特定技术问题的新的解决方案，包括产品发明（含新物质发明）、方法发明和改进发明（对已有产品、方法的改进方案）。

---

① 冯晓青. 企业知识产权战略 . ［M］知识产权出版社，2003.

（2）实用新型专利：指对产品的形状、构造或者其结合所提出的适于应用的新的技术方案。

（3）外观设计专利：指对产品的形状、图案、色彩或者其结合所做出的富有美感并适于工业应用的新设计。

2. 商标权

商标权是一个与公司、产品或观念联系在一起的名称，由一些与企业有关联的文字、图形或者其组合表示的具有显著特征、便于识别的标记。商标权的拥有者具有在其产品或服务上使用该商标的唯一权利，同时，商标可以被用于鉴别产品，或描述产品。商标权包含使用权、禁用权、续展权、转让权和许可使用权等。

3. 版权

版权是一种保护写出或创造出一个有形或无形的作品的个人的权利，版权也可以转换为一个组织所拥有的权利，这个组织向作品的创作者支付版权费，从而获得了该作品的所有权。随着时代的发展，版权已经渗透到各个领域的作品中，包括建筑设计、电脑软件、动画设计等。任何一种作品，只要它是原创或者是通过某一物质媒介表达出来，都可以获得版权。版权赋予所有者对其作品的专有权利，也允许其所有者以此来获得因其作品引起的价值。

根据知识产权无形的特殊属性，其主要特征就是通常所说的"三性"特征：专有性、地域性、时间性。

（1）专有性：指知识产权为其所有者所享有，不经法律特殊规定或所有者同意，任何人不得获得、使用或出售。

（2）地域性：指知识产权必须根据一个国家或地区的法律而取得，原则上只能在该国或地区的范围内才能产生法律效力。

（3）时间性：指知识产权只能在法定的期限内才有效，这说明所有者享有的专有权利是有时间限制的。

二、知识产权对于创新的推动作用

首先，知识产权制度承认智力劳动成果是有偿的，保护知识产品所有者权益，有利于激励知识产品的创造。知识产品的市场化和商业化都需要公平的竞争环境，而知识产权制度是提供和维护知识产品市场公平竞争秩序的重要法律手段，专利权、商标权、著作权是知识占有的法律形式，其本质是把智力成果当作物权保护，从而使知识获得有序、健康、合理的使用，保障了权利人的合法权益；知识产权制度可以激励企业和个人发明创造，提高企业的研发能力，使企业能够在当今在以高技术为核心的知识经济时代的国际市场竞争中取得一席之地。

其次，知识产权制度在有效配置科技资源，提高研究开发起点和水平，避免人力、财力、物力的浪费中具有重要的作用。世界知识产权组织的研究结果表明，全世界最新的发明创造信息，90%以上首先都是通过专利文献反映出来的。在研究开发工作的各个环节中注意运用专利文献，发挥专利制度的作用，不仅能提高研究开发的起点，而且能节约40%的科研开发经费和60%的研究开发时间。同时创新过程具有投资高、产出高、风险大等特点，技术开发呈现明显的阶段性，各个阶段需要多方面的协作和规划，因此，迫切需要知识产权制度与创新协同发展，从而通过知识产权的创造、管理、保护、运营一体化的知识产权管理工作的实施来提高创新能力。

最后，申请专利就是公开，是在全世界公开，这种法律保障的公开是知识传播有效、规范的手段，有利于新技术的商品化和产业化。知识产权制度是市场经济的产物，在极大程度上促使创新活动形成良性循环，有助于企业引进先进技术和吸纳资金，形成技术上的"后发优势"。同时知识产权也给企业带来的巨大经济利润，一方面弥补研发阶段的资金成本，另一方面，又可再次投入到新的知识产权开发项目中，从而造成企业的知识产权开发战略的良性循环。因此，知识产权在驱动创新的同时，也成为创新发展的重要战略目标。

三、知识产权战略

知识产权战略可定义为企业为获取与保持市场竞争优势，运用知识产权保护手段谋取最佳经济效益而进行的整体性筹划和采取的一系列的策略与手段，其中专利战略是企业知识产权战略运用的重中之重。事实上，专利技术、高信誉品牌等知识产权的开发与利用，离不开企业知识产权战略的有效实施。以 IBM 公司为例，1999 年其拥有的专利数（2756）超过了 134 个落后国家的总和（2643），该企业通过专利许可战略的实施，收取的专利费用由 1990 年的 0.3 亿美元上升至 2000 年的 10 亿美元，这相当于其税前净利润的 1/9。由此可见，企业的知识产权问题不仅仅是一个"保护"问题，更是一个"经营"和"战略"问题。单纯的知识产权保护不但会使企业陷入事后补救的被动境地，还会造成知识产权的闲置和浪费。将知识产权战略作为企业的一种经营战略，将知识产权与企业产业结构调整、规模经济、产品和技术开发、市场营销等企业经营管理方面的重要问题紧密结合，在生产和经营活动中综合运用各种手段来保护和利用知识产权，是实施知识产权战略的基础。

知识产权战略的特征包括：（1）法律性；（2）保密性；（3）时间性和地域性；（4）整体上的非独立性。在企业中，知识产权战略的运用不应仅限于法律的层次，根据知识产权资本集团公司（ipCapital Group Inc.）所创造的知识产权圆，如图 9 - 1 所示，知识产权是由一组同心圆组成的。

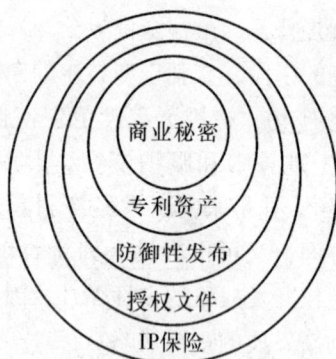

图 9 - 1　知识产权圆

图 9 - 1 中，最里面的圆代表商业秘密，商业秘密是一个公司的核心技术，申请专利的时候并没有公开，因为专利的时间是有限制的，但是

商业秘密却没有，也不需要担心竞争对手的模仿。如果公司没有意识到商业秘密的重要性，那么公司就无法建立一个良好的知识产权防御系统。因此，创新过程中的核心技术必须要得到严格的关注，因为它是整个防御系统的核心。第二圈是专利资产，这是由商业秘密所带来的一些专有资产，不一定成文，但对专利的开发是至关重要的。第三圈是防御性发布，是一个战略保护层次，公司通过发布防御性出版物来加强其基础性专利地位。第四圈是所有成文的文件，全部战略性防御实质上是从这个层次开始的。如果技术不能被转化为文字，那么任何东西都不能成为专利或别的专利工具。第五圈是知识产权保险，无论公司的技术有多好，出错总是在所难免的，知识产权保险作为风险管理的一种方式必然会成长起来。知识产权圈的 5 个层次方面都是创新过程中需要高度重视的问题。

知识产权战略是公司经营发展战略的一部分，目的都是为了实现公司的愿景，如图 9－2 所示。公司的知识产权战略的目标和作用包括两部分：价值创造和价值获取。前者是后者的基础，是知识产权的创造过程；后者是前者的发展，是为了在现有知识产权的基础上获取更多的价

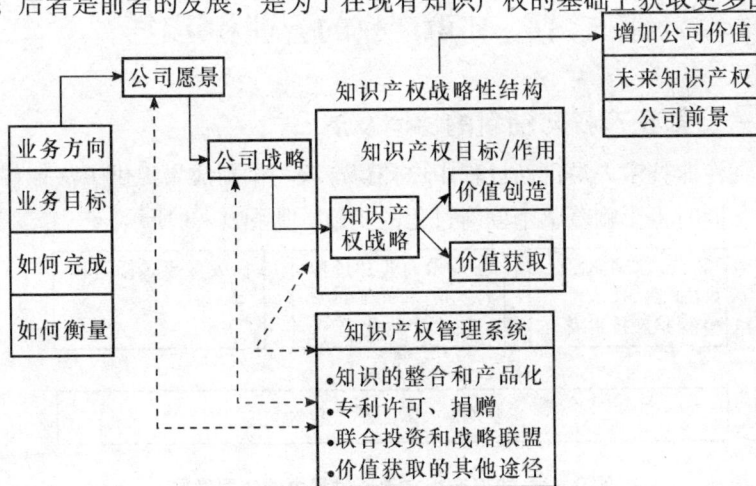

图 9－2　知识产权战略与公司愿景、战略的联系

值。公司通过知识产权战略的实施，除了增加公司的价值，甚至能够预测公司及行业的未来，"创造"公司的前景。由此可以得知，知识产权战略是和公司的愿景、战略紧紧地联系在一起的。

"入世"以来我国企业面临的国内外市场竞争环境十分严峻。国外跨国公司从战略目标考虑，在我国通过专利申请、商标注册、技术标准化等手段已经构筑了严密的知识产权"封锁线"，对我国企业生存和发展乃至国家经济安全构成了严重挑战。目前我国很多企业仍然没有真正认识到拥有强大的知识产权是关系到企业兴衰成败的大事，更没有将知识产权问题摆到企业经营管理和发展战略的位置，这就不可避免地在知识产权管理和知识产权战略运用上感到十分生疏。即使一些重视知识产权的企业，也往往注重的是知识产权的静态归属和产权，而忽视了其动态运营和优化，知识产权战略的实战经验更是缺乏。忽视以及不善于利用知识产权战略的这种局面如不迅速改变，面对新世纪知识经济的挑战，面对我国已加入世界贸易组织后的新形势，我国的许多企业将难以在未来的激烈市场竞争中立足。

第二节　知识产权的管理和运作

一、知识产权与创新的协同发展

在专业技术人员创新过程中，知识产权为创新成果提供了法律保护平台，同时也影响着整个创新过程的实施，如图 9-3 所示。

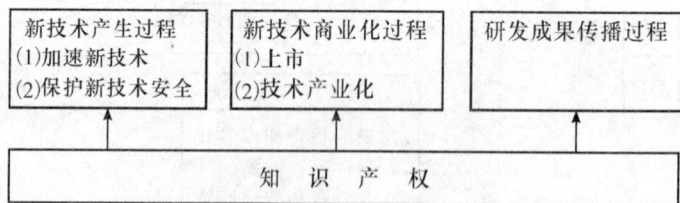

新技术产生过程 (1)加速新技术 (2)保护新技术安全	新技术商业化过程 (1)上市 (2)技术产业化	研发成果传播过程
知　识　产　权		

图 9-3　知识产权在创新过程中的协同发展

从图 9-3 中可以看到，知识产权影响了新技术的产生过程，新技术的商业化过程和创新成果的传播过程。下面简单介绍一下知识产权在创新过程中，对以上 3 个过程的影响：

1. 新技术产生过程中的知识产权问题

在创新过程中，必然伴随着发明创造的产生，这些发明创造将是重要的无形资产。这些无形资产若不加以保护，很快会被国内外的同行（包括竞争对手）使用，不仅使技术生产者市场竞争力大大减弱，还将损失掉技术贸易的收入，研发的投入和回报都将化为乌有，也不能为下一轮研发提供资金。在新技术生产过程中知识产权的服务和保护功能主要表现在[①]：（1）加速新技术的产生。海尔集团是一个利用专利文献，加速研发进程，提高自己新技术产生的能力和速度的典范。早在 1987 年海尔集团就成立了专利委员会，当时就收集了自 1974 年至 1986 年间世界上 25 个主要工业国家有关冰箱的 14 000 余条专利文献题录，随后又陆续建立和开发了中国家电专利文献数据库、中国家电专利信息库。这一系列的数据库和信息库使海尔平均每天申请 1.8 个专利。（2）保护新技术产品开发安全进行。在新技术产品开发阶段，要防止同类企业的技术模仿，抢先使用或生产出同样工艺或产品占领市场，只有及时申请专利，使研发成果获得法律保护，才是保护新技术产品开发安全进行的有效保障。知识产权既可帮助所有者保护国内市场，又有利于其在国外投资办厂。如我国有几家企业共同研制出一种抗疟疾的新药，随即申请了 60 多个国家的专利，最后世界上几家大制药公司纷纷前来投资与我方联合开发。

2. 新技术商品化（产业化）阶段的知识产权问题

在新技术商业化这个系统工程中处处可以碰到知识产权的问题。首先，新技术产品商业化上市，要最大限度地占领国内外市场，就必须保证自己的产品持有自己的专利权、商标权、版权。如果这些新技术产品尚未权利化，不仅会失去其市场占有率，有的甚至会被诉诸法庭。其

---

① 陈劲，桂斌旺. 研发管理［M］. 知识产权出版社，2003.

次，在技术产业化或商品化阶段，应更加注意对工艺、产品的知识产权综合保护。一项具有高额利润和广阔市场前景的产品，必然会引起企业间激烈的竞争，如果没有专利、商标等法律保护，在市场竞争中会轻易地被不法分子以不正当的竞争方式打垮，使产品丧失竞争能力。

3. 创新成果扩散应用中的知识产权保护问题

专利权是一种排他性的独占权，在有效期内对人的效力是所有人，即在法律保护下的公开，任何人都可以查到、学会，但未经权利人许可却不能以生产经营的为目的使用，当然用于科学研究、提高科研起点和速度是允许并提倡的。但是巨大的专利利润会引起很多不法之徒的非法侵权，比如模仿、复制等，如果没有知识产权的保护，那么这会使得专利的所有者损失许多应得的经济利益。众所周知，软件具有开发难度高、成本高，但复制易、费用低的特点。世界上的很多国家里都出现了擅自复制、廉价"销售"他人开发的软件，发他人之财的"盗版行为"。这种盗版行为使得包括我国软件行业在内的各国软件行业受到了严重的损失。有人估计，在1994年仅由于应用软件被非法复制，就使得个人计算机（即PC）应用软件行业，在全球损失80亿美元以上。

随着企业对知识产权的逐渐重视，知识产权的运用和管理已经取得了很大的进步，但是仍有部分专业技术技术人员缺乏知识产权意识，不善于利用知识产权保护自己的创新成果，企业对知识产权的理解还需要进一步深化，充分发掘公司内外的知识产权价值，并加以利用，为企业创造出更多的价值，为社会经济的发展做出更大的贡献，因此，掌握知识产权运用和管理的方法也是专业技术人员创新能力培养的重要内容。

二、知识产权管理方法

根据戴维斯和哈里森对知识产权近25年的研究，发现了知识产权不仅仅是一种合法的固定资产，而且是一个动态的过程。因此，每个企业不应该总是关注将以往的创意转化为能够创造出价值的产品和服务这个焦点上，而应该扩展视野，明白今日的发明创造可以通过易货、许可或出售等方式在创意阶段获得巨额的收入。因此，专业技术人员在创新能力开发过程中,还需要掌握知识产权管理方法,将创新思想与市场经济价值创造性结合。要实现有效的知识产权管理,应包括以下几个步骤:(1)每个企业首先需要进一步深刻地了解智力资本的价值层次,确定企业目前知识产权所处的管理水平;(2)然后结合企业的知识产权战略目标;(3)寻找目前企业需要改进的步骤;(4)制定相应的知识产权管理系统。如图9-4所示,具体步骤展开如下。

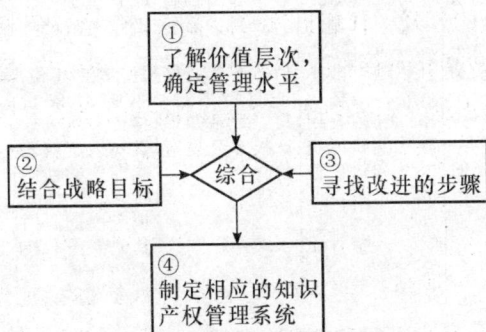

图9-4 知识产权管理过程

1. 了解智力资本的价值层次,确定企业目前知识产权所处的管理水平

根据安达信发明,并由 ICMG 进一步发展所提出的智力资源的价值层次概念,如图9-5所示,企业的智力资本可以分为5个层次。价值层次表现为一个金字塔形状,每个层次都代表着不同的预期值,这里的预期值指的是公司希望知识产权功能对公司目标所能做出的贡献。层次越高,表示公司对于知识产权的功能要求越高。下层是上层的基础,层次越高,智力资本发展的前景就越宽广。需要注意的

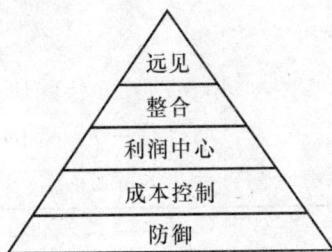

图9-5 智力资源的价值层次

是，上层的价值是建立在下层的基础上的，脱离了下层的支持，上层的价值就会变得毫无意义。《董事会中的爱迪生》一书对每个阶段都做了详细的描述，这里只作简单的介绍，如表9-1所示。

表9-1　智力资源5个价值层次的比较

层次 属性	防御	成本控制	利润中心	整合	远见
特征	①最基本的层次，是知识产权功能最基本的原理和最初的目的；②"权利"为其核心内容，是一种纯粹的防御。	①防御性模式；②意识到累计成本的昂贵，开始进行减少成本，提高效率，增强效用等减少和控制成本的各种活动。	意识到两种智力资源：第一种是能创造价值的产品或服务的新思想；影响股票价格）；第二种是知识产权本身也有价值。	①意识到知识产权对战略的意义（谈判工具，战略定位，影响股票价格）；②知识产权职能部门的性质变化，整合知识产权资源同其他部门的技术和资源，变得更富有创造力。	从外部审视自身，关注未来，用知识产权去"创造"将来，确保现在和未来的产品和市场
核心	知识产权的法律范围	知识产权成本	同时注重知识产权的创造和利用两方面	知识产权应用提高到战略层次	注重公司未来的发展
重要行为	①通过研发项目创造专利；②保护研发项目的核心技术；③加强研发人员与知识产权专业人员的联系；④增加研发项目的力度；⑤确保研发项目人员自由地创新。	①减少与知识产权相关的成本；②精选和关注那些新增加的知识产权。	①尽可能快速、低成本地直接从知识产权中获取收益；②注重非核心、非战略性，但具有战术价值的知识产权。	①从公司的知识产权中获取战略上的价值；②整合整个公司的职能部门的知识产权意识和经营情况；③使管理以及从知识产权赚取价值方面变得更为复杂和富有创造性。	①提出基于未来的主张；②鼓励对未来具有破坏力的技术，试图能"创造"未来；③使知识产权和知识产权管理能融入公司的文化。

层次 属性	防御	成本控制	利润中心	整合	远见
改善行为	①保护已有的专利； ②鼓励自由的同时获得新的知识产权； ③维护自身的专利(别让好的专利因为时效而流失)； ④尊重其他公司的知识产权； ⑤积极强化专利，否则就不要申请这些专利权。	①尽可能广泛地使用知识产权； ②由交叉功能部门组成专门的知识产权部门； ③建立一个评估专利的标准及程序； ④为专利申请和更新提供详细的资料； ⑤定期系统地复查专利资产组合，以删除无用的专利。	①管理层支持； ②建立有效的许可经营机构； ③考虑捐赠和对专利许可使用情况审计； ④通过集权和分权从各职能部门中提取价值； ⑤发展更先进的保护标准。	①结合知识产权战略与公司战略； ②通过交叉职能管理知识产权； ③通过分析信息来确定公司定位，以此来发展知识产权； ④知识产权的显形化过程及共享； ⑤战略层次的价值提取。	①战略性地取得专利，试图创造未来趋势，树立新规则； ②构建一个知识产权管理的绩效评估体系。

由表中的比较可以看出，"防御"和"成本控制"这两个层次是基于防御的价值层次，因此，处在这两个层次的公司，注意力会更多地集中在构建公司内部的防御性系统，也是现阶段我国绝大多少企业所处的价值层次。可以看到，这两个层次的公司的研发部门将负有巨大的责任，他们需要完成大量的技术研发工作，为公司的知识产权战略提供强大的技术支持。当然还要注意的是，公司不能永远停留在初始的这两个层次，应该继续灵活运用防御性战略，向进攻性战略发展。层次三到层次五就属于进攻性战略，他们已经慢慢脱离了"知识产权的作用仅仅是保护权利"这个误区，把知识产权积极应用到战术、战略中，成为公司创造价值、谋求未来发展的一项重要工具。

2. 明确公司的战略目标和寻求现存问题的改善途径

公司知识产权中战略虽然具有一定的独立性，但其目标却必须要和公司总体战略相一致，知识产权战略是实现公司战略目标的一种途径。我国企业在实施知识产权战略中出现的问题有很多，具体的包括：

（1）企业知识产权意识淡薄。据国家知识产权局统计，我国每年有3万多项国家级重大科技成果问世，其中有两万多项未申请专利，即使在这两万项中仅有很少一部分可以采取技术秘密的方式保护。另外，由于专利保护的地域性特点，若只申请本国专利，就等于将该项高新技术无偿奉献给了除本国之外的世界各国。《专利法》实施 15 年来，中国共受理国内发明专利申请 11.59 万多项，但向国外申请的专利不足 3000 项，说明我们将 11.3 万项发明白白送给了外国。

另一方面，从企业内部的组织结构和制度也可以反映出企业知识产权意识的淡薄。2001 年年底的有关调查显示，中国有 85% 的企业无相应的知识产权管理机构和制度，且大部分企业在中国加入 WTO 后仍缺乏知识产权管理和保护的意识。许多企业的领导层、管理层、技术层和普通员工，对知识产权的具体涵义理解不够，甚至不理解，对中国加入 WTO 后企业可能面临的知识产权的相关问题几乎没有思想和技术准备。

（2）企业研发意识差，研发投入少。一方面，高关税壁垒使得进口商品在价格方面缺乏竞争优势，国际市场的竞争压力难以有效地传达到国内市场，国内企业只需通过引进，即可简而快地获得并相当长时间保持在国内的技术领先地位，而不必依靠风险大、耗时长、花费高的自主研发，由此导致中国企业普遍缺乏研发意识，重引进而轻开发；另一方面，在引进的方式和内容上也有偏差，许多企业热衷于抓产量、建新厂，进行外延扩大再生产，而实现这一目标的捷径便是大量引进国外的成套设备，无须更多地研究、吸收工程和配套投入，就能在短期内带来经济效益。

在研发投入上，日本某企业家曾说过：科研费用占销售额的 5% 以上的企业才有竞争能力。而我国的企业技术开发投入普遍较低，只占销售额的 1%～2%。相对于世界 500 强的研究与开发（R&D）方面的投入占销售收入一般均在 5%～10%，中国工业 500 强 R&D 投入占销售收入平均为 1.38% 左右，这巨大的资金缺口是无法造就拥有强大自主开发能力的企业的。

（3）知识产权归属不清。在计划经济体制下，企业没有自主权，也不承担应有经济利益的责任，在商标、创新技术成果等方面往往是

"一家发明，大家受益"。这种社会经济现象，在某种程度上，使企业得到了一定的经济利益，但在随着国家经济体制的改革、现代化企业管理的推进，在商标使用和归属以及保护上，就显得矛盾重重。除此之外，在个人和企业之间，由于没有明确知识产权的归属以及企业必要的人才流动权限，随着企业人员调离和下海下岗、外单位窃取、合同违约、内部人员化公为私，企业知识产权的流失相当严重，尤其以人员的流动和内部人员化公为私为其主要流失渠道。

（4）技术成果转化率低。科学技术只有转化为现实生产力，才能真正实现其价值。而目前在我国，技术成果与工业应用之间似乎存在着一个鸿沟，我国整体技术转化率只有 10% ～15% 左右。有资料显示，我国每年取得 3 万多项科研成果，但只有 20% 左右的成果得以转化并批量生产，取得一定的市场占有率和经济效益，约 5% 的成果形成产业。研发无法与市场接轨，技术难以与经济结合，投入产出比例失调，国家又缺乏促使专利成果向市场转化的机制，使研发成果失去生产和赢利的可能性，这也是导致企业自主研发主动性低、技术创新后劲缺乏的原因之一。

（5）尊重知识、尊重人才的力度不足。中国企业没有一个合适专利管理的机制，缺乏知识产权管理的专门人才，不了解国内与知识产权相关的具体法律法规和国际公约，使得花费了大量的精力获得了国家级的专利代理资格的专利代理人员无用武之地，在实际中也没有对专利人员给予应有津贴政策，而与一般的技术人员甚至与一般的管理人员一视同仁，这大大挫伤了他们的积极性。

（6）政策法规不健全，知识产权保护不力。由于我国对高新技术许多领域的开发起步晚，相应这方面的法制建设也较薄弱。建立于 20 世纪 80 年代至 90 年代的中国知识产权法律体系虽然在保护技术成果、调整利害人相互关系，促进技术领域法制化方面取得了一定成效，但对高新技术的保护却显得有点力不从心。在立法上，获得知识产权保护的成本过高（如专利申请与维持等费用过高），许多领域不能满足高新技术的申请需要，无法覆盖高新技术的全部主题，难以对高新技术实施有效的保护；在执法上，由于地方保护主义、市场管理漏洞以及执法人员素质差、徇私枉法等现象的存在，侵权行为依然十分严重。

由此可见，在我国企业的研发项目中，影响知识产权战略的因素是多方面的，每个不同的企业所遇到的障碍也是不同的，要提高知识产权战略在研发项目中的作用，必须根据实际的情况，针对各影响因素，找出改进的方法和步骤，才能为建立相应的知识产权管理系统提供有效的信息和方法，使得知识产权战略的实施得以成功。

3. 建立相应的知识产权管理系统

根据以上这些步骤设计的知识产权管理体系因为公司的具体情况不同而有所不同，但 ICMG 公司设计的知识产权管理体系却涵盖了各个价值层次中最佳行为方式的各个方面，如图 9 - 6 所示，图中的①表示"防御"，②表示"成本控制"，③表示"利润中心"，④表示"整合"，⑤表示"远见"。基本处在前两个层次的我国企业一般都把研发项目与知识产权资产这一部分当作自己的知识产权管理系统，还属于比较低的防御层次。

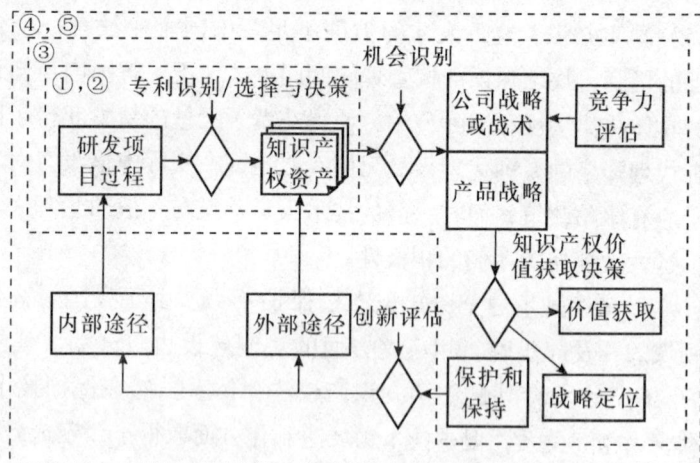

图 9 - 6　知识产权管理系统

　　每个企业的实际情况不同，所制定的知识产权管理系统必定也很不一样，这里介绍一种"知识产权的综合性管理模式"。知识产权的综合性管理，是指把企业所有的知识产权相关项目都纳入管理范围，贯穿知识产权的创造培育、归类整理、开发经营、控制保护等各个环节，涉及知识产权的创造者、所有者和具体管理人员。它从实用性和综合性角度出发，充分激活企业的知识产权的创新机制，全面提高企业的综合竞争力。其模式如图9-7所示。

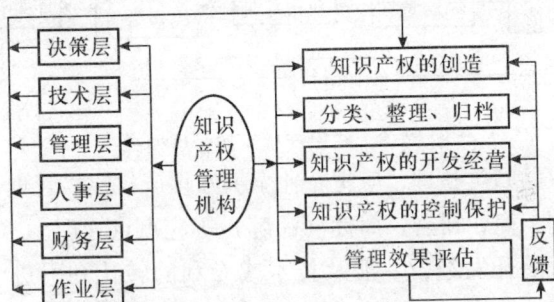

图9-7　知识产权综合管理模式

　　国际上著名的大公司都有一套完善的知识产权管理机制和专门的机构。因此，我国企业要想在世界经济日益全球化之时生存下来，应当从长远目标出发，配备专门的知识产权管理人员和设置相应的机构，制定完善的管理制度，把知识产权管理与企业总体发展战略结合起来，充分发挥知识产权的经济效用，提高企业自身的竞争力。知识产权的管理，最根本的和最重要的是懂知识产权管理的专门人才。知识产权管理水平的高低，关键在于其管理人员的知识和素质。企业知识产权的管理工作涉及经济、法律、科技、贸易、社会、文化等各方面知识，贯穿于企业的研发、生产和销售等全过程。因而，知识产权管理人员不但要有丰富的管理知识，而且要了解国内外与知识产权有关的法律法规和其他相关的制度等。另外，企业职工对知识产权的正确认识和知识产权管理保护意识的高低，对企业知识产权管理有着重要影响。企业应加强对职工知识产权相关方面的培训。

三、知识产权运作模式

知识产权的管理运作，包括知识产权的归类整理、开发经营、控制保护以及管理效果的评价等，其具体运作模式见图 9 - 8。

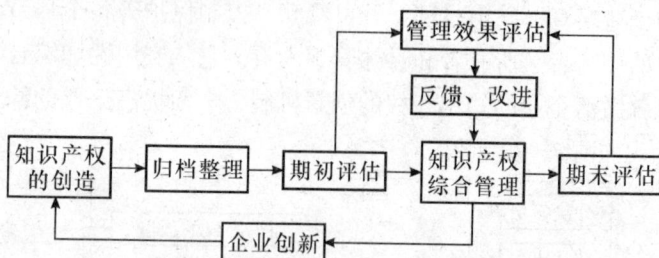

图 9 - 8　知识产权运作管理模式

知识产权的归类整理，应把企业全部知识产权建档管理，特别是核心技术、专利、商业秘密、商标（品牌）等应重点管理。

知识产权的开发经营，涉及技术或专利的转让和引进、商标的利用、商业秘密的运作、人才的挖掘等。世界上著名的跨国公司在占领全球市场的同时，更注重知识产权的开发经营。它不仅推销自己的技术和产品，获得短期的利益，而且非常注重开发利用当地技术资源，包括高级技术人员和专利技术等。这使自己既加强了对技术资源的控制，又在市场竞争中处于有利地位，获得长期发展的利益。知识产权的开发经营所取得的经济效用，能更好地激发企业的技术创新，进而导致管理（制度）创新，从而形成良性循环，促进知识产权的创造，全面提升企业的内在竞争力。

企业知识产权的保护，主要涉及商标、专利、专有技术、商业秘密等的保护，重要的是对企业知识产权流失的控制。企业应通过建立科学的现代人力资源管理体系、不断地挖掘和引进优秀人才、建立企业契约制度、增强企业职工的知识产权保护意识、加强专利申请和商标（域名）注册、建立严格的知识产权档案与保密制度、合理利用计算机和网络相关法律法规等手段从各方面保护知识产权的流失。

知识产权的运作管理，更重要的是建立一套管理效果的评价体系。

知识产权管理效果的评价体系，实质在于把管理从一般的定性指标转向定量指标，便于评估和科学化管理。建立评价体系的重要性在于，一方面它可以改变企业以往对知识产权管理只注重形式而不注重效果的做法，另一方面又可使企业领导层看到知识产权管理带来的经济效用，反过来又促进企业领导加强对知识产权的管理。

第三节　专利战略的运用

一、专利和专利战略

1. 专利和专利战略的内涵

专利是对发明授予的一种专有权利，它赋予专利的所有者在有效期内对专利的所有权。一方面，专利的公开性给现有的创新项目以启发，为后代研究者和发明人提供宝贵的信息和灵感；另一方面，从法律上保护了权利人的利益，保护本公司创造出的市场价值。此外，专利带来的所有者利益也成为激发创新人员积极性的一个重要环节，提供了一种适合专业技术人员的激励方式。专利是知识产权管理中最为重要的组成部分，因此，专业技术人员应该认识到专利的重要性，运用专利战略促进创新能力的提升。

企业的每一种战略都是根据公司的愿景所设计的，目的是为了实现公司总体战略，研发和创新过程中的专利战略也不例外，如图9-9所示。

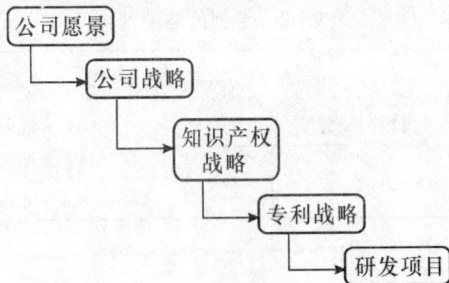

图9-9　公司战略与专利战略

公司的愿景是一切战略的根源所在，公司到底要做什么，公司的目标是什么，如何去实现这个目标，这些公司的愿景决定了公司所有的战略内容。公司为了实现这些目标，要制定不同的战略，如人力资源战略、知识产权战略、营销战略、研发战略等。专利战略是公司知识产权战略中一个最主要的内容，它主要通过研发项目来实现，并通过专利的形式获得法律赋予的权利，以此来实现公司战略，提高公司竞争优势，为公司谋取经济利益。

专利战略的目的是为了谋求获取最佳经济效益和取得市场竞争优势。专利战略的对象是专利工作，包括：专利信息获取和分析、专利技术开发、申请、引进、实施、运用、许可证等一系列专利管理工作。专利战略的性质是专利工作的总体性规划，既不是局部的、具体的工作，也不是仅仅涉及近期的工作，而是包括近期和中长期工作在内的规划。任何专利战略都要在专利制度的规范下进行。企业一方面可以利用专利制度规定的信息公开等种种便利条件和专利法赋予的法律保护权利，保障自身利益，扩大竞争优势；另一方面又要承担法律规定的责任和义务，如合理使用他人专利，不侵犯他人权益等。

2. 专利战略的特点

专利战略包括两部分的内容，包括外部的法律环境和企业内部环境，而内部环境又包括技术方面因素和公司总体因素，因此，可以从这两方面的内容来描述专利战略的特点，如表 9－2 所示。

表 9－2　专利战略的特点

法律环境	内部环境	
法律性强	技术因素	技术性强
时效性强	总体因素	保密性强
地域性强		综合性强

（1）法律环境

法律性强：一方面，专利战略依托于国家专利制度，因此，其利用、管理都必须置于法律规范特别是专利法律规范的制约之下；另一方面，法律规范特别是专利法律规范对实现专利战略提供可靠的法律保障。

时效性强：时效性是专利的重要特征。每个专利都是具有一定时间限定的专利权，从专利申请开始到被授予专利权以及维持和使用专利权整个专利运作过程中，有众多的时间限定。企业必须根据这些限定的时间，调整专利战略。

地域性强：这同样是由专利的地域性决定的。企业在制定实施专利战略时，必须充分考虑到产品市场而选择申请专利的国家，这一点对于企业实施国际专利战略、开拓国际市场时尤为重要。

（2）内部环境

技术性强：企业专利战略的制订和实施是一项技术性很强的系统工程，涉及到数据整理，文献计量，统计分析和专业知识等诸多技术要求非常高的内容。而且，企业专利战略种类繁多，各类战略的应用也十分复杂，需要很高的技巧。

保密性强：企业专利战略实际上是企业整体发展战略的组成部分，与企业经营战略直接相关，企业专利战略涉及到企业的经济和科技情报分析、市场预测、新产品发展动向，以及经营者在某一阶段的经营战略意图。这些情况一旦为竞争对手掌握，会对企业造成极为不利的影响。因此，企业的专利战略必须要具有保密性强的特性。

综合性强：企业的专利战略是属于企业经营发展战略的一部分，在企业的经营发展中有其独到的功能和作用，是企业中其他任何战略和规划所无法替代的。专利战略目标的实施与企业其他战略往往是相互交错的，如果单独运用往往难以达到令人满意的效果。企业专利战略综合了技术、经济、法律等各方面的因素，具有很强的综合性。不过，整体上的综合性并不排除企业专利战略的相对独立性，因为企业专利战略的发展具有其自身的规律。

3. 专利战略的作用

从企业的角度出发，专利战略的作用是为了实现公司战略，提高公司竞争优势，为公司谋取经济利益。但从研发的角度出发，专利战略的作用主要有以下几个方面，如图 9－10 所示。

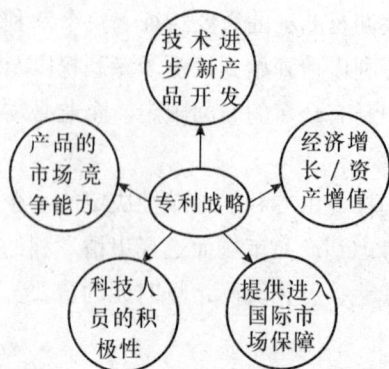

图 9－10　专利战略对研发项目的作用

（1）促进企业技术进步和新产品开发。企业的技术进步主要体现在专利上。专利制度本身具有两个基本功能，即保护与情报功能。这两个功能已经成为企业技术进步和新产品开发的必要条件。

（2）提高企业产品的市场竞争能力。在市场经济体制下，企业间竞争将最终体现在人才与技术上的竞争，而技术竞争力是以企业产品专利技术含量为标志的。专利技术的新颖性、创造性、实用性保证了其先进性，从而保证了企业新产品在技术上的竞争力。而专利技术所享有的专利法律保护又进一步提高了市场的竞争能力。

（3）激发科技人员发明创造的积极性。科技人才是企业最重要的财富，尤其是他们所具有的非凡创造力和创造精神。而专利制度在法律上承认一项专利发明的产权，保护专利所有者的利益，从而调动科技企业的积极性。企业运用专利战略，建立适用于发明创造的激励机制，可以调动企业科技人员的发明创造积极性。

（4）专利战略为进入国际市场提供保障。随着当今经济全球化发展的趋势，科技进步成为经济增长的重要推动力，也日益成为各跨国公司在国际市场上取得竞争优势的关键所在。专利竞争是属于科技竞争的一个重要组成部分，企业要跻身于国际市场，取得成功，就必须要学会灵活运用专利战略。

（5）专利战略是提高企业经济增长的重要手段，保证企业资产的增值。企业经济增长质量的提高，必须依靠科技进步，同时企业专利的价值要通过企业经济的增长来实现。另一方面，企业专利又是企业重要的无形资产，企业运用专利战略是保证企业资产增值的一个重要手段。

二、专利战略类型

企业专利战略由战略主体、客体、目标、方案等要素构成。专利战略的主体是战略制订和实施者。从广义上说，专利战略的主体可以是国家、行业、地区和企业。企业专利战略的主体是企业，不过，它与国家、行业、地区专利战略有紧密联系。专利战略的客体是战略实施的对象。企业专利战略的对象是包括专利技术及专利管理在内的系统的专利工作。专利战略的目标是打开市场、占领市场和取得市场竞争的优势。对具体的企业来说，专利战略则要明确市场是什么，以此为线索规划专利工作。企业专利战略方案包含的内容主要有：

（1）专利信息开发与利用规划。

（2）专利技术开发策略与规划。

（3）专利的申请策略。

（4）专利技术引进与转化策略。

（5）专利技术的实施与运用策略。

专利战略研究的主要内容极其广泛，包括专利技术开发、专利申请、专利情报和市场情报分析，专利实施、专利诉讼等，但根据技术竞争的需要，可以分为进攻型战略和防御性专利战略两个方面[①]。

1. 进攻型专利战略

进攻型专利战略是指企业根据专利情报和市场情报的分析，积极主动地为新技术或新产品及时申请专利并取得专利权，利用专利权的法律保护抢占和垄断市场。这种战略被企业用于取得市场竞争主动权，扩大

---

① 冯晓青. 企业知识产权战略［M］. 知识产权出版社，2003.

自身的专利阵地。进攻型战略中与研发项目相关的战略有基本专利战略和专利网战略。

（1）基本专利战略。基本专利战略是进攻型专利战略的最基本内容。基本含义是企业在充分分析行业未来发展方向的前提下，为保持自己的新技术、新产品的竞争优势，将它们的核心技术作为基本专利来保护，并控制这项领域发展的战略。基本专利战略的作用是筑建企业的专利保护网，保持企业的市场竞争力，谋取经济利益的最大化。在实施过程中，要注意外围专利技术的开发，利用各种手段和途径阻止竞争对手的进入，并同时注重自身技术储备的建设，以保持在基本专利有效期之后，仍然能够通过改进专利实施基本专利战略。

（2）专利网战略。专利网战略又称外围网战略，其含义是指企业围绕基本专利技术，开发与之配套的外围技术，及时申请专利权的战略。专利网战略有以下两种类型：

第一种类型是拥有基本专利的企业，在自己的专利周围设置许多原理相同的专利网，抵御他人对基本专利的进攻（如图9-11所示）。第二种类型是面对持有基本专利的竞争对手，主动出击，乘对手还没有设置专利网之际，抢先开发外围专利，包围其基本专利，取得市场竞争优势（如图9-12所示）。

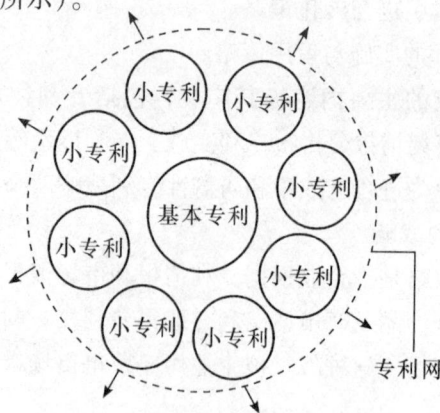

图9-11 围绕基本专利防御专利网

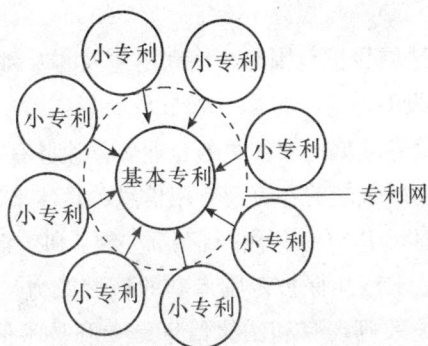

图 9 - 12 围绕对手基本专利的进攻专利网

2. 防御型专利战略

防御型专利战略是相对于进攻型战略而言的，指企业在市场竞争中受到竞争对手或其他企业的专利战略的进攻或影响的时候，采取的打破市场垄断格局，改善被动局面的专利策略。防御型专利战略是为保护自身的利益或将损失减少到最低程度的一种战略，是利用专利捍卫自身的专利权利，消除他人专利制约，实施战略性防御的一种手段。防御性专利战略包括取消对方专利权战略、文献公开战略、交叉许可战略、失效和无效专利使用战略、绕开专利技术战略、基本专利终结战略等，其中大多数都是企业层次的战略，与研发项目有关的战略只有绕开专利技术战略。

绕开专利技术战略：有些情况下，对手的专利权牢不可破，并且对本企业造成很大的影响，这时企业可以采取迂回包抄的策略，实行绕开专利技术战略。主要方式有：

（1）绕过对方专利，开发不抵触技术。

（2）使用替代技术。

（3）先用权战略；我国《专利法》第六十二条第二项规定，企业先用权具体是指企业在他人专利申请日前已经制造相同产品、使用相同方法或者已经作好了制造、使用的必要准备，享有继续在原有范围内制造使用的权利。先用权的设立是基于保护没有取得专利权的另一发明创造人的最低利益。

（4）在专利地域保护范围外合理利用他人的专利。

3. 专利信息战略

企业的专利信息战略主要注重与企业经营业务有关的具体专利的价值，发掘利用专利所包括的各方面有用信息，具体来讲有技术信息、经济信息和法律信息。其中专利法律信息包括专利申请的专利权获取信息，专利申请的请求法律保护范围专利的地域效力，专利的有效期限，专利权的转让或失效等。专利法律信息是专利技术信息和经济信息的基础。

专利的技术信息具有广泛性和传播及时迅速的特点，它在企业的技术开发的全过程都起着重要作用。利用专利的技术信息可以开阔思路，提高研究、开发的起点和效率，避免重复研究，避免侵犯其他企业的权利，同时可以找到技术突破口，先于其他企业早期开发出具有独创性的技术。

专利的经济信息与企业的经营休戚相关，对专利技术所产生的经济效益和未来市场的论证预测是企业进行专利开发的前提，也是专利贸易中主要的定价因素。从一件发明所拥有的同族专利的数量，以及世界各国就同一技术问题出版的专利文献的多少，可以分析出申请人的全球市场战略以及技术的重要程度等经济信息。如忽视了专利的经济信息，便忽视了竞争对手和未来市场，不可能制定科学的经营战略。

4. 专利开发战略

任何专利的产生无不以新发明的产生为基础，因此，专利的竞争首先表现为专利的开发。专利技术开发战略基本上可归纳为两种。一是以美国为代表的开拓型技术开发战略。此战略一般选择新颖性、先进性、创造性都比较高的技术空白点进行开发，其成果往往是技术上的重大突破，成为技术发展的核心技术，申请基本专利一旦成功便会形成对技术和市场的垄断。另一种是以日本为代表的追随型技术开发战略，其成果多为后改进专利、应用专利等外围专利。深谙此道的日本企业正是依靠在引进技术的基础上消化创新，实行二次开发取得一系列改进专利，从而帮助战后日本实现经济腾飞。这里的奥妙并不在引进技术的数量上，而是在对引进技术的消化和改进，使引进技术适合本国的应用，并在此基础上开发新的技术。

在我国评判引进技术的成绩时，往往注重引进了多少项目，而忽视对引进技术的消化吸收乃至开发。国际经验表明，消化吸收是引进技术尤其是专利技术的根本，在此基础上有了改进再生的能力，才算完成了引进技术的全过程，才能保持技术上的优势，一反被制约而成为制约者。

5. 专利申请战略

技术开发之后要及时申请专利保护。这样才能实现技术垄断和市场垄断，并为技术贸易提供可靠保障。

（1）专利申请的时机。在先申请制的情况下，是否所有发明都抢先申请，要考虑到一旦公开你的技术后，将会引起改头换面的仿制、继续改进或其他方法的研究。特别是基本发明，更要慎重。如日本的索尼公司在基本发明成功后，一般要等到其应用研究和周边研究大体成熟后，才成批提出专利申请。其次，申请专利是为了下一步商品化、占领市场，故在申请之前宜先了解一下社会对这一发明的需求情况，选择有利的申请时机，以免取得专利后得不到实施而带来经济上的损失。

（2）专利申请战略。申请专利常见的有基本专利战略和专利网战略。基本专利战略是对前所未有、独创性很强的发明作为基本专利的保护。它具有广泛应用的可能性和获取重大经济效益的前景。如激光技术、超导技术、半导体技术等。专利网战略是围绕基本专利进行外围开发，力图将一切可能的改进应用发明等都申请专利，使竞争对手在这一领域丧失活动余地。在有的情况下，也可先申请外围专利后申请基本专利。美国杜邦公司常采用此战略。

操作实务 9 – 1 专利申请过程简介

我国单位或者个人申请专利可以通过两种途径：直接制或代理制。

直接制是指申请人自备申请文件，直接邮寄或递交到国家知识产权局专利局受理处或代办处。申请文件或者办理各种手续都必须使用专利局统一制定的表格，这些表格可以到市知识产权局购买。代理制是指申请人委托专利代理机构办理申请手续。向国外申请专利必须先向国家知识产权局专利局申请专利，并经国务院有关主管部门同意后，委托国务院指定的专利代理机构办理。

我国专利法的保护对象包括发明、实用新型和外观设计3种专利，发明与实用新型和外观设计的审批程序和保护期限不一样，发明要经初步审查公开、实质审查授权，实用新型和外观设计只经初步审查即可授权；审批期发明一般需4~5年，外现设计6~8个月，实用新型1年；发明专利权的保护期限为20年，实用新型和外观设计专利权的期限为10年，均自申请日起计算。

在申请专利之前，申请人应当对发明创造的市场前景或商业价值进行评估，必要时应对拟申请的技术主题进行新颖性或专利性检索，权衡申请专利的利弊，是否可以通过其他方式保护自己的发明创造以及申请专利的有利时机。

在当代的中国企业中，专利的申请一般都通过委托专利代理机构来办理申请手续，一方面可以加快专利申请的速度和效率，另一方面，也可以减少企业在申请专利方面的精力，投入到企业别的经营活动中去。在企业的研发项目中，发明专利的申请是最经常遇到的问题，因此下面我们就以如何通过委托专利代理机构来办理发明专利为例，来简单地说明一下专利的申请过程，如图9-13所示。

（1）申请前的准备。按照国家知识产权局的要求准备请求书、说明书及其摘要和权利要求书等，申请文件一式两份。

（2）委托专利代理机构。办理专利代理委托和费用减缓请求证明，提交请求书、说明书及其摘要和权利要求书。专利代理帮助委托人修改申请文件，以符合国家专利申请准则。

（3）向专利局提交申请。

（4）初步审查。根据专利法第三十四条的规定，专利局收到发明专利申请后，经初步审查认为符合专利法要求的，自申请日起满 18 个月，即行公布。

（5）实质审查。根据专利法第三十五条的规定，专利局对发明专利申请进行实质审查。对发明专利申请进行实质审查的目的在于确定发明专利申请是否应当授予专利权，特别是确定其是否符合专利法有关"新颖性、创造性和实用性"的规定。

（初步审查和实质审查都是根据专利法的规定，在各个方面审核发明专利的有效性，包含的内容也很多，程序也比较复杂，这里只做简单的介绍）

（6）办理专利证书。

（7）每年交纳专利年费。

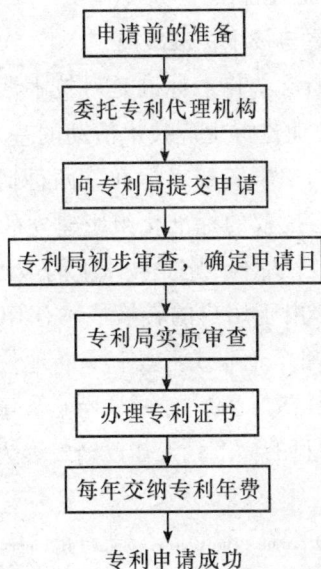

```
┌─────────────────┐
│   申请前的准备    │
└─────────────────┘
         ↓
┌─────────────────┐
│  委托专利代理机构  │
└─────────────────┘
         ↓
┌─────────────────┐
│  向专利局提交申请  │
└─────────────────┘
         ↓
┌──────────────────────┐
│ 专利局初步审查，确定申请日 │
└──────────────────────┘
         ↓
┌─────────────────┐
│  专利局实质审查   │
└─────────────────┘
         ↓
┌─────────────────┐
│  办理专利证书    │
└─────────────────┘
         ↓
┌─────────────────┐
│  每年交纳专利年费  │
└─────────────────┘
         ↓
     专利申请成功
```

图 9-13　发明专利的申请过程

三、专利战略和标准战略的结合

在以知识经济和信息网络发展为主题的今天，技术标准正逐渐成为经济全球化竞争的重要手段，在"技术专利化——专利标准化——标准垄断化"的全球技术许可战略中，谁掌握了标准的制定权，谁的技术成为主导标准，谁就掌握了市场的主动权。技术标准的基础是技术，技术创新正是技术发展的重要因素，因此，技术创新推动技术标准的发展，技术标准也直接或间接地推动技术创新①。技术标准又包含了专有技术，利用知识产权的垄断性和技术的标准化最终实现在技术和产品上的竞争优势。由此可见，技术创新是促进企业发展的根本，知识产权制度是技术创新的激励制度，技术标准更需要创新技术的依托。因此，企业作为技术创新的主体，在提高自身的竞争力的过程中，必须关注技术标准战略、专利战略与技术创新的协同发展②。

1. 技术标准的发展与技术标准战略

（1）技术标准的概念。技术标准是对技术活动中需要统一协调的事物制定的标准，是企业进行生产技术活动的基本依据③。技术标准存在"法定技术标准"和"事实技术标准"两种情况。法定技术标准是政府标准化组织或政府授权的标准化组织建立的标准，它具有以下特点：作为技术标准的方案并不一定是技术上的最优；技术标准的采用具有路径依赖性的特点；由于用户的转换成本作用，技术标准往往被锁定④。事实技术标准是单个企业或者具有垄断地位的极少数企业建立的标准，它的出现是新经济时代的一个重要特点。事实标准实质上是企业标准利用市场优势或有目的标准化工作逐渐发展为行业标准和国际标准

① Robert H. Allen，Ram D. Sriram，The Role of standard in innovation［J］，Technological Forecasting and Social Change Volume：64，Issue：2－3，June 1，2000，171～181.

② 王黎萤、陈劲. 技术标准战略、知识产权战略与技术创新协同发展关系研究［J］. 中国软科学. 2004，12. 24～27.

③ 孙公绪、孙静. 质量工程师手册［M］. 北京：企业管理出版社，2002.

④ 谢维. 政府管理和信息产业的技术标准［J］. 软科学，2000. 4. 23～25.

的。例如美国微软公司的 Windows 操作系统和思科公司的"私有协议"。技术标准对应的是一个技术集群，它往往决定了某一行业的技术路线，并最终决定企业产品的发展方向。

（2）技术标准的发展与技术标准战略。技术标准作为人类社会的一种特定活动，已经从过去主要解决产品零部件的通用和互换问题，转变为倡导新的技术理念，并成为技术壁垒的重要组成部分。技术标准发展具有两大趋势：一方面技术标准逐渐成为产业竞争的制高点。技术标准的竞争，说到底是对未来产品、未来市场和国家经济利益的竞争，例如，在互联网应用前就先有了 IP 协议，在第三代移动通信尚未商业化前，有关标准之战就已如火如荼。另一方面，技术标准与专利技术越来越密不可分，对于高新技术产业来说，经济效益更多地取决于技术创新和知识产权，技术标准逐渐成为专利技术追求的最高体现形式。例如美国高通公司的竞争优势就在于公司在 CD – MA 领域拥有 1400 多项专利，并使相关的标准成为移动通信的国际标准，从而获得迅速的发展。但是专利影响的只是一个或若干个企业，而标准影响的却是一个产业，甚至是一个国家的竞争力，所以从战略高度上重视和加强技术标准的研究势在必行。技术标准战略是指组织从自身的发展出发，利用技术标准的建立和推广，在技术竞争和市场竞争中谋求利益最大化的策略。实施技术标准战略，必须理解技术标准、知识产权和技术创新 3 者之间的关系，这是技术标准战略实施的基础。

2. 技术创新的发展对技术标准提出新的要求

技术创新的发展对技术标准提出新的要求。形成技术标准的根基，是拥有先进的科学技术，开展符合市场需求的技术创新。一方面，技术创新的市场化使得技术标准的推出更多出于商业动机，技术标准化垄断的趋势日益明显。受到市场广泛认可，用户认同的技术标准，即使不是最优的标准，但仍可以成为"事实上的技术标准"而垄断技术领域，实现规模报酬递增。另一方面，技术标准与知识产权的结合更加紧密。离开了自主知识产权，离开了创新能力，离开具有广大市场的专利技术，标准的制定将失去其应有的价值。在技术创新的过程中，只有将技术标准战略与专利战略融合在一起，才能发挥出 $1+1>2$ 的效用。

在传统意义上，技术标准与专利是互相排斥的。技术标准追求公开性和普遍适用性，强调行业的推广应用，其目的是为了方便大众。专利作为合法的垄断权，是鼓励创新、促进知识生产的重要法律机制。专利技术实施的前提则是获得许可，不允许未经授权的推广使用。随着专利技术的产业化速度加快，产品在国际中的竞争加剧，使得技术标准的内容包容了专有技术和专利技术，通过技术标准达到技术与产品垄断的趋势日益明显，技术标准迫切地需要专利技术的加入来实现标准垄断的目的。

现代的技术标准，就是成功地利用专利技术和标准化工作的特点，通过"专利联营"等手段将技术专利写入标准，巧妙地将全球技术许可战略构建在技术标准战略中，形成一条"技术专利化——专利标准化——标准许可化"的链条，从而实现在技术和产品上的竞争优势。由于知识产权具有地域性和排他性，一旦以专利技术为核心建立的标准得到普及，就会形成一定程度的技术和市场垄断，并可以保护本国技术，发挥技术壁垒的积极作用。例如，在将国际标准转化为国家标准时加入我国的专利技术，可以抑制国外技术长驱直入，并在实施该标准时通过交叉许可，以合理的、非歧视性条件从对手那里获得专利许可，为减少所付专利使用费创造条件。

3. 技术标准战略和专利战略的融合对技术创新的双刃剑作用

（1）技术标准战略和专利战略的融合对技术创新的推动作用

技术标准战略贯穿于新产品的研究、设计、开发、应用和产业化的全过程，对技术创新具有促进作用。大量的国际标准、国外先进标准和国家、行业、地方标准，是国内外专家经过长期试验、研究、讨论的结晶，是宝贵的技术成果，也是国际、国内公认的对产品质量的基本要求。企业充分了解和采用这些标准，可使产品的质量在国内外市场上具有竞争力，进而促进产品研发创新。另一方面，对于有竞争力的企业来说，市场竞争的优势，在很大程度上是从知识产权保护中来的。只有让企业的技术战略和专利战略有效融合，才能真正推动技术创新的发展，形成企业的竞争优势。例如，制造微处理器的英特尔公司通过从 IBM 公司获取许可证后，制造了能被几乎所有 IBM 兼容机采用的微处理器，进而综合知识产权战略，确立了业界"标准"迫使除苹果以外的每家公司都采用英特尔芯片，所有新机型的技术规范设计都围绕英特尔的标准进行，最终掌握了该领域技术标准竞争的主动权。

大量的技术竞争会造成未来统治地位、支配市场的技术的不确定性，这会使消费者在选用技术产品时产生顾虑，而技术标准战略和知识产权战略的实施，可以减少这种不确定性的作用①。技术标准化和知识产权制度是整合技术创新系统，优化资源配置，实现产业可持续发展的两个关键性因素，二者对技术创新的作用不是各自分裂、对立矛盾的，而是相互融合，协同发展的。因此，我们一方面加强技术领域的自主知识产权成果的研制开发，积极参与国内外技术标准的制定，拓宽自己的生存与发展空间；另一方面，要有效地运用有关知识产权的法律法规，努力提高原始性创新能力，更多地掌握具有自主知识产权的核心技术和关键技术，从而增强我国企业的国际竞争力。

（2）滥用技术标准战略和专利战略对技术创新的阻碍作用

从创新的角度讲，对知识产权保护不足和保护过度都会阻碍技术创新。保护不足，则其创新热情将会随其创造收入而减少；保护过度，市场上涉及知识产权的产品的价格会上扬，产品的散布会受到阻碍，创新的成本会增加，因为创新本身离不开对前人和别人成果的借鉴。技术标准在许可中涉及知识产权的许可，而标准化组织或标准持有人有可能利用标准的优势从事垄断市场或滥用标准、滥用知识产权的行为。例如思科诉华为案中，思科占据了全球绝大份额，利用其优势地位设置了相当数量的"私有协议"，而且是不开放的，拒绝第三方使用。这与作为通

---

① 葛亚力. 技术标准战略的构建策略研究［J］，中国工业经济，2003，6.

讯产品应该互联互通的基本要求是相冲突的，这实际上是对技术标准的滥用，阻碍技术创新的发展。技术标准虽然在一定程度能够为一些权利人带来利益，但技术标准的目的是为大众利益服务的，因此，并非所有的技术标准都需要纳入知识产权的保护范畴或知识产权的许可范畴。美国有学者就认为"应用程序接口"（Application Programming Interfaces，APIs）不应该被版权保护或专利保护，因为这些接口往往是一些技术标准规定的对象，将他们纳入知识产权范畴，既妨碍公共利益，也不利于技术进步。

4. 技术标准战略、专利战略与技术创新 3 者协同发展的关键

技术创新是促进企业发展的根本，技术标准是技术创新过程中的重要内容，知识产权制度是技术创新的激励制度。技术标准战略应与知识产权战略相互融合，形成了一条"技术专利化——专利标准化——标准许可化"的链条，凭借这一链条与技术创新协同作用，从而实现技术标准和技术创新互促发展，良性循环，共同提高技术创新主体的核心竞争力，真正作到"标准制胜"。

在技术标准战略、专利战略与技术创新协同发展过程中，企业还必须掌握几个关键点：

首先以市场为导向是 3 者协同发展的基础。技术标准对技术创新的作用更多的通过市场竞争表现出来。当一项技术被广泛运用，并得到多数用户与同行的认可时，技术的事实标准业已形成，它就会影响技术的发展，决定技术的发展方向。那些被市场采纳的技术标准，有很多未必就是技术性能最优的方案，如 QWERTY 键盘设计、PC 的系统结构等。因此，技术落后未必就是竞争失败，对技术落后的企业来说，可以通过构建技术标准战略，获得市场的广泛认同，以事实标准来对抗对手的技术优势。

其次标准先行是 3 者协同发展的关键。知识经济时代是标准先行的时代；所以从技术创新的研发初始就要有专利权战略与技术标准战略的介入。在研发初期，通过技术预测把握行业技术发展及技术标准形成方向，使企业研发方向与之一致。然后利用各种信息渠道，分析技术发展中知识产权状况，使企业专利工作、标准化工作与研发同步。

最后不能忽视技术标准领域的利益平衡问题。在技术标准领域会存在标准技术权利人的利益和社会公众利益调和平衡的问题。思科的"私有协议"和通讯行业的基本要求之间的冲突实质是标准技术权利人与公众利益的不平衡。而实现利益平衡的重要手段就是对技术标准的技术许可进行反垄断的审查。

思考题

1. 简述知识产权管理的特点。

2. 简述知识产权的综合性管理模式。

3. 专利战略的基本类型有哪些？简单阐述一下各种类型的主要方式。

4. 创新过程中的专利战略应用有哪些？联系实际谈谈对它的理解。

5. 联系实际谈谈对专利战略与技术标准战略的融合的理解。

案例分析8——知识产权成为品牌"增利器"

真是不算不知道，海尔知识产权战略不仅让海尔名下的发明专利数量逐年增加，而且，来自海尔的消息说，2006年，自主知识产权拉动公司产品销售价格增长高达20%以上。

谁都知道家电是充分竞争的行业，利润像刀片一样薄，要想有利润只有一条路———品牌，而在海尔的品牌中，发明专利颇具"含量"。2006年，海尔共主持或参与了100项新标准制定，其中有国际标准提案3项，国家标准35项，同时制定行业及其他标准62项。3项新国际标准提案分别是：家庭多媒体网关要求、家庭电子系统核心协议及设备描述文件；同时，国际电工委员会（IEC）在《洗衣机的特殊要求》标准中，考虑引入海尔不用洗衣粉技术。在参与制定国家标准方面，已正式成为"新国标"的海尔"防电墙"技术，以及由海尔空调牵头制定的"家用和类似用途空调安装规范"等都是代表着自主创新能力的

"国字号"标准。作为唯一一个进入 IEC 未来技术高级顾问委员会的发展中国家的企业代表,海尔目前已拥有 6 项国际标准提案,累计主持参与了 115 项国家标准的编制修订,制定行业及其他标准 397 项。

近年来,海尔在实施知识产权战略的过程中培育了富有活力的新市场。2007 年 3 月份,海尔空调 07 鲜风宝以客户健康为出发点引爆国内市场,创造性地解决了不能室内外空气交换的瓶颈,其核心技术"双新风"、"AIP 电离净化"、"负离子"健康技术等申报了 6 项发明专利,申报专利总共 19 项,实现了新风含氧度、空气洁净度和清新度的国家 A 级鲜风质量;海尔双动力洗衣机则集波轮、滚筒、搅拌 3 种洗衣机优点于一身,实现了省水省电各一半、省时 70%,被誉为世界上第四种洗衣机,累计申请 32 项专利,其中发明专利 17 项(含 2 项 PCT);海尔"防电墙"热水器,彻底解决了世界性的环境漏电问题,累计申请 12 项发明专利,涵盖了防电墙技术的所有领域;海尔网络家电、宇航变频冰箱、润眼电脑、流媒体电视、随身唱手机、保鲜冰箱、爱国者芯片、太阳能冷柜、医用低温产品、氢电弧纳米材料等拥有自主知识产权的新产品,均通过合理的专利规划和布局,在行业内保持领先水平,并开辟了行业发展新方向。

不久前,海尔集团在北京钓鱼台召开新闻发布会,宣布海尔的"防电墙"技术成为我国第一个由国内企业参与制定的国家强制性标准,并将于 2007 年 7 月 1 日实施。在该标准中,海尔等企业的专利覆盖了所有的防电墙技术,成为企业通过自主知识产权实现市场竞争中有力地位的一个实例。在海尔全球化品牌战略的推进过程中,发明专利同样为海尔品牌的提升提供了强有力的支撑。例如海尔的 U - home 家电,过去家电分白色家电、黑色家电、米色家电,信息化时代改变了这种简单区分,包括一台冰箱、一台洗衣机,加上网络接口,你可以在任何地方通过手机、电脑控制它,家电可以无处不在,无所不在。在自主知识产权方面,中国过去受制于国外的公司和品牌已经很长时间了,而在 U - home 这一家电顶尖领域,海尔打了一个提前量,海尔在开发产品的同时，已经在申报国际标准，现在已经开始通过国际的标准。现在，海尔全球首个家用保鲜冰箱标准、首个家用空调"鲜风空调标准"以及首个成套家电标准等，将"技术专利化、专利标准化、标准国际化"演绎得淋漓尽致，大大加快了海尔海外扩张的步伐。（来源：东方财富网）

讨论题

1. 分析哪些因素促使海尔的"技术专利化、专利标准化、标准国际化"的知识产权战略获得成功。

2. 结合工作实际，分析如何应用"技术专利化、专利标准化、标准国际化"来提升企业的创新能力。

第十章　创新能力培养的标杆

一、时代的一面旗帜 ——王选

800 多年以前，一位聪明的工匠用泥做了些小字模而流传千古，他就是在中国家喻户晓的活字印刷术发明者毕昇。然而，毕昇的发明并未在中国得到推广运用。400 年后欧洲谷腾堡发展了活字印刷技术，不仅用它来印制《圣经》，还用它大规模印刷各种图书。正是由于活字印刷的发明，推动了文化的发展，才有文艺复兴，才有工业革命。毕昇的活字印刷术，之所以在中国被束之高阁，除了封建制度的窒息和生产力落后的原因外，还有一个重要原因是中国汉字数量庞大，给印刷业的自动化带来了极大的困难。西方的拼音文字只有二三十个字母，加上各种大小的字体，印刷字模也不过 100 多个；而汉字有 5 万多个，一个字就需要一个字模，且不说还有宋、楷、黑等不同类型的字体和大小不一的字号。每印一本书，都需要由排字工人从铅字库里费力地"捡字"。这些铅字模在使用后，通常还需经过熔化，再重新铸造成新的铅字①。

20 世纪初，国外出现了一种利用照相原理来代替铅活字的排版技术，实际上是"西文打字机"加"照相机"。20 世纪 70 年代国外的印刷业已经发生了翻天覆地的变化，激光照排机已经发展到了第四代，而我们的印刷业却还在汉字的"丛林里"艰难跋涉。然而，我国自己的一项伟大发明引起了一场技术革命，彻底改变了印刷行业的命运，这便是"精密汉字照排系统"，北京大学王选教授的惊世之作。他的发明使中文印刷业告别了"铅与火"，大步跨进"光与电"的时代。他被公认是对中国印刷出版业的现代化作出最大贡献者之一，被人们赞誉为"当

---

① 改编自 http://www.enorth.com.cn.

代毕昇"和"汉字激光照排之父"。祖国没有忘记王选为出版印刷业立下的丰功伟绩，他获得了我国科学技术界的最高荣誉——中国科学院院士、中国工程院院士和第三世界科学院院士的殊荣。王选为什么能够取得这样的成就呢？有这样几点值得我们深入思考。

第一，对科学的热爱和激情。王选曾说，"一个献身于学术的人，就没有权利再像普通人那样生活，必然失掉常人所能享受的一些乐趣，也会得到常人所不能享受到的不少乐趣。"就像他讲的，名誉也好，地位也好，都不能够带来真正的快乐，只有为一个科学研究中的问题长期思考一直找不到答案，某一天躺在床上突然想到了解决办法，立刻起身把问题解决了，这个时候所享受到的那种愉悦是无法形容的。只有投身于科学实践的人，才会有这样切身的体会，才能够得到这样的享受。王选之所以能够获得成功，首先就在于他对科学的热爱和激情。

第二，具有胆识和魄力，以及坚韧不拔的精神。王选曾经提出，搞科学技术一定要"顶天立地"。"顶天"就是要一流原始创新的学术，"立地"就是要让成果转化为生产力。他一开始给自己定下的目标就是"顶天"，因为照排机在当时国外也只有一代机，二代机和三代机都还在探索实验阶段，而王选却跳过了二代机和三代机，直接研制四代激光照排机。他提出的设计方案是在世界上首次采用由控制信息（参数）描述汉字笔画特性的方法，而这在当时看来就是"异想天开"，绝大多数人甚至有些权威人士都表示怀疑，王选却坚信这个事业是一定能够做成的。在一片质疑声中，在异常艰苦的条件下，他脚踏实地，一步一步地攻关，最终取得了成功。

第三，自信而不自负，懂得要依靠团队。王选认为做人首先懂得要为别人考虑，要以身作则，先要做个好人，才能成就事业。王选从来不想自己，他想的都是别人，所以别人才愿意跟他合作。王选非常重视提拔优秀的年轻人，为他们创造条件。正因为这样，他在北大方正计算机研究所里才能成为精神领袖，他用自己个人的这种人格魅力取得了大家的信任，并团结起这样一个团队，取得了重大成就。

第四，交叉的知识结构。王选非常重视学科交叉，他曾经说，我为什么能够取得这些成绩？有两条，一条就是有非常扎实的数学基础。他在北大赶上了一个非常好的时期，听了许多大师讲的基础课，打下了扎实的数学基础。另外一条就是搞学科交叉。毕业后，他选的是当时的冷门计算数学专业，使得他后来较易进入计算机技术领域。他在搞了两年硬件以后，又转向软件，使他能够驾驭相关领域的知识，促进创新成果的产出。此外，王选还具有良好的人文素质，他深厚的人文功底对科研创新起着非常重要的作用。

王选一生所走过的学术历程和科学道路，他的自主创新精神和崇高人格，是我们一生都读不完的"大书"。要为国家科学技术发展做出更大的贡献，就一定要学习王选，像王选那样做人做事。

二、自主创新的楷模——袁隆平

"我梦见我们种的水稻，长得跟高粱一样高，穗子像扫把那么长，颗粒像花生米那么大，我和助手们就坐在稻穗下面乘凉……"这个禾下乘凉梦，袁隆平做了两次。而作为"杂交水稻之父"，关于水稻的梦，他一做就是40多年。从亚洲到美洲，再到非洲、欧洲，增产优势明显的杂交水稻被冠以"东方魔稻"、"巨人稻"、"瀑布稻"等美称，甚至将之与中国古代四大发明相媲美。"杂交水稻外交"成为我国重要的外交品牌。袁隆平院士也获得了包括"拯救饥饿奖"、联合国粮农组织"世界粮食安全保障奖"、"世界粮食奖"、入选美国科学院外籍院士，以及中国国家科技进步奖等多个世界奖项和荣誉。袁隆平院士的创新历程对于专业技术人员创新能力的培养具有很多的启发[①]。

首先，强烈的使命感是创新前行的动力。袁隆平从重庆西南农业学院毕业后，被分配到湖南一所农校教书。他一边上课，一边从事生产实践，选择课题进行研究。最开始袁隆平研究的是红薯、西红柿的育种和栽培。后来，中国经历了严重的三年自然灾害，目睹了饥荒给国家和人

---

① 改编自 http://www.people.com.cn.

民带来的灾难和痛苦，袁隆平的内心受到了极大的震撼。他意识到，光研究杂粮还不行，水稻才是老百姓最根本的救命粮。于是他下决心致力于水稻的研究。

其次，不畏权威，重视科学精神。一次在早稻品种试验田里，袁隆平被一株"鹤立鸡群"的水稻吸引了：株型优异，穗大粒多。他蹲下身子仔细地数了数稻粒数，竟然有 160 多粒，远远超过普通稻穗。兴奋的袁隆平给这株水稻做了记号，将其所有谷粒留做试验的种子。但是，第二年的结果却让人很失望，这些种子生长的禾苗，长得高矮不一，抽穗的时间也有的早，有的迟，没有一株超过它们的前代。袁隆平百思不得其解，根据孟德尔遗传学理论，纯种水稻品种的第二代应该不会分离，只有杂种第二代才会出现分离现象。灵感的火花来了：难道这是一株天然杂交稻？而当时权威看法是水稻是自花授粉植物，不具有杂交优势。从这时开始，袁隆平下定决心不为权威所限，通过科学的研究揭示出水稻杂交的奥秘和规律。1966 年，他发表论文《水稻的雄性不孕性》，论述了水稻具有雄性不孕性，并预言：通过进一步选育，可以从中获得雄性不育系、保持系和恢复系，实现三系配套，使利用杂交水稻第一代优势成为可能，带来大幅度、大面积增产。这就是袁隆平首创的"三系法"杂交水稻。

再者，永不言败的创新精神。方向找到了，并不代表研究就一帆风顺。从纸上理论到田里的累累稻穗，杂交水稻研究走过一条充满荆棘的艰辛之路：在遭遇了"文化大革命"的暴风雨，人为的毁禾、地震的死亡考验，以及试验技术上的数次重大失败后，袁隆平和助手尹华奇、李必湖轮流到气候温暖的海南、云南等地育种，用 1000 多个品种的常规水稻与最初找到的雄性不育株及其后代进行了 3000 多个试验，但能保持不育特性的比例不但没有提高，而且不断下降。袁隆平静下心来阅读国外有关高粱杂交试验的论著，灵感再一次显现：利用野生稻走远缘杂交之路。在袁隆平这一思想的指导下，1970 年，两名助手在海南找到了野生稻雄性不育株。袁隆平确认后，将这株珍贵的野生稻命名为

"野败"。1971 年，袁隆平无私地将"野败"材料提供给全国各地的研究者，大大推进了杂交水稻在全国的研究。但是，失败并没有就此离开。1972 年，袁隆平和助手将"野败"与栽培稻杂交转育成功的杂交水稻，试验的结果只表现在禾苗长势上，除了稻草比常规稻多一倍之外，稻谷没有表现出增产优势。袁隆平顶住巨大压力，认真分析试验后判断：这次失败，恰好证明了杂交水稻具有优势，关键是将这种优势向稻谷发展。在他的指导下，研究人员改进品种组合，在第三年达到亩产 505 公斤，比常规水稻增产 30%。袁隆平拉得一手好提琴，他说："艺术创作要有灵感，灵感来了，一首曲子哗哗哗就流出来了。我们科研也有灵感，一定不能害怕失败，恰恰在失败中会产生灵感的火花。"

"三系法像包办婚姻，两系法是自由恋爱，超级稻是独身主义"，这是袁隆平对杂交水稻演变过程的形象比喻。从"三系法"到"两系法"再到超级稻，从亩产 400 公斤到 600 公斤再到 800 公斤，他的脚步从来没有停止过。当全国农业界的兴奋还没有离开"两系法"，袁隆平又提出超级杂交稻分阶段实施的战略目标：把塑造优良的株叶型与杂种优势有机结合起来，提出了旨在提高光合作用效率的超高产杂交水稻选育技术路线。"我是一个从小喜爱跳高运动的人，现在搞科研，也是像跳高一样，跳过一个高度，又有新的高度在等着你。如果不跳，早晚要落在后头；即使跳不过，也可为后人积累经验。"袁隆平说。

三、新时代的蓝领专家—— 孔祥瑞

不管什么时代，劳动者都是社会的中流砥柱。但在今天，更值得尊敬的，还应该是那些不仅贡献汗水还贡献智慧的人。只有初中文化的天津港码头工人孔祥瑞，从 1995 年至今，主持开展技术创新项目达 150 余项，为企业创造效益 8400 多万元，成为全国劳动模范、"五一"劳动奖章获得者，被人誉为与时俱进的"蓝领专家"①。他的创新历程对专业技术人员的创新能力培养具有很重要的启迪意义。

---

① 改编自 http://www.cctv.com.

首先，刻苦钻研是孔祥瑞成功的基础。孔祥瑞 1972 年初中毕业就被分配到天津港码头当了工人。1985 年，已经开了十几年门式起重机的他，参加了职工大学的考前培训班。但由于工作繁忙而没有时间参加培训，孔祥瑞就把工作岗位当成课堂，把生产实践作为教材，把设备故障作为课题，把身边拥有一技之长的工友当作老师，勤奋学习、刻苦钻研。孔祥瑞的家住在天津市区，到港口有 50 多公里的路程。那些年，他每天上下班都要坐汽车、倒火车、再换汽车，来回要走 5 个多小时。孔祥瑞总是带着书，如饥似渴地学习。孔祥瑞有个记工作日志的习惯，小本子每天随身携带，设备出现哪些故障、什么原因、修理过程、注意事项等都一一记录在案。日积月累，一本本工作日志成为他搞技术创新的资料库。岗位上的刻苦钻研，使孔祥瑞逐渐成长为一名专家。

其次，干中学，用中学，在消化吸收基础上进行创新是孔祥瑞成功的法宝。2003 年 12 月，孔祥瑞被调到煤码头公司一队任党支部书记、队长。他要掌控的是从国外进口的价值 8 亿元的世界最新自动化传输设备。这对于一直与门机打交道的孔祥瑞来说，无疑是一次挑战。孔祥瑞迎难而上，继续摸索。功夫不负有心人，短短两年光景，孔祥瑞的努力就结出了丰硕的果实。进口的自动翻车机在港口用来承担接卸运煤列车的任务，翻车机一次翻卸两节车厢的原煤。由于翻车机摘钩杆设计不合理，很容易损坏，经常造成车厢摘不了钩，每月要停机二十几次，维修起来费时费力，直接影响卸车效率。孔祥瑞通过研究力学原理，找出"缓冲杠杆自身承受应力，简化维修更换程序"两个突破点加以改进，将原来单根一米长的摘钩杆变成三截，中间用法兰盘连接，便于调整角度。这样一来，不仅减轻了摘钩杆的承受力，延长了使用寿命，而且拆装也更加灵活，维修更换时间由原来的 3 小时缩短至 15 分钟。这项技术改造自 2004 年 1 月开始，用了两个月时间，4 套杠杆总共用了不到两千元，就解决了大问题。投入使用后，每年节省卸车时间 1800 小时，多接卸列车 65700 节，接卸原煤 320 万吨。翻车机摘钩杆的改造成功，更加增强了孔祥瑞进一步改造、完善进口设备的信心。此后孔祥瑞又完成了耐磨板的"零更换"的技术革新，仅此一项，每月即可节约材料费 3600 元，节约维修时间 9 小时，而且避免了维修工的高空作业。

再者，孔祥瑞作为新时期知识型产业工人的代表，在他身上依然传承着我国工人阶级爱岗敬业的"主人翁精神"，时时体现出身先士卒、先人后己、与工友同甘共苦、和谐相处的优秀美德。1999 年 7 月 1 日下午 3 时，天津港码头作业现场地面温度已达 40 摄氏度，一台正在作业的主力门机却突然短路起火。此时，烈日下晒了一天的门机表面已经热得烫手，冒着浓烟的铁皮机房温度也超过了 50 摄氏度。此时，孔祥瑞心急如焚，第一个钻进了烤箱似的机房。时间一分一秒地过去了，汗水不断流进他和工友们的眼眶、嘴角，湿透了工装。他和 5 名工友个个挥汗如雨，喉咙冒烟，每个人的工装上都可以拧出水来。6 个人喝了整整 5 箱矿泉水，却没人去厕所。孔祥瑞让工友们轮换着出机房喘口气，而他却一直扎在机房里不停地抢修，直到晚上 11 时，整整干了 8 个小时。故障修复，装船作业恢复了，走出大罐的孔祥瑞才长长地出了一口气，身体像棉花一样，瘫坐在地上。孔祥瑞就是这样把全部身心都投入到他热爱的本职工作中，几十年如一日，无怨无悔。

近年来，孔祥瑞获得了多项荣誉，但他仍像往常一样，天天同工友们一起，琢磨着多干点事。从一名普普通通的码头工人，到一名具备一流专业技能的专家，孔祥瑞以其刻苦钻研、爱岗敬业、锐意创新的人生历程，展现了当代创新型产业工人的风采。

四、有创新精神的工人有力量

如何在推广创新成果过程中最大限度地调动职工积极性？创新工程持续推进的源泉来自哪里？这些问题的答案现在已经找到，许多大中型企业，正逐渐兴起用普通技术工人姓名来命名的先进操作法命名制度，群众性的技术创新工程在企业蔚然成风①。

在济南锅炉集团，提起王翠华没有不知道的。她之所以出名，不仅

---

① 改编自 http:// visioncentury.com.

仅因为她是全国劳模，更因为她潜心钻研焊接技术，总结出了一套工艺先进的焊接操作法，被命名为"王翠华焊接操作法"。她所在的班组，也因此被命名为"王翠华班组"。

力诺集团在生产太阳能产品时需要切割高硼硅管，过去都是人工操作，割管过程中长度难以控制、毛刺多、废品率高。机修班班长王清臣利用业余时间，研究方案，反复试验。在屡试屡败之后，一台全自动的割管仪终于诞生了，一举改变过去落后的生产状态。为了表彰以王清臣同志为骨干的相关人员，力诺集团特意将此割管仪命名为"清臣割管仪"，并申请了国家专利。

海尔集团在制造冰箱过程中，冰箱箱体与冰箱门的接缝处，要钻4个精密度非常高的孔。每次钻好孔之后，都要将冰箱翻过来检查，否则就无法知道孔是否钻好了。但是这样不仅麻烦，而且浪费时间。负责给冰箱钻孔的高云燕想到用镜子解决这一问题，结果大幅度提高了钻孔的准确性与速度。为了肯定高云燕的创新精神，海尔将这一创新命名为"云燕镜子"。

济钢第一炼铁厂近年来先后推广了"贾广顺炉前开铁口法"、"辛虹霓煤枪排堵法"、"董激贵料车润滑快速加油法"等125人的先进操作法。济钢第一炼铁厂炉前总技师贾广顺经过细心研究，改进了炉前开口机的钻头钻杆连接装置和出铁方法，在济钢引发了一场"炉前革命"，被命名为"贾广顺炉前开铁口法"，不仅保证了出铁速度均匀稳定，进一步降低了工人的劳动强度和生产费用，而且大大减少了黄烟的外冒，有效治理了污染。全厂6座高炉全部应用该方法后，一年仅钻头费用就节约8万多元。

先进操作法命名制度的实施，不仅使各种绝技绝活在企业内部得到了很好的传播和共享，而且增强了被命名者的自豪感，激发了广大技术工人刻苦钻研技术、岗位建功立业的积极性，同时也推动企业技术创新步入了快车道。一位企业负责人表示，"造就一支高级蓝领队伍，对于企业的发展来说至关重要。而企业通过树立积极钻研、敢于创新的技术典型，能够让更多的员工与这些技能名人看齐，从而在工人当中形成一种'比学赶帮超'的工作与学习氛围，同时在企业中进一步形成关心先进、崇尚先进、学习先进的良好风尚，促使这些技能名人的优秀品质和时代精神得到发扬光大。如此，就可能涌现出更多的技能水平过硬的实用型人才，从而创建更具活力的学习型企业。"

过去人们常说"咱们工人有力量"，而如今这句话已被改成了"有创新精神的工人有力量"。大改大革是自主创新，小改小革也是自主创新。通过这种形式，肯定员工的创新精神，鼓励更多的员工学科学、学技术，比创新、比贡献，同样可以增强企业的自主创新能力。

参考书目

[1]许庆瑞主编.研究、发展与技术创新管理[M].北京:高等教育出版社,2000.11.

[2]陈劲著.永续发展——企业技术创新透析[M].北京:科学出版社,2001.2.

[3]陈劲著.最佳创新公司[M].北京:清华大学出版社,2002.5.

[4]Joe Tidd,John Bessant,Keith Pavitt 著.陈劲,龚焱,金君译.创新管理——技术、市场与组织变革的集成[M].北京:清华大学出版社,2002.1.

[5]陈劲著.创新的地平线[M].北京:中国出版集团现代教育出版社,2007.1.

[6]苏玉堂主编.创新能力教程[M].北京:中国人事出版社,2006.3.

[7]王黎莹主编.新编人力资源管理教程[M].北京:中国计量出版社,2005.1.

[8]彭剑峰,饶征著.给予能力的人力资源管理[M].北京:中国人民大学出版社,2003.1.

[9]罗玲玲主编.创造力开发[M].长沙:湖南大学出版社,2002.9.

[10]霍华德·加德纳著.洪友,李艳芳译.创造力7次方[M].北京:中国发展出版社,2007.7.

[11]罗伯特·J·斯滕博格主编.施建农等译.创造力手册[M].北京:北京理工大学出版社,2005.9.

[12]弗朗斯·约翰松著.刘尔铎,杨小庄译.美第奇效应——创新灵感与交叉思维[M].北京:商务印书馆,2006.3.

[13]Robert Epstein 著.周丽丽等译.创造力拓展训练[M].北京:中国轻工业出版社,2005.9.

[14]大前研一著.裴立杰译.专业主义[M].北京:中信出版社,2006.6.

[15]吉姆·麦卡锡著.苏斐然译.微软团队成功秘诀[M].北京:机械工业出版社,2000.11.

[16]陈劲,宋建元编著.解读研发——企业研发模式精要[M].北京:机械工业出版社,2003.4.

[17]竹内弘高,野中郁次郎著.李萌,高飞译.知识创造的螺旋——知识管理理

论与案例研究. 北京:知识产权出版社,2006.1.

[18]陈昌柏著. 知识产权经济学[M]. 北京:北京大学出版社,2003.11.

[19]孟昭宇. 中外企业人力资源管理案例精选. 北京:经济管理出版社,2003.1.

[20]斯蒂芬·P·罗宾斯. 组织行为学. 北京:中国人民大学出版社,1998.

[21]张华胜,薛澜. 技术创新管理新范式:集成创新[J]. 中国软科学,2002.12. P6 ~20.

[22]陈劲,谢靓红. 原始创新研究综述[J]. 科学学与科学技术管理, 2004.2.

[23]道·诺思著. 经济史中的结构与变迁(中译本)[M]. 上海:三联书店,1991.

[24]内森·罗森堡,小伯泽尔. 西方致富之路(绪论)[M]. 上海:三联书店,1988.

[25]M·伊万塞维奇. 管理爱因斯坦[M]. 百家出版社,2003.4.

[26]Amabile T. M. The Social Psychology of Creativity[M]. New York: Spingerr - Verlag. 1983.

[27]彭耀荣,李孟仁. 创造学教程[M]. 广州:中南大学出版社,2001.6.

[28] Ekvall, G. Arvonen J. &Waldenstrom—Lindblad, I. Creative organizational climate:Construction and validation of a measuring instrument(Report 2)[R]. Stockholm: Swedish Council for Management and Organizational Behavior,1983.

[29]Amabile. T. M. Creativity in context[M] Boulder,Colo. Westview Press,1996.

[30]Kurtzberg,T. R. Feeling Creative,Being Creative:An Empirical Study of Diversity and Creativity in Teams[J]. Creativity Research Journal,2005,17(1):51 ~65.

[31]彭纪生. 中国技术协同创新论[M]. 北京:中国经济出版社,2000.

[32]Henry Chesbrough. Open Innovation:The New Imperative for Creating and Profiting from Technology[D]. Harvard Business School Press,2003.

[33]许庆瑞,郑刚,喻子达等. 全面创新管理:21世纪创新管理的新趋势[J]. 科研管理,2003.5:1 ~5.

[34]Roy Rothwell. Successful Industrial Innovation: 1999. Critical Factors for the 1990s. R &D Management . 1992.

[35]陈伟. 创新管理[M]. 北京科学出版社,1996.

[36]熊伟. 质量机能展开[M]. 北京:化学工业出版社,2005.3.

[37]Atuahene-GimaW,Haiyang L i. Marketing's influence tactics in new product development:a study of high technology firms in China [J]. Journal of Product Innovation

Management ,2000 ,(17) :451 ~ 470.

[38] Christensen. The Innovators' Dilemma [M]. Boston: Harvard Business Press ,1997.

[39]陈衍泰,何流,司春林.开放式创新文化与企业创新绩效关系的研究[J].科学学研究.2007.6.

[40] Eric von Hippel,The Source of Innovation,Oxford University Press ,1988.

[41]朱志宏.创造学[M].北京:中国工人出版社,2002.

[42]朱志宏.创造过程之研究[J].山西高等学校社会科学学报.2004.

[43]徐春玉.创造过程的新划分.发明与革新.2000.4.

[44]刘凤姣.全面发展,走向成功——从情绪智商的重要性谈大学生的情绪智力开发[J].山西财经大学学报(高等教育版)2004(9):24 ~ 28.

[45]Kirton,M. J.'Adapters and innovators: Cognitive style and personality',In S. G. Isak sen (Ed.),Frontiers of creativity research: Beyond the basics,Buffalo,N Y: Bearly Limited ,1987.

[46]张春兴.现代心理学[M].上海:上海人民出版社,1994.

[47]Torrance,E. P. ,William Taggart,Barbara Taggart,Human Information Processing Survey ,Scholastic Testing Service,INC,Bensenville,Illinois,1985.

[48]Prentky,R. A. ,Creativity and psychopathology ,New York: Praeger,1980.

[49]Zohar,D. & Marshall,I. Spiritual Capital – Wealth We Can Live by[M]. San Francisco: Berrett – Koehler Publishers,2004:87

[50]宿春礼.成就比尔·盖茨的11条准则[M].北京:石油工业出版社,2004.

[51]李海洲,边和平.挫折教育论[M].南京:江苏教育出版社,1995.

[52]Kanfer,R. &Ackerman,P. L. Motivation and cognitive – abilities – An integrative aptitude treatment interaction approach to skill acquisition[J]. Journal of Applied Psychology ,1989 ,74 ,657 ~ 690.

[53]Isaksen,S. G. ,Dorval,K. B. ,Lauer,K. J. G. Ekvall,et al. Perception of Best and Worst Climates for Creativity: Preliminary Validation Evidence for the Situational Outlook Questionnaire[J],Creativity Research Journal. 2000 ,13(2): 172.

[54]Kanfer,R. &Ackerman,P. L. Motivation and cognitive – abilities – An integrative aptitude treatment interaction approach to skill acquisition[J]. Journal of Applied Psychology ,1989 ,74 ,657 ~ 690.

［55］T. R. Kurtzberg，T. M. Amabile，From Guilford to creativity Synergy：Opening the Black Box of Team – Level Creativity［J］. Creativity Research Journal，2000 – 2001，13（3&4）：285 ~ 294.

［56］Sternberg. R. J，Lubart. T. I. An investment theory of creativity and its' development［J］. Human Development，1991，34：1 ~ 32.

［57］Csikszentmihalyi. M. Creativity：flow and the Psychology of discovery and invention［M］. New York：Harper Collins Publishers，1996.

［58］王习胜. 国内科技团队创造力评估研究述评［J］. 自然辩证法研究，2002（8）：50 ~ 52.

［59］傅世侠，罗玲玲. 建构科技团队创造力评估模型［M］. 北京大学出版社，2005.4.

［60］Browm，R. T. Creativity：What are we to measure? In J. a. Glover，R. R. Ronning，C. R. Reynolds（Eds.）. Handbook of creativity［M］. New York：Plenum Press，1989，3 ~ 32.

［61］Harrington，D. M. The Ecology of Human creativity：A Psychological Perspective［A］. In M. A. Runco，R. S. Albert，（Eds.）. Newbury Park，Cal1. 1990，143 ~ 169.

［62］檀润华. 创新设计——TRIZ：发明问题解决理论［M］. 北京：机械工业出版社，2002.

［63］徐起贺. 现代机械产品创新设计集成化方法研究［J］. 农业机械学报，2005（3）.

［64］陈劲，桂斌旺. 研发管理［M］. 知识产权出版社，2003.

［65］Robert H. Allen，Ram D. Sriram ，The Role of standard in innovation［J］，Technological Forecasting and Social Change Volume：64，Issue：2 – 3，June 1，2000，171 ~ 181.

［66］王黎萤，陈劲. 技术标准战略、知识产权战略与技术创新协同发展关系研究［J］. 中国软科学. 2004.12.

［67］孙公绪，孙静. 质量工程师手册［M］. 北京：企业管理出版社，2002.

［68］谢维. 政府管理和信息产业的技术标准［J］. 软科学. 2000.4.

［69］葛亚力. 技术标准战略的构建策略研究［J］，中国工业经济，2003.